高压进网作业教程

主　审　邵志祥

主　编　吴长贵

副主编　韦　银　缪晓梅

东南大学出版社

SOUTHEAST UNIVERSITY PRESS

内容简介

本教材是面向高压电工的安全培训教材，也可作为高职高专、职大、成教电气、电力及机电专业的教材，教材是根据国家应急管理部 2018 年 7 月颁布的新的《特种作业人员安全技术培训大纲和考核标准》进行编写的。教材从第一章的"安全生产法律、法规"探讨开始到第十二章"特殊防护、应急处置"结束，教材中各章都突出了电工作业中涉及的安全技术问题和安全操作规程，使学习者能更明确高压电工作业的安全要求，遵守安全规程，规范安全行为，提高安全意识。鉴于高压电工不但与高压相关，还与低压相联系，因此在内容编写中也融入了部分低压内容。以安全为主，以实践为主，不沿袭过去，不脱离实际，保持先进性，融入新理念是本教材最主要的特点。

本教材由南通市应急管理局政策法规处邵志祥处长主审，南通开放大学吴长贵老师主编，南通职业大学韦银老师和南通市工人业余大学缪晓梅老师担任副主编。

图书在版编目（CIP）数据

高压进网作业教程 / 吴长贵主编 . —南京：东南
大学出版社，2019.12
ISBN 978-7-5641-8681-4

Ⅰ.①高…　Ⅱ.①吴…　Ⅲ.①高电压 - 电工技术 - 安全培训 - 教材　Ⅳ.① TM8

中国版本图书馆 CIP 数据核字（2019）第 293192 号

高压进网作业教程

主　　编	吴长贵	责任编辑	陈　跃
电　　话	(025)83795627	电子邮箱	chenyue58@sohu.com
出版发行	东南大学出版社	出 版 人	江建中
地　　址	南京市四牌楼2号	邮　编	210096
销售电话	(025)83794121/83795801	网　址	http://www.seupress.com
经　　销	全国各地新华书店	印　刷	南京迅驰彩色印刷有限公司
开　　本	787mm×1092mm　1/16	印　张	18.5
字　　数	367千字		
版 印 次	2019年12月第1版　　2019年12月第1次印刷		
书　　号	ISBN 978-7-5641-8681-4		
定　　价	49.80元		

*本社图书若有印装质量问题，请直接与营销部联系。电话：025-83791830。

前　言

　　为贯彻《国务院关于取消一批行政许可事项的决定》(国发〔2017〕46号)关于取消电工进网作业许可证核发行政许可事项,由安全监管部门考核发放"特种作业操作证(电工)"的决定,为进一步做好高压电工作业人员安全技术培训及考核工作,故组织编写本教材。

　　本教材采用国家及行业最新技术标准,吸取了各地培训先进的教学经验,对特种作业电工培训考核教学内容进行详细地介绍,在技术先进性,表述通俗性方面作了有益拓展,力争做到知识够用、技能实用、去繁就简、贴近安全生产实际。

　　在本教材编写过程中得到南通市应急管理局、国网南通电力公司等有关部门、领导的指导和关心,在此一并表示感谢。

　　由于作者水平有限,书中难免有疏漏、错误之处,敬请读者提出宝贵意见。

编者

2019 年 9 月

目　录

第一章　安全生产法律法规

第一节　安全生产法律、法规

我国安全生产法律、法规、方针包括：安全生产法律、安全生产行政法规、安全生产部门规章、国家关于安全生产方针。主要有《中华人民共和国安全生产法》《中华人民共和国劳动法》《中华人民共和国劳动合同法》《中华人民共和国职业病防治法》《中华人民共和国电力法》《中华人民共和国煤炭法》《中华人民共和国矿山安全法》《生产安全事故报告和调查处理条例》《工伤保险条例》《特种作业人员安全技术培训考核管理办法》《特种设备安全监察条例》等，本节主要宣贯《中华人民共和国安全生产法》（以下简称《安全生产法》）。

一、《安全生产法》

《安全生产法》自 2002 年 6 月 29 日发布、2002 年 11 月 1 日实施，全国人民代表大会常务委员会先后于 2009 年 8 月、2014 年 8 月进行了两次修订，《安全生产法》是安全领域的"宪法"、"母法"，目的是为了加强安全生产监督管理，防止和减少生产安全事故，保障人民群众生命和财产安全，促进经济发展，明确了安全责任制并规定了从业人员的权利和义务。

《安全生产法》确立了我国安全生产基本法律制度：企业负责——企业是安全生产的责任主体，即"管生产，必须管安全"；国家监察——政府依法对企业的安全生产实施监督管理，即安全监察、安全审查；行业管理——由政府相关行政主管部门或授权的资产经营管理机构或公司实施直管、专项监管；群众监督——由工会、群众、媒体舆论共同监督；中介服务——国家推行安全生产技术中介服务制度。

《安全生产法》赋予从业人员有关安全生产和人身安全的基本权利，可以概括为以下五项：享有工伤保险和伤亡的求偿权；危险因素和应急措施的知情权；安全管理的批评检控权；拒绝违章指挥和强令冒险作业权；紧急情况下的停止作业和紧急撤离权。

《安全生产法》制定了生产经营单位负责人安全责任制度：生产经营单位应当具备安全生产条件所必需的资金投入，由生产经营单位的决策机构、主要负责人或者个人经营的投资人予以保证，并对由于安全生产所必需的资金投入不足导致的后果承担责任。资金投入主要包括：安全技术措施、安全教育、劳动防护用品、保健、防暑降温等。

《安全生产法》建立完善安全生产方针和工作机制：新法确立了"安全第一、预防为主、综合治理"的安全生产工作"十二字方针"，明确了安全生产的重要地位、主体任务和实现安全生产的根本途径。

"安全第一"要求从事生产经营活动必须把安全放在首位，不能以牺牲人的生命、健康为代价换取发展和效益。

"预防为主"要求把安全生产工作的重心放在预防上，强化隐患排查治理，打非治违，从源头上控制、预防和减少生产安全事故。

"综合治理"要求运用行政、经济、法治、科技等多种手段，充分发挥社会、职工、舆论各个方面的监督作用，抓好安全生产工作。

坚持"十二字方针"，总结实践经验，新法明确要求建立生产经营单位负责、职工参与、政府监管、行业自律、社会监督的机制，进一步明确各方安全生产职责。做好安全生产工作，落实生产经营单位主体责任是根本，职工参与是基础，政府监管是关键，行业自律是发展方向，社会监督是实现预防和减少生产安全事故目标的保障。

二、《安全生产培训管理办法》

为进一步规范和加强安全生产培训管理，促进安全生产培训工作健康发展，原国家安全生产监督管理总局对《安全生产培训管理办法》，以下简称《办法》）进行了修订。新修订的《安全生产培训管理办法》（根据国家安全生产监督管理总局第 80 号令进行修订）自 2015 年 7 月 1 日起施行，《办法》共 8 章 38 条。

1. 适用范围

《办法》第二条规定，安全培训机构、生产经营单位从事安全生产培训（以下简称安全培训）活动以及安全生产监督管理部门、煤矿安全监察机构、地方人民政府负责煤矿安全培训的部门对安全培训工作实施监督管理，适用本办法。

2. 生产经营单位培训对象

《办法》第三条规定，本办法所称安全培训是指以提高安全监管监察人员、生产经营单位从业人员和从事安全生产工作的相关人员的安全素质为目的的教育培训活动。前款所称安全监管监察人员是指县级以上各级人民政府安全生产监督管理部门、各级煤矿安全监察机构从事安全监管监察、行政执法的安全生产监管人员和煤矿安全监察人员；生产经营单位从业人员是指生产经营单位主要负责人、安全生产管理人员、特种作业人员及其他从业人员；从事安全生产工作的相关人员是指从事安全教育培训工作的教师、危险化学品登记机构的登记人员和承担安全评价、咨询、检测、检验的人员及注册安全工程师、安全生产应急救援人员等。

3. 安全技术培训工作的指导原则

统一规划、归口管理、分级实施、分类指导、教考分离。

4. 安全技术培训机构

《办法》第五条规定，安全培训的机构应当具备从事安全培训工作所需要的条件。从事危险物品的生产、经营、储存单位以及矿山、金属冶炼单位的主要负责人和安全生产管理人员，特种作业人员以及注册安全工程师等相关人员培训的安全培训机构，应当将教师、教学和实习实训设施等情况书面报告所在地安全生产监督管理部门、煤矿安全培训监管机构。安全生产相关社会组织依照法律、行政法规和章程，为生产经营单位提供安全培训有关服务，对安全培训机构实行自律管理，促进安全培训工作水平的提升。

5. 安全技术培训工作的监管

《办法》第二十条规定，国家安全监管总局负责省级以上安全生产监督管理部门的安全生产监管人员、各级煤矿安全监察机构的煤矿安全监察人员的考核；负责中央企业的总公司、总厂或者集团公司的主要负责人和安全生产管理人员的考核。

省级安全生产监督管理部门负责市级、县级安全生产监督管理部门的安全生产监管人员的考核；负责省属生产经营单位和中央企业分公司、子公司及其所属单位的主要负责人和安全生产管理人员的考核；负责特种作业人员的考核。

市级安全生产监督管理部门负责本行政区域内除中央企业、省属生产经营单位以外的其他生产经营单位的主要负责人和安全生产管理人员的考核。

省级煤矿安全培训监管机构负责所辖区域内煤矿企业的主要负责人、安全生产管理人员和特种作业人员的考核。

除主要负责人、安全生产管理人员、特种作业人员以外的生产经营单位的其他从业人员的考核，由生产经营单位按照省级安全生产监督管理部门公布的考核标准，自行组织考核。

6. 生产经营单位安全技术培训的管理

《办法》第二十一条规定，安全生产监督管理部门、煤矿安全培训监管机构和生产经营单位应当制定安全培训的考核制度，建立考核管理档案备查。

7. 重新培训制度

《办法》第十二条规定，中央企业的分公司、子公司及其所属单位和其他生产经营单位，发生造成人员死亡的生产安全事故的，其主要负责人和安全生产管理人员应当重新参加安全培训。

特种作业人员对造成人员死亡的生产安全事故负有直接责任的，应当按照《特种作业人员安全技术培训考核管理规定》重新参加安全培训。

8. 师傅带徒弟制度

《办法》第十三条规定，矿山新招的井下作业人员和危险物品生产经营单位新招的危险工艺操作岗位人员，除按照规定进行安全培训外，还应当在有经验的职工带领下实习满2个月后，方可独立上岗作业。

9. 免予培训制度

《办法》第十四条规定，国家鼓励生产经营单位招录职业院校毕业生。

职业院校毕业生从事与所学专业相关的作业，可以免予参加初次培训，实际操作培训除外。

10. 安全技术培训考核的原则

《办法》第十八条规定，安全监管监察人员、从事安全生产工作的相关人员、依照有关法律法规应当取得安全资格证的生产经营单位主要负责人和安全生产管理人员、特种作业人员的安全技术培训的考核，应当坚持教考分离、统一标准、统一题库、分级负责的原则，分步推行有远程视频监视的计算机考试。

11. 安全技术培训的认证

《办法》第二十三条规定，安全生产监管人员经考核合格后，颁发安全生产监管执法证；煤矿安全监察人员经考核合格后，颁发煤矿安全监察执法证；危险物品的生产、经营、储存单位和矿山企业主要负责人、安全生产管理人员经考核合格后，颁发安全资格证；特种作业人员经考核合格后，颁发《中华人民共和国特种作业操作证》(以下简称特种作业操作证)；危险化学品登记机构的登记人员经考核合格后，颁发上岗证；其他人员经培训合格后，颁发培训合格证。

12. 安全技术培训证书的有效期

《办法》第二十五条规定，安全生产监管执法证、煤矿安全监察执法证、安全合格证的有效期为3年。有效期届满需要延期的，应当于有效期届满30日前向原发证部门申请办理延期手续。

特种作业人员的考核发证按照《特种作业人员安全技术培训考核管理规定》执行。

《办法》第二十六条规定，特种作业操作证和省级安全生产监督管理部门、省级煤矿安全技术培训监管机构颁发的主要负责人、安全生产管理人员的安全资格证，在全国范围内有效。

13. 安全技术培训的监督检查

《办法》第二十九条规定，安全生产监督管理部门和煤矿安全培训监管机构应当对安全培训机构开展安全培训活动的情况进行监督检查，检查内容包括：

（1）具备从事安全培训工作所需要的条件的情况；

（2）建立培训管理制度和教师配备的情况；

（3）执行培训大纲、建立培训档案和培训保障的情况；

（4）培训收费的情况；

（5）法律法规规定的其他内容。

14. 安全技术培训的法律责任

《办法》第三十三条规定，安全生产监督管理部门、煤矿安全监察机构、煤矿安全培训监管机构的工作人员在安全培训监督管理工作中滥用职权、玩忽职守、徇私舞弊的，依照有关规定给予处分；构成犯罪的，依法追究刑事责任。

《办法》第三十四条规定，安全培训机构有下列情形之一的，责令限期改正，处 1 万元以下的罚款；逾期未改正的，给予警告，处 1 万元以上 3 万元以下的罚款：

（1）不具备安全培训条件的；

（2）未按照统一的培训大纲组织教学培训的；

（3）未建立培训档案或者培训档案管理不规范的。

安全培训机构采取不正当竞争手段，故意贬低、诋毁其他安全培训机构的，依照前款规定处罚。

《办法》第三十五条规定，生产经营单位主要负责人、安全生产管理人员、特种作业人员以欺骗、贿赂等不正当手段取得安全合格证或者特种作业操作证的，除撤销其相关证书外，处 3000 元以下的罚款，并自撤销其相关证书之日起 3 年内不得再次申请该证书。

《办法》第三十六条规定，生产经营单位有下列情形之一的，责令改正，处 3 万元以下的罚款：

（1）从业人员安全培训的时间少于《生产经营单位安全培训规定》或者有关标准规定的；

（2）矿山新招的井下作业人员和危险物品生产经营单位新招的危险工艺操作岗位人员，未经实习期满独立上岗作业的；

（3）相关人员未按照本办法第二十二条规定重新参加安全培训的。

第二节 电工作业人员的基本要求

一、电工作业人员条件

国家安全生产监督管理总局 2010 年 5 月 24 日第 30 号令《特种作业人员安全技术培训考核管理规定》中有下面的内容。

特种作业人员应当符合下列条件：

（1）年满 18 周岁，且不超过国家法定退休年龄。

（2）无妨碍从事相应特种作业的器质性心脏病、癫痫病、美尼尔氏症、眩晕症、癔症、震颤麻痹症、精神病、痴呆症以及其他患病和生理缺陷。

（3）具有初中及以上文化程度。具备必要的安全技术知识与技能。

（4）相应特种作业规定的其他条件。

特种作业人员必须经专门的安全技术培训并考核合格，取得《中华人民共和国特种作业操作证》后，方可上岗作业。

二、电工职业道德

人在社会中生活与工作，必须遵循一定的准则，这些准则是人所公认的，又是人人应自觉遵守的，这就是社会的道德标准。如果人与人之间、工种与工种之间、行业与行业之间都符合这一道德标准，则生产与工作就能协调、有秩序地进行。道德是人的行为准则，是不容破坏的，为防止个别人的行为破坏这一准则，所以又产生了法令、法律来对不遵守道德标准的人进行惩罚，以维护社会的健康。

下面是电工职业道德规范的具体内容：

（1）文明礼貌。文明礼貌要求仪表端庄、语言规范、举止得体、待人热情。

（2）爱岗敬业。爱岗敬业要求树立职业思想、强化职业责任、提高职业技能。

（3）诚实守信。诚实守信就是指真实无欺，遵守承诺和契约的品德行为。

（4）办事公道。办事公道是在爱岗敬业、诚实守信的基础上提出的更高层次的职业道德要求，要做到坚持真理、公私分明、公正公平、光明磊落。

（5）勤劳节俭。勤劳节俭是中华民族固有的美德，艰苦奋斗是中国人民的优良传统。节俭与勤劳互为表里，既勤又俭就能不断地创造和积累财富。

（6）遵纪守法。要了解与自己所从事的职业相关岗位的规范、纪律和法律、法规，要严格要求自己，养成遵纪守法的良好习惯，要敢同违法违纪的现象和不正之风做斗争。

（7）团结互助。要求平等尊重、顾全大局、互相学习、加强协作。

（8）开拓创新。开拓创新要有创新的意识，要运用现代科学的思维方式，要有坚定的信心和意志。

三、电工岗位安全职责

为保证正常的生产和工作，保证电工作业的安全，尤其是人身安全，所有在岗电工都应该做到以下几点：

（1）严格遵守有关的规章制度，遵守劳动纪律。

（2）努力学习电工的专业技术和安全操作技术，提高预防事故和职业危害的能力。

（3）正确使用及保管好安全防护用具及劳动保护用品。

（4）善于采纳有利于安全作业的意见，对违章指挥作业的行为及时予以指出，必要时应向有关领导部门报告。

（5）认真履行本单位、本部门为所在岗位制定的岗位职责。

四、关于实习人员参加电气工作的规定

（1）凡新参加电气工作的人员，在参加工作前，必须经过培训。培训内容包括：电气基本理论知识、电气工作安全知识、有关安全工作规程及相关的操作方法。

（2）凡新参加电气工作的人员，经过培训、考核合格后，在有经验的工作人员带领和指导下，进行工作实习。实习期间指导人员应固定。实习期至少三个月。

（3）实习人员在有电气工作经验人员的带领下，可以参加一些简单的技术工作和操作任务，但不能担任主要操作任务和监护人。实习人员进行的工作必须经过检查验收。

（4）在现场工作时，实习人员必须认真遵守安全操作规程，听从指导人员的指挥，否则现场负责人有权停止其工作。

（5）实习人员在实习期满，经过考试合格后，允许其正式参加电气工作，并可在停电范围内独立工作，但其工作质量应经专人检查。

第三节 电工作业人员的培训考核

为了防止人员伤亡事故，促进安全生产，必须提高电工作业人员的安全技术素质，规范电工作业人员的培训、考核、发证和监督管理工作。根据《中华人民共和国安全生产法》《中华人民共和国行政许可法》和其他相关法律法规的规定，国家安全监督管理总局颁布了《特种作业人员培训考核管理办法》和《特种作业人员安全技术培训大纲及考核标准》，对电工的培训、考核、发证工作的积极开展起到了规范和指导作用。

一、电工作业人员安全技术培训考核管理按下列程序办理

招用电工要求

（1）生产经营单位招用或聘用电工作业人员的年龄、文化程度和身体健康状况应符合电工作业人员的基本条件，同时必须从取得电工作业操作资格证书的人员中选用。

（2）对单位已招用或聘用的电工应根据《特种作业人员培训考核管理办法》，参加户籍所在地或从业所在地安全生产监督管理部门组织、指导的电工作业安全技术培训、考核和发证。

二、培训

（1）电工作业人员的培训由省级安全生产监督管理部门或其委托直辖市安全生产监督管理部门审查认可的培训机构进行。

（2）电工作业人员的培训机构和教员实行资质认可制度，取得资质证书的培训机构应在所在地安全生产监督管理部门的指导和监督下，根据《电工作业人员安全技术培训大纲》要求和《电工作业》培训教材组织实施培训，依据《电工作业人员安全技术培训考核标准》，由国家应急管理部统一命题，在计算机上进行考试，教考分离，并对考核合格人员出具培训合格证明。

三、考核、发证

（1）考核。培训期满后，由省、市安全生产监督管理部门或其指定的单位，按《特种作业人员安全技术培训考核标准》电工作业部分要求的命题考核。考核分为安全

技术理论和实际操作两部分，两部分都必须达到合格要求，方予以通过。经考核不合格的，允许补考一次，补考仍不合格的，须重新培训。

（2）发证。考试合格后，由省级安全生产监督管理部门或委托直辖市安全生产监督管理部门签发由国家安全生产监督管理总局统一制作的特种作业操作资格证书。电工在取得资格证书后，方准许独立作业。特种作业操作资格证书是特种作业人员从事特种作业唯一有效证件。特种作业操作资格证书全国通用，特种作业人员从事特种作业时须随身携带。

四、证书复审、补（换）

（1）复审的目的。为了不断提高电工的素质，整顿电工队伍，有必要对电工进行安全生产法制教育和安全生产新知识、新技术的培训，并对电工的特种作业操作资格证进行复核审查。

（2）复审的间隔时间和内容。电工的操作证每三年复审一次，同时对电工进行复训考核。考核合格的予以确认，考核不合格的可申请再考核一次，仍不合格须重新培训发证。对脱离电工岗位6个月以上者须进行复审，未经复审不准继续独立作业。复审内容包括事故、违章记录检查；安全技术理论考核。复审由省级安全生产监督管理部门或其委托的省辖市安全生产监督管理部门及其指定的单位进行。

（3）证书换证和补发。特种作业操作资格证有效期为6年，由申请人提出换证申请；操作资格证书遗失、损毁的，由申请人向原发证部门申报补发新证。

（4）对违章及事故的责任者，省级或省辖市安全生产监督管理部门应根据原国家安全生产监督管理总局颁布的《特种作业人员培训考核管理办法》中罚则条款规定，吊销或注销所发的特种作业操作资格证书。

第二章　电气安全管理

第一节　电气安全的重要性

一、安全用电的重要意义

随着国民经济的迅速发展及人民生活水平的不断提高，电力已成为工农业生产、科研、城市建设、市政交通和人民生活不可缺少的二次能源。随着用电设备和耗电量的不断增加，用电安全问题也愈来愈成为不可忽视的重要问题。电力的生产和电气设备的使用有其特殊性。在生产和使用过程中如果不注意安全，就会造成人身伤亡事故或电气设备损坏事故，甚至可能将事故范围扩大。涉及电力系统，造成系统停电或大面积停电，会使国家财产受到巨大的损失，影响人们正常的生产和生活。所以，为保证人身、电气设备、电力系统的安全，在用电的同时，必须把电气安全工作放在首位。

各用电单位及个人应贯彻"安全第一，预防为主，综合治理"的方针。加强安全用电教育和安全技术培训，掌握人身触电事故的规律性及防护技术，采取各种切实有效的措施以防止事故发生。

安全用电，就是要使一切电力设施处于良好的运行状态，避免电力系统发生事故。安全用电就是要按照规程操作；按照运行管理规程进行定期的巡视检查及维修；按照安全工作规程做好安全防护工作；消除可能导致事故的隐患。

安全用电，是要我们采取一切必要的措施避免发生人身触电事故。这就要求我们在电气设备施工中要按照有关的电气工程安装标准进行。它可在施工阶段就对电气设备运行中可能出现的危及人身安全的情况做好预防工作。对于带电作业，要执行有关带电作业的安全工作规程；对于停电作业，要遵守有关停电检修的安全规程，采取必要的安全技术措施和组织措施。要遵守有关劳动保护方面的法规、法令，正确地使用和保管安全用具。此外，还要普及电气知识，尤其是对那些直接使用电气设备的人员更要加强用电安全知识的教育，使其在一旦出现非常事故（如触电）时，有足够的应变能力。这也是电工作业人员不可推卸的责任。

二、电工作业的危险性

电工作业的固有特性造成了它的高危险性，其特征如下：

（1）直观识别难。电有看不见、听不见、闻不到、摸不得的特性。电本身不具有人们直观识别的特征，是否带电不易被人们察觉。

（2）电能传递途径多样性。常用交流电可以通过导线传送，也可以在不相接触的导体之间，通过互感传送，还可以通过导体间和导体与地之间的电容传送。如果没有一定的电工理论知识，这是难以辨别的。在已停电的设备上，虽然两端都有明显的断开点，但是常因周围有带电设备而感应电压，造成麻电而引发高空坠落事故。在停电设备上工作时也发生过检修人员移动接地线，短时间设备未接地，造成触电事故，诸如此类事故均系通过互感或电容传递电能所致。

（3）电气设备都有电容。虽然电气设备已停电，但在电容上还会有剩余电荷，往往因未放电或未放完电就拆接头而造成触电事故。

（4）短路时，会在短路处产生电弧，而电弧会发出巨大的光热能量，在工作场所，人虽未触电，但电弧会对人的皮肤产生严重烧伤。

（5）运载电能的网络和设备是处于变化之中的。电工要警惕，要有足够的认识并认真辨别。变化大致有如下四种：

① 电网运行方式常有变化。为了保证不中断供电，电网结构常常互为备用，其运行方式常有变化，如停电作业范围边缘的隔离开关外侧在有的运行方式下无电，在有的运行方式下有电，曾因此而出现触电伤亡事故多起。电工在工作前和工作中应了解运行方式有可能发生哪些变化。

② 运行中的设备绝缘会发生老化损坏，有可能使原来不带电的金属外壳意外带电，移动式设备和手持式电动工具绝缘更易受到损坏，造成危险。

③ 运行中的设备，接头和导线原来存在隐患，在轻负载时不易发现，当过载或短路发生时可能会出现事故，即便不出事故也会加重隐患，造成危险。

④ 运行中的电气设备保护配置不完善（如漏电保护器等）或校验失误，该动不动，不该动乱动，造成事故。

（6）有的电工作业会出现多工种（如一次、二次、试验和电缆等工种）同时在一个单元或一台设备上作业，相互间配合不好或通信信息传递不好会造成事故。

（7）常遇的停电、检修、送电环节多，涉及人员多，联络环节多，任何一环错误就有可能造成重大事故。

（8）有的电工作业会出现立体交叉作业，除可能出现电的伤害外，还有可能出现机械性伤害。

（9）电工作业场所有变压器油、汽油、粉尘等，使作业处于火灾爆炸危险环境之中，不可忽视。

（10）恶劣的天气会带来更大的危险。雷雨天会造成雷电反击、雷电感应等电击事故，冻雨天易造成倒杆断线，抢修困难且危险性大。

三、电气安全管理工作的基本要求

1. 建立健全的规章制度

合理和必要的规章制度是从人们长期的安全生产实践中总结出来的，是保障安全生产的有效措施。如安全生产责任制，其主要作用是明确各企业领导、各部门和各岗位的安全责任，对安全生产的有序进行起到基本保证的作用。而与安全生产有直接关系的规章制度还有安全操作规程、安全作业规程、电气安装规程、运行管理和维护检修制度等。

根据不同电工工种，应建立各种安全操作规程和运行维护制度，如变配电所值班电工安全倒闸操作规程、运行规程、内外线维护检修电工安全操作规程、电气设备维修安全操作规程、电气试验安全操作规程、蓄电池安全操作规程（制度）、非专职电工人员安全操作规程、手持电动工具安全操作规程、电焊安全操作规程、电炉安全操作规程、行车司机安全操作规程制度等。

在安装或变动电气一、二次设备和线路时，必须严格遵循有关安全操作规程和交接验收规程的要求，保证这些设备安全正常地投入运行。

根据设备状况的特点，应建立相应的运行管理制度和维护检修制度，及时消除设备缺陷和隐患，保证设备和人身安全。

对于某些电气设备（如 SF_6 设备），应建立专人管理的责任制。开关设备、临时线路、临时设备等容易发生人身事故的设备，应有专人负责管理。

对高压设备的检修工作，必须建立必要的安全工作制度，如工作票制度、工作监护制度等。

2. 建立安全监督机构和企业的三级安全网

企业应根据安全生产的有关规定建立本单位的安全生产管理部门，不设专门安全监督机构的，必须设专职安全员，车间、班组至少应设兼职安全员，组成企业三级安全网。

对电气设备的运行、检修应认真履行监督职责，对人身安全的危险源和危险点进行评估、监督等，安全管理部门、动力（或电气）部门等必须互相配合，认真做好电气安全管理工作。专职电气安全员应具备必需的电工知识和电气安全知识，根据本单位人身和设备安全的实际状况制订安全措施计划，并监督计划的实施，不断提高电气安全水平。

3. 组织安全检查

安全检查是发现隐患和督促解决隐患的有效手段，可分为日常性巡视检查、一般性的定期检查和互查、专项定点检查、安全大检查等几种。日常性巡视检查是专业电工和值班电工的日常工作，几乎是每天都在进行；一般性的定期自检、互检是本单位电气部门和安技部门的正常业务，一般每月一次；专项检查是不定期的，有的是本单位安排的，有的是上级管理部门组织的；安全大检查是由本单位或上级管理部门组织的，由各企业有关部门管理者参加的，较全面、较深入的群众性安全检查，最好每季进行一次（结合夏季、冬季及雨季等检查）。

（1）电气安全检查的内容包括：电气设备的绝缘有无问题；绝缘电阻是否合格；设备裸露带电部分是否有防护；保护接零或保护接地是否正确、可靠；安全保护装置和设施是否符合要求；特殊场所使用的手提灯和照明是否是安全电压；移动电气设备和手持式电动工具是否符合安全要求；电气安全用具和消防器材是否安全试验合格、是否在有效使用周期内等。

（2）安全大检查的内容包括：查员工安全意识，查"三违"（违章指挥、违章操作、违反劳动纪律）情况和查安全制度的贯彻执行，以及安全分析会等安全活动是否正常开展等内容。

四、加强安全教育和安全技能培训

对使用电气设备的其他生产人员，通过企业的安全教育和培训，使他们知道安全法规，认识安全用电的重要性，掌握安全用电的基本方法，懂得有关安全用电知识和安全作业规程。

要通过企业的安全教育和培训，使一般员工懂得电气安全和安全用电，以及了解安全生产法的一般知识。新进厂人员要接受厂、车间、班组三级安全教育，使他们懂得安全生产的重要性和安全用电的常识。安全宣传教育的形式可采用多种方式，比如典型事故录像、广播、图片、标语、开办培训班等，使企业有良好的安全生产氛围。

对独立电工要有经常性的安全教育和安全技能培训，使他们懂得安全法规，提高他们遵章守纪的自觉性和责任心，不断提高他们的安全知识和技能，使每个电工都能掌握安全用电的基本方法，都能懂得电气设备的安装、调试、使用、维护、检修的标准和安全要求，都能熟知和掌握电工安全作业操作规程和其他安全生产制度，学会预防、分析和处理电气事故的方法，掌握触电事故抢救和扑灭电气火灾的方法。独立电工要接受省或直辖市安全生产监督管理部门组织的考核复审，企业应对电工进行继续教育和知识更新培训。

五、组织事故分析和经验交流

一旦发生事故后，要深入调查事故现场状况，召开事故分析会，分析事故发生的原因，找出预防事故的对策。对待事故应严肃地按照"四不放过"原则（即事故责任人没有得到处理不放过；找不出事故原因不放过；事故责任人和群众受不到教育不放过；没有制定出防范措施不放过），认真调查分析事故，吸取事故教训。

六、建立安全技术资料

安全技术资料是做好安全工作的重要依据，应该经常收集和保存，尤其应注意收集与本企业有关的各种安全法规标准和规范。

要建立电气系统图，高、低压系统布线图，全厂架空线路和电缆线路布置图，直流系统安装图以及设备操作的二次回路图，设备的说明及其资料。

设备的检修和试验记录、变配电所运行日志和设备缺陷记录以及设备事故和人身事故记录、事故报告等也应存档。

第二节　保证安全工作的组织措施和技术措施

一、保证安全工作的组织措施

在电气设备上安全工作的管理组织措施包括：工作票制度、工作许可制度、工作监护制度、工作间断、转移和终结制度。

1. 工作票制度

工作票是准许在电气设备上工作的命令，也是保证安全工作的依据。工作票有第一种工作票和第二种工作票。事故应急抢修可不用工作票，但应使用事故应急抢修单。

事故应急抢修工作是指电气设备发生故障被迫紧急停止运行，需短时间内恢复的抢修和排除故障的工作。非连续进行的事故修复工作，应使用工作票。

（1）填写第一种工作票的工作

高压设备上需要全部停电或部分停电的工作；二次系统和照明等回路上的工作，需要将高压设备停电或做安全措施的工作；高压电力电缆需停电的工作，其他需要将高压设备停电或要做安全措施的工作。

凡在高压电气设备上进行检修、试验、清扫检查等工作时，需要停电或部分停电的应填写第一种工作票。

在高压电气设备（包括线路）上工作，需要全部停电或部分停电的应使用第一种工作票。

（2）填写第二种工作票的工作

控制盘和低压配电盘、配电箱、电源干线上的工作；二次系统和照明等回路上的工作，无需将高压设备停电或做安全措施的；转动中的发电机、同期调相机的励磁回路或高压电动机转子电阻回路上的工作；非运行人员用绝缘棒、核相器和电压互感器定相或用钳型电流表测量高压回路的电流。

在二次接线回路上工作，无需将高压设备停电时应使用第二种工作票。

① 工作票的填写与签发：

A. 工作票应使用黑色或蓝色的钢（水）笔或圆珠笔填写与签发，一式两份，内容应正确，填写应清楚，不得任意涂改。如有个别错、漏字需要修改，应使用规范的符号，字迹应清楚。

B. 用计算机生成或打印的工作票应使用统一的票面格式，由工作票签发人审核无误，手工或电子签名后方可执行。

C. 工作票一份应保存在工作地点，由工作负责人收执；另一份由工作许可人收执，按值移交。工作许可人应将工作票的编号、工作任务、许可及终结时间记入登记簿。

D. 一张工作票中，工作票签发人、工作负责人和工作许可人三者不得互相兼任。工作票由工作负责人填写，也可以由工作票签发人填写。

② 工作票的使用：

A. 一个工作负责人不能同时执行多张工作票，工作票上所列的工作地点，以一个电气连接部分为限。

B. 在原工作票的停电及安全措施范围内增加工作任务时，应由工作负责人征得工作票签发人和工作许可人同意，并在工作票上增添工作项目。若需变更或增设安全措施者应填用新的工作票，并重新履行签发许可手续。

C. 第一种工作票应在工作前一日送达运行人员，可直接送达或通过传真、局域网传送，但传真传送的工作票许可应待正式工作票到达后履行。

第二种工作票和带电作业工作票可在进行工作的当天预先交给工作许可人。

③ 工作票所列人员的基本条件：

A. 工作票的签发人应是熟悉人员技术水平、熟悉设备情况、熟悉本规程，并具有相关工作经验的生产领导人、技术人员或经本单位分管生产领导批准的人员。工作票签发人员名单应书面公布。

B. 工作负责人（监护人）应是具有相关工作经验，熟悉设备情况和本规程，经工区（所、公司）生产领导书面批准的人员。工作负责人还应熟悉工作班成员的工作能力。

C. 工作许可人应是经工区（所、公司）生产领导书面批准的、有一定工作经验的运行人员或检修操作人员（进行该工作任务操作及做安全措施的人员）。用户变、配电站的工作许可人应是持有效证书的高压电气工作人员。

④ 工作票所列人员的安全责任：

A. 工作票签发人

a. 工作必要性和安全性。

b. 工作票上所填安全措施是否正确完备。

c. 所派工作负责人和工作班人员是否适当和充足。

B. 工作负责人（监护人）

a. 正确安全地组织工作。

b. 负责检查工作票所列安全措施是否正确完备，是否符合现场实际条件，必要时予以补充。

c. 工作前对工作班成员进行危险点告知，交代安全措施和技术措施，并确认每一个工作班成员都已知晓。

d. 严格执行工作票所列安全措施。

e. 督促、监护工作班成员遵守本规程，正确使用劳动防护用品并执行现场安全措施。

f. 工作班成员精神状态是否良好，变动是否合适。

C. 工作许可人

a. 负责审查工作票所列安全措施是否正确、完备，是否符合现场条件。

b. 工作现场布置的安全措施是否完善，必要时应予以补充。

c. 负责检查检修设备有无突然来电的危险。

d. 对工作票所列内容即使发生很小的疑问，也应向工作票签发人询问清楚，必要时应要求做详细补充。

D. 专责监护人

a. 明确被监护人员和监护范围。

b. 工作前对被监护人员交代安全措施，告知危险点和安全注意事项。

c. 监督被监护人员遵守本规程和现场安全措施，及时纠正不安全行为。

E. 工作班成员

a. 熟悉工作内容、工作流程，掌握安全措施，明确工作中的危险点，并履行确认手续。

b. 严格遵守安全规章制度、技术规程和劳动纪律，对自己在工作中的行为负责，互相关心工作安全，并监督本规程的执行和现场安全措施的实施。

c. 正确使用安全工器具和劳动防护用品。

2. 工作许可制度

工作许可人在完成施工现场的安全措施后，还应完成以下手续，工作班方可开始工作：

（1）会同工作负责人到现场再次检查所做的安全措施，对具体的设备指明实际的隔离措施，证明检修设备确无电压。

（2）对工作负责人指明带电设备的位置和注意事项。

（3）和工作负责人在工作票上分别确认、签名。

（4）运行人员不得变更有关检修设备的运行接线方式。工作负责人、工作许可人任何一方不得擅自变更安全措施，工作中如有特殊情况需要变更时，应先取得对方的同意并及时恢复。变更情况及时记录在值班日志内。

电气工作开始前必须完成工作许可手续。

3. 工作监护制度

（1）工作许可手续完成后，工作负责人、专责监护人应向工作班成员交代工作内容、人员分工、带电部位和现场安全措施，进行危险点告知，并履行确认手续，工作班方可开始工作。工作负责人、专责监护人应始终在工作现场，对工作班人员的安全认真监护，及时纠正不安全的行为。

（2）工作负责人在全部停电时，可以参加工作班工作。在部分停电时，只有在安全措施可靠，人员集中在一个工作地点，不致误碰有电部分的情况下，方能参加工作。

（3）专责监护人不得兼做其他工作。专责监护人临时离开时，应通知被监护人员停止工作或离开工作现场，待专责监护人回来后方可恢复工作。若专责监护人必须长时间离开工作现场时，应由工作负责人变更专责监护人，履行变更手续，并告知全体被监护人员。

（4）工作期间，工作负责人若因故暂时离开工作现场时，应指定能胜任的人员临时代替，离开前应将工作现场交代清楚，并告知工作班成员。原工作负责人返回工作现场时，也应履行同样的交接手续。

（5）若工作负责人必须长时间离开工作现场时，应由原工作票签发人变更工作负责人，履行变更手续，并告知全体工作班组成员及工作许可人。原、现工作负责人应做好必要的交接。

4．工作间断、转移和终结制度

（1）工作间断时，工作班人员应从工作现场撤出，所有安全措施保持不动，工作票仍由工作负责人执存，间断后继续工作，无须通过工作许可人。每日收工，应清扫工作地点，开放已封闭的通道，并将工作票交回运行人员。次日复工时，应得到工作许可人的许可，取回工作票，工作负责人应重新认真检查安全措施是否符合工作票的要求，并召开现场站班会后，方可工作。若无工作负责人或专责监护人带领，作业人员不得进入工作地点。

（2）在办理工作票终结手续以前，任何人员不准将停电设备合闸送电。在工作间断期间，若有紧急需要，运行人员可在工作票未交回的情况下合闸送电，但应先通知工作负责人，在得到工作班全体人员已经离开工作地点、可以送电的答复后方可执行，并应采取下列措施：

① 拆除临时遮栏、接地线和标示牌，恢复常设遮栏，换挂"止步，高压危险！"的标示牌。

② 应在所有道路派专人守候，以便告诉工作班人员"设备已经合闸送电，不得继续工作"。守候人员在工作票交回以前，不得离开守候地点。

（3）检修工作结束以前，若需将设备试加工作电压，应按下列条件进行：

① 全体工作人员撤离工作地点。

② 将该系统的所有工作票收回，拆除临时遮栏、接地线和标示牌，恢复常设遮栏。

③ 应在工作负责人和运行人员进行全面检查无误后，由运行人员进行加压试验。工作班若需继续工作时，应重新履行工作许可手续。

（4）在同一电气连接部分用同一工作票依次在几个工作地点转移工作时，全部安全措施由运行人员在开工前一次做完，不需再办理转移手续。但工作负责人在转移工作地点时，应向工作人员交代带电范围、安全措施和注意事项。

（5）全部工作完毕后，工作班应清扫、整理现场。工作负责人应先周密地检查，待全体工作人员撤离工作地点后，再向运行人员交代所修项目、发现的问题、试验结果和存在问题等，并与运行人员共同检查设备状况、状态，有无遗留物件，是否清洁等，然后在工作票上填明工作结束时间。经双方签名后，表示工作终结。

待工作票上的临时遮栏已拆除，标示牌已取下，已恢复常设遮栏，未拆除的接地线、未拉开的接地刀闸（装置）等设备的运行方式已汇报给调度，工作票方告终结。

（6）只有在同一停电系统的所有工作票都已终结，并得到值班调度员或运行值班负责人的许可指令后，方可合闸送电。禁止约时停、送电。

停电检修作业后送电前，原在变配电室内悬挂的临时接地线，应由值班人员拆除。

一切调度命令是以值班调度员发布命令时开始，至受令人执行完后报值班调度员后才算全部完成。

所有的工作人员（包括工作负责人）不允许单独留在高压室内，以免发生意外的触电或电弧灼伤事故。

（7）已终结的工作票、事故应急抢修单应保存一年。

二、保证安全工作的技术措施

在电气设备上工作，保证安全的技术措施有停电、验电、接地、悬挂标示牌和装设遮栏（围栏）。

1. 停电

（1）断开发电厂、变电站、换流站、开闭所、配电站（所）（包括用户设备）等线路断路器（开关）和隔离开关（刀闸）。

（2）断开线路上需要操作的各端（含分支）断路器（开关）、隔离开关（刀闸）和熔断器。高压检修工作的停电必须将工作范围的各方面进线电源断开，且各方面至少有一个明显的断开点。

（3）断开危及线路停电作业，且不能采取相应安全措施的交叉跨越、平行和同杆架设线路（包括用户线路）的断路器（开关）、隔离开关（刀闸）和熔断器。

（4）断开有可能返回低压电源的断路器（开关）、隔离开关（刀闸）和熔断器。

进行线路停电作业前，应做好下列安全措施：停电设备的各端，应有明显的断开点，若无法观察到停电设备的断开点，应有能够反映设备运行状态的电气和机械等指示。

可直接在地面操作的断路器（开关）、隔离开关（刀闸）的操作机构上应加锁，不能直接在地面操作的断路器（开关）、隔离开关（刀闸）应悬挂标示牌；跌落式熔断器的熔管应摘下或悬挂标示牌。

2. 验电

（1）验电是保证电气作业安全的技术措施之一。在停电线路工作地段装接地线前，应先验电，验明线路确无电压。验电时，应使用相应电压等级、合格的接触式验电器。

（2）验电前应先在有电设备上进行试验，确认验电器良好；无法在有电设备上进行试验时，可用工频高压发生器等确认验电器良好。如果在木杆、木梯或木架上验电，不接地不能指示者，可在验电器绝缘杆尾部接上接地线，但应经运行值班负责人或工作负责人许可。

验电时人体应与被验电设备保持规定的距离，并设专人监护。使用伸缩式验电器时应保证绝缘的有效长度。

（3）对无法进行直接验电的设备、高压直流输电设备和雨雪天气时的户外设备，可以进行间接验电。即通过设备的机械指示位置、电气指示、带电显示装置、仪表及各种遥测、遥信等信号的变化来判断。判断时，应有两个及以上的指示，且所有指示均已同时发生对应变化，才能确认该设备已无电；若进行遥控操作，则应同时检查隔离开关（刀闸）的状态指示、遥测、遥信信号及带电显示装置的指示进行间接验电。

（4）对同杆塔架设的多层电力线路进行验电时，应先验低压、后验高压，先验下层、后验上层，先验近侧、后验远侧。禁止工作人员穿越未经验电、接地的 10 kV 及以下线路对上层线路进行验电。

线路的验电应逐相（直流线路逐极）进行。检修联络用的断路器（开关）、隔离开关（刀闸）或其组合时，应在其两侧验电。

3. 装设接地线

（1）线路经验明确无电压后，应立即装设接地线并三相短路（直流线路两极接地线分别直接接地）。装、拆接地线应在监护下进行。各工作班组工作地段各端和有可能送电到停电线路工作地段的分支线（包括用户）都要验电、装设工作接地线。直流接地极线路，作业点两端应装设工作接地线。配合停电的线路可以只在工作地点附近装设一处工作接地线。

（2）禁止工作人员擅自变更工作票中指定的接地线位置。如需变更，应由工作负责人征得工作票签发人同意，并在工作票上注明变更情况。

（3）同杆塔架设的多层电力线路挂接地线时，应先挂低压、后挂高压，先挂下层、后挂上层，先挂近侧、后挂远侧。拆除时次序相反。

（4）成套接地线应由有透明护套的多股软铜线组成，其截面不得小于 25 mm²，同时应满足装设地点短路电流的要求。禁止使用其他导线作接地线或短路线。接地线应使用专用的线夹固定在导体上，禁止用缠绕的方法进行接地或短路。临时接地线应装在可能来电的方向（电源侧），对于部分停电的检修设备，要装在被检修设备的两侧。

（5）装设接地线时，应先接接地端，后接导线端，接地线应接触良好、连接可靠。拆接地线的顺序与此相反。装、拆接地线均应使用绝缘棒或专用的绝缘绳。人体不准碰触未接地的导线。

（6）利用铁塔接地或与杆塔接地装置电气上直接相连的横担接地时，允许每相分别接地，但杆塔接地电阻和接地通道应良好。杆塔与接地线连接部分应清除油漆，接触良好。

（7）对于无接地引下线的杆塔，可采用临时接地体。接地体的截面积不准小于 190 mm²（如 φ16 圆钢）。接地体在地面下深度不准小于 0.6 m。对于土壤电阻率较高地区，如岩石、瓦砾、沙土等，应采取增加接地体根数、长度、截面积或埋地深度等措施改善接地电阻。

（8）在同塔架设多回线路杆塔的停电线路上装设的接地线，应采取措施防止接地线摆动。断开耐张杆塔引线或工作中需要拉开断路器（开关）、隔离开关（刀闸）时，应先在其两侧装设接地线。

（9）电缆及电容器接地前应逐相充分放电，星形接线电容器的中性点应接地，串联电容器及与整组电容器脱离的电容器应逐个多次放电，装在绝缘支架上的电容器外壳也应放电。

（10）接地线接地刀闸与检修设备之间不得连有断路器（开关）和熔断器。检修人员未看到工作地点悬挂接地线，工作许可人（值班员）也未以手触试停电设备，检修人员应进行质问并有权拒绝工作。线路检修时，接地线一经拆除即认为线路已带电，任何人不得再登杆作业。

（11）使用个人保安线

① 工作地段如有邻近、平行、交叉跨越及同杆塔架设线路，为防止停电检修线路上感应电压伤人，在需要接触或接近导线工作时，应使用个人保安线。

② 个人保安线应在杆塔上接触或接近导线的作业开始前挂接，作业结束脱离导线后拆除。装设时，应先接接地端，后接导线端，且要接触良好，连接可靠。拆个人保安线的顺序与此相反。个人保安线由作业人员负责自行装、拆。

③ 个人保安线应使用有透明护套的多股软铜线，截面积不准小于 16 mm²，且应带有绝缘手柄或绝缘部件。禁止用个人保安线代替接地线。

④ 在杆塔或横担接地通道良好的条件下，个人保安线接地端允许接在杆塔或横担上。

4. 悬挂标示牌和装设遮栏（围栏）

（1）在一经合闸即可送电到工作地点的断路器（开关）、隔离开关（刀闸）及跌落式熔断器的操作处，均应悬挂"禁止合闸，线路有人工作！"或"禁止合闸，有人工作！"的标示牌。

（2）"禁止合闸，有人工作！"标示牌挂在已停电的断路器和隔离开关上的操作把手上，防止运行人员误合断路器和隔离开关。

（3）在邻近可能误登的其他铁构架上应悬挂"禁止攀登，高压危险"的标志牌。

（4）进行地面配电设备部分停电的工作，人员工作时距设备小于表 2-1 安全距离以内的未停电设备，应增设临时围栏。临时围栏与带电部分的距离，不准小于表2-2的规定。临时围栏应装设牢固，并悬挂"止步，高压危险！"的标示牌。

表2-1　设备不停电时的安全距离

电压等级 /kV	安全距离 /m
10 及以下	0.70
20、35	1.00
63（66）、110	1.50

注：表中未列电压应选用高一电压等级的安全距离，表2-2同。

表2-2　工作人员工作中正常活动范围与带电设备的安全距离

电压等级 /kV	安全距离 /m
10 及以下	0.35
20、35	0.60
63（66）、110	1.50

35 kV 及以下设备的临时围栏，如因工作特殊需要，可用绝缘隔板与带电部分直接接触。绝缘隔板的绝缘性能应符合规定的要求。

第三节　变配电所倒闸操作

一、倒闸操作

倒闸操作制度的建立是保证安全、正确地进行倒闸操作、确保系统安全运行的有力保障，是防止误操作的重要技术措施。

1. 倒闸操作的基本条件

（1）控制室有与一次设备和实际运行方式相符的一次系统模拟屏（包括各种定子接线电图）。

（2）设备应具有明显的标志（名称、编号）、分合闸指示、旋转方向切换位置的指示及设备相色等。

（3）高压设备都应安装完善的防误闭锁装置。防误闭锁装置不得随意退出运行。停用防误闭锁装置应经本单位总工程师批准；短时间退出防误闭锁装置时，应经变电站长或当值班长批准，并应按程序尽快投入。

（4）有值班调度员和运行值班负责人正式发布的操作指令（规范的调度术语），并使用经事先审核合格的操作票。

（5）设备送电前必须将有关继电保护装置线投入运行，没设保护的设备或不能跳闸的断路器不准投入运行。

2. 调度术语

（1）报数

零、一、二、三、四、五、六、七、八、九；

洞、么、两、三、四、五、六、拐、八、九。

（2）调度管辖

发电设备（计划和备用）运行状态改变各电气设备的运行方式（包括继电保护和安全自动装置的状态）、倒闸操作及事故处理的指挥权限划分。

（3）调度许可

设备由下级调度运行机构管辖，但在进行有关操作前（检修申请另行办理）必须报告上级调度运行值班人员，取得其许可后才能进行。

（4）调度指令

调度运行值班人员对其所管辖的设备变更出力计划、备用容量、运行方式、接线方式、继电保护和安全自动装置状态、倒闸操作以及事故处理的指令。

（5）调度同意

调度运行值班人员对下级调度运行值班人员提出的申请、要求等予以同意（包括通信、运动、自动化设备）。

运用中的电气设备，是指全部带有电压、一部分带有电压、或一经操作即带有电压的电气设备。所以变配电所（站）运用中的电气设备分为四种状态：运行状态、热备用状态、冷备用状态、检修状态。要将电气设备从一种状态转为另一种状态就需要进行一系列的倒闸操作。

二、电气设备的状态

1. 运行状态

电气设备的运行状态，是指开关、刀闸都在合闸位置，将电源至受电端的电路接通。

2. 热备用状态

电气设备的热备用状态，是指开关在断开位置，而刀闸仍在合闸位置。其特点是开关一经合闸操作即接通电源。

3. 冷备用状态

电气设备的冷备用状态，是指设备的开关与刀闸均在断开位置。其特点是该设备与其他带电部分之间有明显的断开点。

4. 检修状态

电气设备的检修状态，是指设备的开关和刀闸均已断开。检修设备（如开关、变压器）两侧装设了三相短路接地线（或合上了接地刀闸），悬挂了对应标示牌，设置了临时遮拦，该设备即为检修状态。

（1）开关检修。是指设备的开关和两侧刀闸均已拉开，已取下控制回路熔丝或拉开控制回路小空气开关，取下了保护回路压板（连接片）或停用了保护测控装置，在开关两侧装设了三相短路接地线或合上了接地刀闸，做好相关的其他安全措施。

（2）线路检测。是指线路开关及两侧刀闸均已拉开，并在线路出线端接好三相短路接地线，在开关、刀闸操作手柄上挂"禁止合闸，线路有人工作！"牌，做好相关的其他安全措施。

（3）变压器检修。是指变压器两侧开关为冷备用，在变压器两侧挂接好三相短路接地线，在被检修的变压器上挂"在此工作"牌，在开关刀闸操作手柄上挂好"禁止合闸，有人工作！"牌，做好相关的其他安全措施。

（4）母线检修。是指母线从冷备用转为检修，即在冷备用的母线上挂接好三相短路接地线，如母线较长，或超过 10 m，则应在母线两头挂接三相短路接地线，在母线的开关、刀闸操作手柄上挂"禁止合闸，有人工作！"牌，做好相关的其他安全措施，如装设遮拦或悬挂有关标牌等。

5. 移动式手车开关的四种运行状态

（1）运行状态。手车开关在"工作位置"，合上开关。"工作位置""已储能""合闸"三盏指示灯亮，三相带电显示器亮，机械指示为红色合闸牌。

（2）热备用状态。手车开关在"工作位置"。"工作位置""已储能""分闸"三盏指示灯亮，机械指示为绿色分闸牌。

（3）冷备用状态。手车开关在"试验位置"。"试验位置""已储能""分闸"三盏指示灯亮，机械指示为绿色分闸牌。

（4）检修状态。手车开关在"试验位置"，拉开其二次回路控制小空气开关，打开开关室柜门，取下二次回路插头，将手车开关拉出开关室，置于运转小车上，锁好开关室柜门，并在手车开关的柜门上挂"止步，高压危险！"牌。

三、倒闸操作执行

1. 倒闸操作的指令

应根据值班调度员或运行值班负责人的指令，受令人复诵无误后方可执行。发布指令应准确、清晰，使用规范的调度术语和设备双重名称，即设备名称和编号。发令人和受令人应先互报单位和姓名，发布指令的全过程（包括对方复诵指令）和听取指令的报告时双方都要录音并做好记录。操作人员（包括监护人）应了解操作目的和操作顺序。对指令有疑问时应向发令人询问清楚无误后执行。

2. 倒闸操作的完成

可以通过就地操作、遥控操作、程序操作完成。遥控操作、程序操作的设备应满足有关技术条件。

3. 倒闸操作的分类

（1）监护操作。由两人进行同一项的操作。

监护操作时，其中对设备较为熟悉者做监护。特别重要和复杂的倒闸操作，由熟练的运行人员操作，运行值班负责人监护。

倒闸操作每一项操作结束后，监护人应认真检查被操作的设备状态，被操作的设备状态应与操作项目的要求相符合，并处于良好状态。

（2）单人操作。由一人完成的操作。

① 单人值班的变电站或发电厂升压站操作时，运行人员根据发令人用电话传达的操作指令填用操作票，复诵无误。

② 实行单人操作的设备、项目及运行人员须经设备运行管理单位批准，人员应通过专项考核。

（3）检修人员操作。由检修人员完成的操作。

① 经设备运行单位考试合格、批准的本单位的检修人员，可进行220 kV及以下的电气设备由热备用至检修或由检修至热备用的监护操作，监护人应是同一单位的检修人员或设备运行人员。

② 检修人员进行操作的接、发令程序及安全要求应由设备运行单位总工程师审定，并报相关部门和调度机构备案。

4. 操作票

（1）倒闸操作由操作人员填用操作票。见下面倒闸操作票样式。

电力线路倒闸操作票

单位 _____ 编号 _____

发令人		受令人		发令时间： 年 月 日 时 分		
操作开始时间： 年 月 日 时 分				操作结束时间： 年 月 日 时 分		
操作任务						
顺序		操作项目				√
备注						
操作人				监护人		

图 2-1 电力线路倒闸操作票

（2）操作票应用黑色或蓝色的钢（水）笔或圆珠笔逐项填写。用计算机开出的操作票应与手写票面统一；操作票票面应清楚整洁，不得任意涂改。操作票应填写设备的双重名称，即设备名称和编号。操作人和监护人应根据模拟图或接线图核对所填写的操作项目，并分别手工或电子签名，然后经运行值班负责人（检修人员操作时由工作负责人）审核签名。

每张操作票只能填写一个操作任务。操作票中，一项操作任务需要填写多页时，需要填写转接页号且页号相连。

（3）下列项目应填入操作票内：

① 应拉合的设备［断路器（开关）、隔离开关（刀闸）、接地刀闸（装置）等］，验电，装拆接地线，合上（安装）或断开（拆除）控制回路或电压互感器回路的空气开关、熔断器，切换保护回路和自动化装置及检验是否确无电压等。

② 拉合设备［断路器（开关）、隔离开关（刀闸）、接地刀闸（装置）等］后检查设备的位置。

③ 进行停、送电操作时，在拉合隔离开关（刀闸），手车式开关拉出、推入前，检查断路器（开关）确在分闸位置。

④ 在进行倒负荷或解、并列操作前后，检查相关电源运行及负荷分配情况。

⑤ 设备检修后合闸送电前，检查送电范围内接地刀闸（装置）确已拉开，接地线确已拆除。

⑥ 高压直流输电系统启停、功率变化及状态转换、控制方式改变、主控站转换，控制、保护系统投退，换流变压器、冷却器切换及分接头手动调节。

⑦ 阀冷却、阀厅消防和空调系统的投退、方式变化等操作。

⑧ 直流输电控制系统对断路器进行的锁定操作。

（4）下列三种情况应加挂机械锁：

① 未装防误操作闭锁装置或闭锁装置失灵的刀闸手柄、阀厅大门和网门。

② 当电气设备处于冷备用时，网门闭锁失去作用时的有电间隔网门。

③ 设备检修时，回路中的各来电侧刀闸操作手柄和电动操作刀闸机构箱的箱门。

④ 机械锁要 1 把钥匙开 1 把锁，钥匙要编号并妥善保管。

5. 倒闸操作的基本要求

（1）停电拉闸操作应按照断路器（开关）→负荷侧隔离开关（刀闸）→电源侧隔离开关（刀闸）的顺序依次进行，送电合闸操作应按与上述相反的顺序进行。禁止带负荷拉合隔离开关（刀闸）。

（2）开始操作前，应先在模拟图（或微机防误装置、微机监控装置）上进行核对性模拟预演，无误后再进行操作。操作前应先核对系统方式、设备名称、编号和位置，操作中应认真执行监护复诵制度（单人操作时也应高声唱票），宜全过程录音。操作过程中应按操作票填写的顺序逐项操作。每操作完一步，应检查无误后做一个"√"记号，全部操作完毕后进行复查。

（3）监护操作时，操作人在操作过程中不准有任何未经监护人同意的操作行为。

（4）操作中发生疑问时，应立即停止操作并向发令人报告。待发令人再行许可后，方可进行操作。不准擅自更改操作票，不准随意解除闭锁装置。解锁工具（钥匙）应封存保管，所有操作人员和检修人员禁止擅自使用解锁工具（钥匙）。若遇特殊情况需解锁操作，应经运行管理部门防误操作装置专责人到现场核实无误并签字后，由运行人员报告当值调度员，方能使用解锁工具（钥匙）。单人操作时检修人员在倒闸操作过程中禁止解锁，如需解锁，应待增派运行人员到现场，履行上述手续后处理。解锁工具（钥匙）使用后应及时封存。

（5）电气设备操作后的位置检查应以设备实际位置为准，无法看到实际位置时，可通过设备机械位置指示、电气指示、带电显示装置、仪表及各种遥测、遥信等信号的变化来判断。判断时，应有两个及以上的指示，且所有指示均已同时发生对应变化，才能确认该设备已操作到位。以上检查项目应填写在操作票中作为检查项。

（6）换流站直流系统应采用程序操作，程序操作不成功，在查明原因并经调度值班员许可后可进行遥控步进操作。

（7）用绝缘棒拉合隔离开关（刀闸）、高压熔断器或经传动机构拉合断路器（开关）和隔离开关（刀闸），均应戴绝缘手套。雨天操作室外高压设备时，绝缘棒应有防雨罩，还应穿绝缘靴。接地网电阻不符合要求的，晴天也应穿绝缘靴。雷电时，一般不进行倒闸操作，禁止就地进行倒闸操作。

（8）装卸高压熔断器，应戴护目眼镜和绝缘手套，必要时使用绝缘夹钳，并站在绝缘垫或绝缘台上。

（9）断路器（开关）遮断容量应满足电网要求。如遮断容量不够，应将操动机构（操作机构）用墙或金属板与该断路器（开关）隔开，应进行远方操作，重合闸装置应停用。

（10）电气设备停电后（包括事故停电），在未拉开有关隔离开关（刀闸）和做好安全措施前，不得触及设备或进入遮栏，以防突然来电。

（11）单人操作时不得进行登高或登杆操作。

（12）在发生人身触电事故时，可以不经许可，即行断开有关设备的电源，但事后应立即报告调度（或设备运行管理单位）和上级部门。

（13）同一直流系统两端换流站间发生系统通信故障时，两站间的操作应根据值班调度员的指令配合执行。

（14）双极直流输电系统单极停运检修时，禁止操作双极公共区域设备，禁止合上停运极中性线大地／金属回线隔离开关（刀闸）。

（15）直流系统升降功率前应确认功率设定值不小于当前系统允许的最小功率，且不能超过当前系统允许的最大功率限制。

（16）手动切除交流滤波器（并联电容器）前，应检查电容器系统有足够的备用数量，保证满足当前输送功率无功需求。

（17）交流滤波器（并联电容器）退出运行后再次投入运行前，应满足电容器放电时间要求。

6. 可以不用操作票的工作

（1）事故应急处理。

（2）拉合断路器（开关）的单一操作。

上述操作在完成后应做好记录，事故应急处理应保存原始记录。

（3）操作票的使用规则

同一变电站的操作票应事先连续编号，计算机生成的操作票应在正式出票前连续编号，操作票按编号顺序使用。作废的操作票，应注明"作废"字样，未执行的应注明"未执行"字样，已操作的应注明"已执行"字样。

（4）在发生严重威胁设备及人身安全的紧急情况下可不填写工作票、操作票，值班人员立即断开有关电源。

① 雨天室外倒闸操作应按规定使用带有防雨罩的绝缘棒。

② 操作票应进行编号，已操作过的应注明"已执行"，保存时间为一年。

第四节 变配电所运行管理

一、变配电所的运行制度

1. 交接班制度

交接班工作必须严肃、认真地进行。交班人员要发扬风格，为接班人员创造有利的工作条件，树立一班安全不是安全，班班安全才是真安全的价值观。要求每位值班员在交接班时切实做好如下工作：

（1）值班人员在接班前和值班时间内严禁饮酒，并提前到岗做好接班的准备工作。若接班人员因故未到，交班人员应坚守岗位，并报告上级领导，做出安排。个别因特殊情况而迟到的接班人员，同样应履行接班手续。值班员必须按规定轮班表担任值班，不得擅自调班和离岗。

（2）交接班时，应尽量避免倒闸操作及工作票的许可或终结工作。在交接班过程中发生事故或异常情况时，原则上应由交班人员负责处理，接班人员应主动协助处理。当事故处理告一段落时，方可继续进行交接班。

（3）交班前，交班人员应提前做好交班工作，并将交班事项填写在交接班记录簿上。

（4）交接班的内容一律以填写的交接班记录和现场交接为准，凡遗留应交代的事项，由交班者负责；凡没有交接清楚没听明白的事项，由接班者负责；双方都未履行交接手续的内容双方负责。所以交接班必须做到"五清""三交接"。

"五清"：

① 看清。接班人员在接班前，应对现场的运行方式（包括备用设备）了解清楚，看清楚交接班记录内容，运行日志中有关设备的运行参数是否正常，看清楚其他的运行记录内容，掌握现场设备的运行情况。

② 讲清。交班人员在交班时，应将本值的设备运行情况，是否有调度任务预发令、上级有关通知、希望接班人员接班后要做些什么等一一交代清楚。

③ 问清。接班人员对交班人员所讲述、交代的事情若不清楚或有疑问一定要问清楚。

④ 查清。接班人员应认真听取交班人员的介绍，并会同交班人员到现场共同巡视检查所有运用中的电气设备及环境卫生，并做好记录。

⑤ 点清。接班人员对交班人所移交的安全用具、消防器材等清点，是否移交齐全，做好记录。

"三交接"：

① 模拟图板交接。通过现场设备的巡视检查，接班人应核对模拟图板上反映的运行方式应与现场设备的运行方式一致，如有不一致应向交班人员提出纠正，以现场设备运行方式为准。

② 现场交接。现场交接包括现场一、二次设备是否全部运行正常，备用设备是否进行过切换试验，有哪些设备缺陷需要加强巡视，当前的功率因数是否正常，进线电压偏差是否正常，及对主变有载调压分接开关调整的详细记录等进行核对性交接。

③ 实物交接。实物交接是针对运行值班中的记录簿、钥匙、常用的工具、后台电脑、工作电脑、普通电话机和专用录音电话机、消防和 SF_6 气体报警装置等一一交接，并提出注意事项，做好记录。

以上工作完成后，由接班人员的正、副值班员先在交接班记录簿及运行日志上分别签名表示同意接班，然后由交班人员分别签名，表示交接班工作全部结束。各单位变配电所接班人员提前到岗时间可根据变配电所规模自定，但至少应提前15分钟到岗接班，并写入交接班制度中。

2. 巡视检查制度

巡视检查是保证设备正常安全运行的有效制度，各用户单位变配电所应根据各自的具体情况，总结以往处理设备事故、故障和缺陷的经验教训，制定出具体的巡视检查方法，并不断加以改进、完善。

巡视检查制度应明确地规定巡查方法、项目、周期和路线，并做好必要的标志。巡查路线应经上级业务领导的批准。根据电气设备巡查项目和内容，变配电所应配备必要检查工具、物品，如红外测温仪、示温蜡片等。要保证良好的巡查条件，如手提式照明用具、户外电气设备的照明等。

对于夜晚、恶劣天气以及特殊任务的特巡，要明确具体的巡查要求和注意事项，必要时应由主管电气安全的技术人员或领导一起陪同参加。

每次巡查后，应将查到的缺陷分类后记入设备缺陷记录簿中。巡查者应对记录负完全责任。因巡查不周所致事故者，要追究责任；对发现重大缺陷或防止了事故发生者应给予奖励记功。

（1）巡查高压电气设备，一般应两人一起巡视。允许单独巡视高压电气设备的人员应经考试合格后，由单位领导批准。在巡视时不得进行其他工作，不准移开或越过遮栏。

（2）雷雨天气，需要巡视室外高压设备时，应穿绝缘靴，并不准靠近避雷器和避雷针。

（3）高压设备发生接地时，室内人员应距离故障点 4 m 以外，室外人员应距离故障点 8 m 以外。进入上述范围人员应穿绝缘靴，接触外壳和构架时，应戴绝缘手套。

（4）巡视室内高压设备，应随手关门，以防止小动物进入。

（5）巡视高压设备时，人身与带电导体的安全距离不得小于下列规定：

表 2-3　人身与带电导体的安全距离

电压等级 /kV	无遮栏 /m	有遮栏 /m
6~10	0.70	0.40
20~35	1.00	0.60
110	1.50	1.50
220	3.00	3.00

（6）必须按设备巡视路线进行，以防设备漏巡，不得打开遮栏或进行任何工作。

（7）巡视周期。可根据各用户单位变配电所的现场运行规程执行，一般应做到如下几点要求：

① 有人值班的变配电所每次交接班时，共同巡视一次。

② 每班中间至少巡查一次。

③ 值班长至少每周监督性巡视一次。

④ 每周至少夜巡一次。

⑤ 季节性的特巡及临时增加的特巡。

3. 巡视检查的方法

电气设备检修时，为了判断被检修设备是否正常，我们使用各种试验及测试设备。但电气设备在运行中，值班人员不可能携带各种仪器进行日常测试，因而通过眼、耳、鼻和手等感官来判别仍然是主要的巡视检查方法。

（1）目测检查法

就是利用眼睛来检查看得见的设备部位，通过设备外观的变化来发现异常情况。通过目测检查可以发现的异常现象综合如下：

① 破裂、断线；变形、膨胀、收缩、弯曲；松动、渗漏油、漏水、漏气；污秽、腐蚀、磨损；变色、烧焦；硅胶变色、油变黑；冒烟、产生火花、接头发热变色、示温蜡片移位及熔化。

② 有杂质、异物。

③ 不正常的动作信号以及不正常的电气量。

这些外观现象往往反映了设备的异常情况，经目测观察就可以做出初步的分析判断。

（2）耳听判断法

虽然变配电所的设备相对来说都是静止的，但许多设备会由于交流电的作用产生振动并发出各种声音。这些声音是电气设备运行时特有的，也是表示电气设备运行状态的特征。我们仔细听这种声音，熟练掌握声音的特点，就可以通过它的高低节奏、音色变化、音量强弱、是否伴有杂音等，来判断电气设备是否正常运行。

变压器正常运行时，会发出交流声，是均匀的"嗡嗡"声。根据负荷的大小，声音会有高低。

（3）鼻嗅判断法

电气设备的绝缘材料过热而产生的气味，大多数正常人都能嗅到、判别。所以，嗅气味也是判断电气设备的某些异常和缺陷的一种常用方法。

（4）触试检查法

在巡视检查的整个过程中经常会用到手。用手触试检查是判断电气设备的部分缺陷和故障的一种必要方法。但禁止用手触试电气设备的带电部分，运行中电气设备的中性点接地装置必须视为带电部分。

对于不带电且外壳接地良好的设备及附件等，检查其温度或温差需用手触试时，应保持安全距离。

（5）用仪器检测的方法

为尽早地发现电气设备过热，应利用仪器来定期或不定期地测量运行中电气设备的温度，尤其是高温天气、高峰负荷时是测温的重点。

红外线测温仪是利用热敏感应的高灵敏度辐射元件，检测由被测物体发射出来的红外线而进行测温的仪表（其精度一般可达 0.1℃），测温后要及时分析测试结果。

（6）用示温蜡片监测

在电气设备发热部位贴示温蜡片。一般示温蜡片分为红、绿、黄 3 种颜色，其熔点分别为 80℃、70℃、60℃，可以直接贴在带电部分或设备的外壳上，最常见的是高压电容器外壳 2/3 高度处贴的黄色示温蜡片。

4. 设备缺陷管理制度

（1）值班员管辖的设备缺陷范围

设备缺陷是指变配电所投入运行或备用的各个电压等级的电气设备，有威胁安全运行的异常现象。值班员管辖范围如下：

① 变配电一次回路设备。

② 变配电二次回路设备（如仪表、继电器、微机综合化系统、保护测控装置、控制元件、控制电缆、信号系统、直流系统等）。

③ 避雷针及接地装置、通信设备、消防和 SF_6 气体报警装置及与变配电有关的其他辅助设备。

④ 配电装置构架及房屋建筑。

（2）缺陷的分类

① 一类缺陷。性质严重，情况危急，必须立即处理，否则将发生人身伤亡，大面积停电，主设备损坏，给单位造成重大的经济损失。运行人员发现一类缺陷后，应立即通过电话向单位领导汇报。

② 二类缺陷。性质重要，情况严重，虽尚可继续运行，但已影响设备出力，不能满足系统正常运行的需要，或短期内将会发生事故，威胁安全运行。发现二类缺陷后，应向主管部门汇报。

③ 三类缺陷。性质一般，情况轻微，对安全运行影响不大，可列入计划进行处理。应按月向主管部门汇报，对无法自行处理的应提出要求，请示安排在计划检修中处理。

④ 对所发生的一切设备缺陷，应在交接班时，将缺陷情况进行分析和汇报。

（3）缺陷的登记和统计

变配电所应备有缺陷记录簿，须设有缺陷揭示图或表格，明显表示设备存在缺陷的情况。记录簿、揭示图、表格应指定专人负责，并及时补充修改，以保证其正确性。

任何缺陷都应记入缺陷记录簿中，对操作、检修、试验等工作中发现的缺陷而未处理的应登记，对当时已处理的或有重要参考价值的处理方法也要做好记录。

缺陷记录的主要内容应包括设备的名称、编号、缺陷主要内容、分类，发现者姓名和日期、处理意见、处理结果、处理者姓名和日期等。

（4）缺陷的总结工作

单位电气负责人应定期（每季度或半年度）召集有关人员开会，对设备缺陷产生的原因，如何采取预防措施等进行分析，以积累运行经验。总结发现缺陷和处理缺陷的先进方法，以提高运行管理水平。

5. 变配电所的定期试验切换制度

为了保证设备的完好性和备用设备在故障时能真正起到备用作用，必须对备用的变压器、直流电源、事故照明灯、消防设施及备用电源切换装置等进行定期切换试验。

各单位应针对自己的设备情况，制定定期试验切换制度（包括项目、要求、周期、执行人、监护人等），经领导批准后执行。

对运行设备影响较大的切换试验，应安排在适当的时候进行，并做好事故预想，制定安全对策，试验切换结果应及时地记入专用的记录簿中。

6. 培训制度

要按照《特种作业人员安全技术培训考核管理规定》开展对运行人员行之有效的多种在职安全技术培训或教育。

7. 三熟三能

培训制度变配电所值班人员应充分利用工作间隙时间，结合本岗位工作，做到三熟三能。

（1）三熟：熟悉设备、系统和基本原理，熟悉本岗位的规章制度，熟悉操作和事故处理。

（2）三能：能分析运行情况，能掌握一般的维护技能，能及时发现和排除故障。

二、变配电所电气设备运行管理

1. 断路器的运行和巡查

断路器是高压配电装置极为重要的控制设备。它的作用是在高压带负荷的情况下闭合或切断电路。当发生故障时能够配合继电保护或综合自动化保护测控装置自动切断短路电流。

（1）严禁将拒跳的断路器投入运行。

（2）断路器的负荷电流一般不应超过其额定值，在事故情况下，断路器的过负荷也不得超过 10%，时间不得超过 4 小时。

（3）断路器在保护跳闸后，要做好跳闸次数记录，一般真空断路器的保护跳闸寿命为 50 次，SF_6 断路器保护跳闸寿命为 20 次。达到寿命次数前一定要经检修合格后才能重新投入运行，各单位的现场运行规程应有明确规定。

（4）SF_6断路器要定期进行漏气率和含水量的测试检查，特别是新装投运前的测试检查及投运后第3个月的第一次复测试，以后要列入预防性测试计划。要长期保存每次的测试记录并存档保存。每班要记录一次SF_6气体的压力，发现降低要及时补充，以免影响SF_6断路器的正常安全运行。

2. 隔离开关、母线的运行和巡查

（1）隔离开关（刀闸）没有灭弧装置，所以不能用来切断负荷电流和短路电流，设备检修时起隔离电源的作用，以及开、断较小电流的设备。

（2）母线是变配电所内集中和分配电能的装置。母线在通过短路电流后，不应发生明显的弯曲变形和损伤。母线及其连接点在通过其允许的电流时，温度不应超过70℃。对户外的母线支持瓷瓶应定期进行绝缘检查和清扫。

（3）检查刀闸每相接触点是否紧密，有无弯曲及烧损现象。

（4）检查刀闸、母线的支持瓷瓶是否清洁，应无裂纹及放电声。

（5）检查所有连接点的示温蜡片是否熔化或移位脱落。在高峰负荷期间或对接点有怀疑时，应进行温度测量。

（6）刀闸的操动机构是否正常，接地是否良好。

3. 互感器的运行及巡查

（1）互感器在运行中应注意下列事项

① 6～10 kV的电压互感器在母线接地两小时以上时，应注意电压互感器的发热情况。35 kV的电压互感器在退出运行时，应注意其所带的保护是否会脱离电源而发生误动作。

② 电压互感器的二次线圈应接地，严禁通过它的二次侧向一次侧送电。运行中特别应注意两组电压互感器二次侧间不能有电的联系。

③ 运行中的电压互感器二次侧不允许短路，以防烧坏二次线圈；运行中的电流互感器二次侧线圈应接地，并不允许开路，以防由于铁芯磁饱和而产生高压威胁人员及电气设备的安全。

（2）互感器的巡视检查

① 检查油浸式互感器外壳是否渗油、漏油，是否清洁，检查油位、油色、示油管是否正常。干式互感器的器身是否有裂纹。

② 检查接点示温蜡片是否移位、熔化，接点是否变色。

③ 检查套管和支持绝缘子是否清洁，有无裂纹及放电声。

④ 检查是否有不正常响声。

⑤ 检查外壳或金属构件接地是否良好、完整。

4. 电力电容器的运行和巡查

（1）检查三相电流是否平衡，各相相差不应大于105%（抄表时应巡视）。

（2）检查放电线圈及三相放电指示灯是否良好（每班巡视）。

（3）检查电容器内部有无"吱吱"的放电声，外壳有无鼓肚及严重渗油的现象（每班及停电时巡视）。

（4）检查外壳接地是否良好、完整（停电时巡查）。

（5）检查外壳60℃（黄色）示温蜡片是否熔化、移位、脱落（每班及停电时巡视）。

（6）检查电容器的保护熔断器是否良好（每班巡视）。

（7）检查通风装置是否良好，室温不大于40℃（高温高峰应加强巡视）。

5. 避雷器和避雷针的运行

避雷器是用来保护变配电所电气设备的绝缘强度免受大气过电压及操作过电压冲击受损的保护设备，对运行中的避雷器应做好下列工作：

（1）每年应对运行中的避雷器进行一次电气试验，并对接地网的接地电阻测量一次，其值应符合接地规程要求，一般不应超过10 Ω。

（2）应保持避雷器套管的清洁。35 kV及以上的避雷器每班记录一次泄漏电流，三相泄漏电流应基本平衡。雷电后，应查看一下动作记录器，是否有雷击动作发生，并做好记录。

（3）对避雷针应注意检查是否有倾斜、锈蚀情况，以防避雷针倾倒。避雷针接地下引线应可靠，无脱落和锈蚀现象，定期测量其接地电阻。

三、变配电所资料管理

为了便于查阅、统计、分析设备的使用和性能情况，提高安全运行和经济运行水平，变配电所应建立完整的技术资料，做到专人负责管理。

技术资料分类：图纸、图表、文件、规程制度、设备台账和各种记录本。资料应按类别分档保管，做到清晰、正确、完备，并备有技术资料、档案查阅目录表，方便随时查阅。

新设备投运时及设备经过检修、试验、校验、化验等技术处理后，应有相应的试验报告和技术说明书、图纸资料、运行情况分析记录等。

1. 图纸、模拟图板（变配电所应具备的图纸、图板）

（1）一次主接线图和变配电所位置、平面图。

（2）一次系统模拟图板。

（3）防雷保护及接地网图。

（4）继电保护、二次回路原理图、展开图、安装图或微机综合自动化系统结构图、保护动作逻辑图、电气设备保护定值图表。

（5）中央信号回路接线图；控制回路接线图。

（6）所用电系统图；直流系统原理接线图；通信系统图。

（7）防消报警系统图；SF_6气体报警系统图。

（8）电能计量装置接线图。

（9）巡视检查路线图。

2. 记录簿

（1）变配电所交接班记录簿；运行日志。

（2）变配电所设备缺陷记录簿；设备检修记录簿。

（3）断路器动作记录簿；避雷器动作记录簿。

（4）继电保护记录簿。

（5）主变有载调压开关调压记录簿。

（6）消防器材检查记录簿；安全用具试验记录簿。

（7）运行分析记录簿；培训记录簿（包括技术回答、反事故演练）。

（8）外来人员出入变配电所登记簿（除值班人员、分管领导，其他均为外来人员）。

3. 规程制度

（1）《国家电网公司电力安全工作规程（变电部分）》。

（2）变配电所《现场运行规程》（包括事故处理）。

（3）《调度规程》和调度协议书（包括调度发令人、受令人名单）。

（4）继电保护和安全自动装置技术规程。

（5）《电气设备预防性试验规程》。

（6）《变压器运行规程》。

4. 变配电所应建立必要的工作制度

（1）工作票制度。（包括工作票授权签发人名单，并持有工作票签发证）

（2）操作票制度。

（3）交接班制度。

（4）巡视检查制度。

（5）设备缺陷管理制度。

（6）设备定期试验切换制度。

（7）变配电所人员培训制度。

（8）资料管理制度。

（9）设备质量验收制度。

（10）岗位责任制度。

第三章　电力系统基础知识

第一节　电力系统与电力网

一、电力系统与电力网的概念

1. 电力系统

电力系统系指由发电厂、电力网和电力用户组成的一个发电、输电、变配电及用电气的整体。由发电、输电（供电）、变配电及用电四个环节组成。

2. 电力网

在电力系统中，各级电压线路及其联系的变配电所称为电力网（或电网）。电力网是电力系统的重要组成部分。

电力网按电压高低和供电范围的大小可分为区域电力网和地方电力网。区域电力网的范围大，电压一般在 220 kV 及以上。地方电力网范围小，其最高电压一般不超过 110 kV。

电力网按其在电力系统中的作用不同，分为输电网（供电网）和配电网。输电网又叫供电网，是由输送大型发电厂巨大电力的输电线路和与其线路连接的变电站组成，是电力系统中的主要网络，简称主网，也是电力系统中的最高级电网，又称网架。电压在 35 kV 以上。配电网由配电线路、配电所及用户组成，它的作用是把电力分配给配电所或用户。

配电网按其额定电压又分为一次配网和二次配网，如图 3-1 所示。

图 3-1 电力网示意图

配电网的电压根据用户负荷情况和供电要求而定，配电网中又分为高压配电网（一般指 35 kV、110 kV 及以上电压）、中压配电网（一般指 20 kV、10 kV、6 kV、3 kV 电压）及低压配电网（220 V、400 V）。

二次配网担负某地区的电力分配任务，主要向该地区的用户供电，供电半径不大，负荷也较小，例如系统中的低压三相四线式 380 V、220 V 的配电网就是二次配网。

从区域变电所到用户变电所或城乡电力变压器之间的线路，是用于分配电能的，称为配电线路。

目前，我国建立的电力系统越来越大。我国规划，到 2020 年，要在做到水电、火电、核电和新能源合理利用和开发的基础上，形成全国联合电力网，从而实现电力资源在全国范围内的合理配置及可持续发展。

二、大型电力系统的优点

大型电力系统在技术经济上的主要优点是：

（1）形成了大电力系统，可以更经济合理地利用大型动力资源，特别是能充分利用水力资源，减少了燃料运输费用。

（2）减少了系统的备用容量，电力系统的运行具有灵活性，各地区可以通过电力网互相支援，为保证电力系统所必需的备用机组也可大大减少。

（3）形成电力系统，减少了电能消耗和温室气体排放。

（4）通过合理地分配负荷降低了系统的高峰负荷，提高了运行经济性，降低了发电成本。

（5）提高了供电质量。

（6）形成大电力系统，便于利用大型动力资源，特别是能发挥水力发电厂的作用。

（7）大大提高了供电可靠性，大型电力系统的构成，既能提高电力系统的稳定性，又能提高对用户供电的可靠程度。特别是环网，对重要用户的供电就有了保证，当系统中某局部设备出现故障或某部分线路检修时，可以通过变更电力网的运行方式，对用户继续供电，减少了由于停电造成的损失。

三、电力生产

电力生产的特点是同时性、集中性、适用性、先行性。

（1）电力的生产是将其他形式的能量转换为电能的装置，形成电源。电力系统是用来担负生产电能、分配电能的，而电能的生产、输送、分配以及转换成其他能量的过程是同时进行的，因此电力系统的生产必须保证连续性和平衡性。也就是在电力的供、需过程中要求保持平衡，始终保证不间断地供电。

以煤、石油、天然气等作为燃料，燃料燃烧时的化学能转换为热能，然后借助汽轮机等热力机械将热能转变为机械能，并由汽轮机带动发电机将机械能转变为电能，这种发电厂称火力发电厂。火力发电厂假如既发电又供热则称为热电厂。

利用江河所蕴藏的水力资源来发电，这种电厂称为水力发电厂。

（2）电力系统中电力的生产具有先行性，电力系统的集中统一调度使得供用电之间的关系密不可分。

第二节 变配电所的一次设备和主接线

变、配电所是电力网中的线路连接点，是用以交变电压、交换功率和汇集、分配电能的设施，它主要由主变压器、配电装置及测量、控制系统等构成，是电网的重要组成部分和电能传输的重要环节，对保证电网安全、经济运行具有举足轻重的作用。

按变电所在电力系统中的位置、作用及特点划分，变电所的主要类型有枢纽变电所、区域变电所、地区变电所、用户变电所、地下变电所和无人值班变电所等。

通常也按其最高一级电压来分类，如 500 kV 变电所、220 kV 变电所等。

变、配电所中用来承担输送和分配电能任务的电路，称为一次电路或电气主接线。一次电路中所用的电气设备，称为一次设备。

一、变、配电所常用的一次电气设备

1. 主变压器

在降压变电所内变压器是将高电压改变为低电压的电气设备。以 10 kV 变电所为例，主变压器将 10 kV 的电压变为 380/220 V 的负荷。

2. 隔离开关

隔离开关是主要用作隔离电源的电器，它没有灭弧装置，不能带负荷拉合，更不能切断短路电流。

3. 负荷开关

负荷开关用来接通和分断小容量的配电线路和负荷，它只有简单的灭弧装置，常与高压熔断器配合使用，电路发生短路故障时由高压熔断器切断短路电流。

4. 高压断路器

高压断路器是变压器和高压线路的开关电器，它具有断合正常负荷电流和切断短路电流的功能，具有完善的灭弧装置。

5. 熔断器

当电路发生短路或严重过负荷时，熔断器能自动切断故障电路，从而使电气设备得到保护。

6. 电压互感器

电压互感器将系统的高电压转变为低电压，供测量、保护、监控用。

7. 电流互感器

电流互感器将高压系统中的电流或低压系统中的大电流转变为标准的小电流，供测量、保护、监控用。

二、变、配电所常用的电气主接线

1. 高压配电所常用的电气主接线

变配电所中，用来承担输送分配电能任务的电路，称为一次电路或电气主接线。信号设备所用的电源为操作电源。

（1）单电源的高压配电所电气主接线

从图 3-2 中可看到，该配电所有 1 路电源进线 WL_1、4 路出线 $WL_2 \sim WL_5$，每路线都装有断路器 QF，担负电路的正常通断及在电路发生短路事故时自动切断电路的任务。断路器的电源侧都装有隔离开关 QS（负荷侧无电源，故未装隔离开关）。隔离开关的主要作用是在断路器检修时，隔离电源保证断路器检测安全。隔离开关无灭弧装置，因此，操作时禁止带负荷拉合。图中 WB 是母线，用来接受电能，然后分配，本图中母线不分段，是单母线接线，这种接线在母线故障和检测时，配电所将全所停电。

（2）双电源的高压配电所电气主接线

从图 3-3 中可看到，该配电所有两路电源进线 WL_1 和 WL_2。母线分为 WB_1 和 WB_2 两段，断路器 QF 为分段断路器。出线有 4 条，为 $WL_3 \sim WL_6$。

图 3-2 单电源高压配电所主电路   图 3-3 双电源高压配电所主电路

这类高压配电所可以一路电源供电，另一路电源进线备用，两段母线并列运行。当工作电源断电时，可手动或自动地投入备用电源，即可恢复对整个配电所的供电。也可两条电源进线同时供电，分段断路器 QF 断开，母线分列运行，每条电源进线分别供电给两段母线负荷，当一条电源进线断电时，可手动或自动合上分段断路器 QF，改由另一条电源进线供电全配电所。

因电源进线断路器 QF_1、QF_2 及母线分段断路器 QF 的两侧都有电源，所以它们的两侧都装设了隔离开关。隔离开关与断路器配合操作时，执行"先合后断"的原则，即接通电路时先合隔离开关后合断路器；断开电路时先断开断路器后断开隔离开关。因为隔离开关没有灭弧装置，所以隔离开关禁止带负荷拉合。

单母线分段接线，在一段母线故障或检测时，另一段母线仍能继续运行。用户内重要负荷可由双回线路供电，分别接在两段母线上，这样在一段母线停用时，也不会停电。

2. 总降压变电所的电气主接线

电源进线电压为 10 kV 的用户，一般总降压变电所将 10 kV 电压降低到 380/220 V 后，经低压配电线路供电到各用电场所，供给低压用电设备用电。还有一种方式是一方面将总降压变电所降压到 380/220 V 供附近低压用电设备用电，另一方面又以高压 10 kV 送到较远场所后再降压到 380/220 V，供给场所附近的低压设备用电。可根据用户供电范围的距离和用电负荷的大小来确定接线方式。

电源进线电压在 35 kV 及以上的用户，往往需两级降压，先经总降压变电所将电压降到 10 kV 的高压配电电压，然后经用电区变电所降到低压用电设备所需的电压 380/220 V。

（1）单台变压器的总降压变电所主接线示例

从图 3-4 中可看到，高压 35 kV 进线侧装有断路线 QF_1 和隔离开关 QS_1，变压器低压侧电压为 6~10 kV，在变压器低压侧装有断路器 QF_2 和隔离开关 QS_2。6~10 kV 出线上都装有断路器和隔离开关。

这种接线中，高压为线路-变压器主接线，低压为单母线接线，其特点是结构简单，所用电气设备少，供电可靠性较差。只要线路或变压器以及变压器低压侧任何一电气元器件发生故障或变电所主电路检修，整个变电所都将停电；母线故障或检修整个变电所也要停电。所以这种主接线要根据用户供电负荷的要求和情况进行选择。

（2）双电源两台变压器的总降压变电所主接线

负荷较大并且有较多重要负荷的用户，通常采用双电源进线两台变压器的总降压变电所。图 3-5 是其主接线示例，这种主接线称为高压桥接线，低压为单母线分段接线。桥接线分为内桥接线、外桥接线两种形式。

图 3-4 单台变压器总降压接线图　　图 3-5 高压桥接线

图 3-5（a）为内桥接线。它的桥断路器 QF_3 接在变压器的高压侧，变压器高压侧没有断路器，只有隔离开关，而线路有断路器 QF_1 和 QF_2。内桥接线的特点是线路故障或检修不影响变压器的运行，而变压器故障或检修影响相应的线路，线路需要短时间停电。

图 3-5（b）为外桥接线。这种接线桥断路器 QF_3 接在线路侧，变压器高压侧有断路器 QF_1 和 QF_2，而线路上没有断路器。外桥接线的特点是变压器故障、检修不影响线路运行，而线路故障或检修会影响变压器，相应的变压器要短时停电。

由于线路故障和检修机会比变压器多，所以一般都用内桥接线。在变压器需要经常投切的场合及系统交换功率表较大的情况下，应用外桥接线比较方便和有利。桥接线使用的电气设备较少，布置简单，造价低，供电可靠性、运行灵活性也不错，而且只要在配电装置的布置上采取适当措施，桥接线还可能发展为单母线分段接线，以便增加进出线回路。因此，桥接线在降压变电所中用得较多。

3. 用电区（或小用户）变电所电气主接线

（1）有用户总变电所的用电区变电所主接线示例如图 3-6 所示。

有用户总降压变电所的用电区变电所，一般是将总降压变电所送来的 10 kV 高压电降压为 400/220 V 低压电，供用电区内低压用电设备用电。其主接线相当简单，这是因为用来控制变压器的一些高压电气设备及保护装置、测量仪表等，通常都装在高压配电线路的首端，即用户的总降压变电所或高压配电所内。

(a)　　　(b)　　　(c)　　　(d)　　　(e)　　　(f)　　　(g)　　　(h)

图 3-6　车间变电所高压侧主接线方案

用电区变电所的高压侧可不装开关设备，或只装简单的隔离开关、熔断器和跌落式熔断器。所以这类用电区变电所没有高压配电室。

（2）无用户总配电所的用电区和小型用户变电所电气主接线示例

对于没有总降压变电所和高压配电所的用电区变电所或小型用户降压变电所，在变压器高压侧必须配置足够的高压开关设备以便对变压器控制和保护。

① 小容量配电所高压侧采用隔离开关、熔断器和跌落式熔断器的变电所主接线如图 3-7（a）所示。因为这种接线隔离开关不能带负荷操作，只能切断变压器空载电流，所以变压器容量不能大，而且在变压器低压侧必须装设带负荷操作的低压断路器（自动空气开关）。

图 3-7 单台变压器的变电所主接线图

② 高压侧采用负荷开关和熔断器的变电所主接线如图 3-7（b）所示。负荷开关能切断和合上正常负荷电流，但不能切断短路电流，因此用负荷开关加上高压熔断器对变压器进行控制和保护（一般高压熔断器装设在负荷开关柜内）。

③ 高压侧采用隔离开关和断路器的变电所主接线如图 3-7（c）所示。这种主接线适用于供电可靠性要求较高、变压器容量较大的变电所。断路器有完善的灭弧装置，它既能投切正常负荷电流，又能在发生短路故障时可靠地切断短路电流，保护变压器和电气设备安全。这种接线供电可靠性高，但投入较前两种接线高。

④ 双台变压器的用电区变电所或小型用户变电所电气主接线如图 3-8 所示。

装设双台变压器的用电区变电所或小型用户变电所，一般负荷较重要或者负荷变化较大，需经常带负荷投切，因此变压器低压侧开关都采用断路器（低压侧装设低压断路器，即自动空气开关）。

图 3-8 双台变压器变电所主接线电路图

低压母线常采用单母线分段接线，高压侧采用线路－变压器组接线。当变压器故障、检修或正常停运时，只需要断开变压器高、低侧断路器，合上分断路器，即可将负荷改由另一台变压器运行供电。

第三节　电力负荷的组成与分类

一、电力负荷的组成

电力负荷又称为电力负载，它有两种含义：一种是指用电设备或用户消耗的功率或电流大小，如轻负荷、重负荷、空负荷、满负荷等。电力负荷也就是消耗电路中的电功率。另一种是消耗电能的用电设备或用户，如重要负荷、一般负荷、动力负荷、照明负荷等。

二、电力负荷的分类

1. **按照电力系统中负荷发生的不同部位分类**

（1）发电负荷：是指电力系统中发电厂的发电机向电网输出的电力。对电力系统来说是发电厂向电网的总供电负荷。

（2）供电负荷：是指电力系统向电网输出的发电负荷扣除厂用电及发电厂变压器的损耗和线路损耗以后的负荷。

（3）线损负荷：是指电力网在输送和分配电能的过程中，线路和变压器功率损耗的总和。

（4）用电负荷：用电负荷是指用户在某一时刻对电力系统所需求的功率，也就是电力系统中用户实际消耗的负荷。一般供电负荷扣除线损负荷可计为用电负荷。

2. **按照电力系统中负荷发生的不同时间分类**

（1）高峰负荷：又称最高负荷，是指电网或用户在一天时间内所发生的最高负荷值。

（2）低谷负荷：又称最低负荷，是指电网中或某用户在一天24小时内发生的用电量最少的一段时间的小时平均电量。

（3）平均负荷：是指电网中或某用户在某一段确定时间阶段的平均小时用电量。

3. **企事业用电单位按其对供电可靠的要求及停电造成的损失分类**

（1）一类负荷：停电会造成人身中毒、伤亡、火灾、爆炸等恶性事故的用电设备的负荷，例如医院手术室的供电；停电会造成巨大的政治或经济损失的用电设备或用电单位的负荷，例如大使馆的用电，或中央重要的活动场所的供电；重要交通枢纽、通信枢纽及国际、国内带有政治性的公共活动场所的用电。

（2）二类负荷：停电将在政治、经济上造成较大损失的用电负荷，如主要设备损坏、大量产品报废、连续生产过程被打乱需要较长的时间才能恢复、重点企业减产等。

（3）三类负荷：三类负荷为一般负荷，所有不属于上述一、二类负荷者都属于三类负荷。

对于一类负荷，应采用两个独立的电源供电，当一路电源发生故障时，另一路电源可实现自动切换。对于一类负荷中特别重要的负荷，除采用双回路供电外，还应安装发电机组作为紧急备用。在一类负荷的供电要求中，允许中断供电时间在 14 小时以上的供电系统，可选用快速自启动的发电机组。

对于二类负荷，要求双回路供电，供电变压器也应有两台，但两台变压器不一定在同一变电所。当其中一回路或一台变压器发生常见故障时，二类负荷应不致中断供电，或中断后迅速恢复供电。

在双电源和有自备电源的用户线路的高压系统接入点，应有明显断开点，以防止停电作业时用户设备反送电。

对于三类负荷，供电没有特殊要求。

第四节　供电质量

一、电能质量

衡量电能质量的指标，主要有两个方面：电压、频率。其次也应考虑正弦波及三相电压的对称性。

1. 电压

电压质量主要由电力系统电压偏差、波动、波形及其三相的对称性决定。

（1）电压偏差和电压调整

电压偏差又叫电压偏移，是指电气设备的端电压与其额定电压之差，通常是以额定电压的百分值来表示。电压偏差主要是由于供电系统的运行方式改变以及电力负荷缓慢变化而引起的，它的变动是相当缓慢的。

我国规定，正常运行情况下，用电设备端子处电压偏差的允许值如下：

• 供电系统中三相电压对称度不应超过额定电压的 5%。

• 10 kV 及以下三相供电电压允许偏差为额定电压的 ±10%。

• 电动机：±5%。

• 照明设备：一般场所，±5%；在视觉要求较高的场所，+5%，−2.5%。

• 其他用电设备：无特殊规定时为 ±5%。

电压调整就是为了减少电压偏差，保证用电设备在最佳状态下运行。电压调整的方法有以下几点：

① 正确选择无载调压变压器的电压分接头或采用有载调压变压器。

② 合理减少供电系统的阻抗，以降低电压损耗，从而减少电压偏移的范围。

③ 尽量使系统的三相负荷平衡，以降低电压偏移。

④ 合理改变供电系统的运行方式，调整电压偏移。

⑤ 采用无功功率补偿装置，提高功率因数，从而减小电压偏移的范围。

（2）电压波动及其抑制

在某一个时段内，电压急剧变化而偏离额定值的现象，称为电压波动。一般的，电力系统的运行电压在正常情况下不会超过最高工作电压，电压波动是指电网电压有效值连续快速移动。它主要是由于负荷急剧变动的冲击性负荷所引起的。负荷急剧变动，使电网的电压损耗相应变动，从而使用户公共供电点的电压出现波动现象，如电动机的启动、电焊机的工作、特别是大型电弧炉及大型轧钢机等冲击性负载的投入运行，均能引起电网电压波动。

电压波动可影响电动机的启动，甚至使电动机无法启动；可使电子设备和计算机无法正常工作；可使照明灯光闪变，严重影响视觉，使人无法正常工作、学习。因此必须采取有效措施抑制电压波动，常用的抑制电压波动措施如下：

① 设法增大供电容量，减少系统阻抗。

② 对负荷变动剧烈的大型电气设备，可采用专用变压器或专用线路单独供电。

③ 对于大容量电弧炉用的炉用变压器，可采用短路容量较大的电网供电，最好是选用更高电压等级的电网供电。

④ 对于大型冲击性负载可装设能吸收随机变化的冲击性无功功率和动态谐波电流的无功功率补偿装置 SVC。

⑤ 为了保证电压质量合乎标准，往往需要装设必要的无功装置或采取一定的调压措施。

2. 正弦波及三相电压的对称性

对供电质量的要求，目前已经将非正弦波和电压的不对称度列入指标之内。由于电力工业的发展，特别是可控硅设备的大量应用，在电力系统中产生了大量的谐波源，导致电压波形畸变。同时由于系统中接入了大功率的单相设备或系统中出现了不对称性故障，影响了系统的电压质量和三相电压的对称性。因此，供电部门应对用电负荷进行调查和加强管理并采取有效的措施使系统中三相电压的不对称度减小，一般不应超过额定电压的 5%。

3. 频率

供电系统应保持在额定的频率下运行。当前世界上通用的频率为 50 Hz 和 60 Hz，我们国家一般交流电力设备的额定频率为 50 Hz，此频率统称为"工频"。美国、加拿大、朝鲜、日本等国采用的额定频率为 60 Hz。

在并列运行的同一电力系统中不论装机容量的大小，任何一瞬间的频率在全系统都是一致的。

供电频率的偏差会对电感性、电容性的电气设备造成特别严重的不良影响。

（1）电力系统正常情况下频率的允许偏差值为：

① 电力系统容量在 300 万 kW 及以上者，频率的允许偏差不超过 0.2 Hz；

② 电力系统容量在 300 万 kW 以下者，频率的允许偏差不超过 0.5 Hz。

（2）电力系统非正常情况下频率的允许偏差值不应超过 1 Hz。

（3）频率自动调节装置可以提高电力系统电能的质量。

二、供电可靠性

供电的可靠性是衡量供电质量的重要指标之一。一般以全年的平均供电时间占全年时间的百分比来衡量供电的可靠性。

供电可靠性就是指对用户不间断地供电，若重要负荷发生突然中断供电，将会造成十分严重的后果。影响供电可靠性的因素有多种：如设计的合理性（双路或多路、是否具有自备发电机）；电力网的结构；供电设备的质量；供电运行方式的科学性与自动化程度；维护检修是否及时；运值人员的基本素质和变配电系统的管理等。供电可靠性具体要求还与用户的负荷级别相关。因此，必须从规划设计、设备维护、正确操作、加强运行管理、减少事故停电时间等诸方面着手，来提高供电的可靠性。

一般规定：35 kV 及以上供电系统，年停电次数不超过 1 次；10 kV 供电系统，年停电次数不超过 3 次；对于重要用户，应提前 7 天通知。以停电（计划检修停电、事故停电、临时停电）时间与年运行小时数的比值作为是否超标的依据。

自动操作装置的作用是提高电力系统供电的可靠性，确保电力系统安全运行。

为了提高供电可靠性、经济性，合理利用动力资源，充分发挥水力发电厂作用，以及减少总装机容量和备用容量，现在都是将各种类型的发电厂、变电所通过输配电线路连接成一个系统。

第五节　电力系统过电压及短路

一、过电压

电力系统在特定条件下所出现的超过工作电压的异常升高，电力系统过电压主要有内部过电压和外部过电压。

1. 内部过电压

在电力系统内部能量的传递或转化过程中引起的过电压称为内部过电压。

电力系统内部的过电压主要有：

（1）电力系统工频过电压：由于电网运行方式的突然改变，引起某些电网工频电压的升高。

（2）电力系统操作过电压：由于电网内开关操作引起的过电压。

常见的操作过电压有：

① 切除空载线路引起的过电压

切断空载线路或并联电容器组时，可能引起电感–电容回路振荡过程，引起过电压，产生电弧重燃，引起电气设备的多次绝缘闪络或击穿事故。

用开关切除空载线路时，可能在线路或母线侧出现危险的过电压。在工频条件下，空载线路表现为一个等值的电容负荷，因此切除空载长线时产生的过电压与切除电容器组时产生的过电压性质完全相同。

限制措施：改善断路器性能；增大触头灭弧能力；采用带并联电阻（约 3000 Ω）的开关；并联电抗器采用专门的磁吹避雷器。

② 切除空载变压器的过电压

切除空载变压器是电网中常见的一种操作形式。在正常运行的情况下，空载变压器表现为一个励磁电感（它的漏感小得多，可以忽略），因此切除空载变压器也即是切除电感负载。

切除电动机、电抗器时，开关中的电感电流突然被切断，电感中储存的磁能将在被切除的电器和开关上引起过电压。

限制措施：采用带并联电阻的开关。

③ 电弧接地过电压

在中性点不接地系统中发生单相接地故障时，各相的相电压升高，则流过故障点的接地电流也随着增加，许多暂时性的单相弧光接地故障往往能自行熄灭，在接地电流不大的系统中，不会产生稳定的电弧，这种间歇性的电弧引起系统运行方式瞬息变化，导致多次重复性电磁振荡，在无故障相和故障相上产生严重的弧光过电压。

限制措施：采用消弧线圈接地。

④ 电感性负载的拉闸过电压

当切除电感性负载时，由于断路器强制熄弧，随着电感电流的遮断，电感中的磁能将转为静电能，出现过电压。

⑤ 空载线路合闸时的过电压

系统在合闸初瞬间的暂态过程中，电源电压通过系统的电感和电容，在回路中会发生谐振，引起过电压。合闸过电压有计划性合闸操作和故障后自动重合闸。

限制措施：采用带并联电阻的开关。

（3）电力系统谐振过电压：由系统电感和电容组成的谐振回路引起的过电压。

常见的操作过电压有：

① 线性谐振

线性谐振中电路的参数是常数，不随电压或电流的变化而变化，主要指不带铁芯的电感元件（线路的电感、变压器的漏感）或励磁特性接近线性的带铁芯的电感元件（消弧线圈）和系统中的电容元件形成的谐振回路。

② 非线性谐振（铁磁谐振）

铁磁谐振过电压，可以是基波谐振，可以是高次谐波谐振，也可以是分次谐波谐振。铁磁谐振过电压可以在 3~500 kV 的任何系统中甚至在有载长线的情况下发生，过电压幅值一般不超过 1.5~2.5 倍的系统最高运行相电压，个别可达 3.5 倍。谐振过电压持续时间可达十分之几秒以上，不能用避雷器限制。

铁磁谐振过电压的表现形式可能是单相、两相或三相对地电压升高，或以低频摆动，或产生高值零序电压分量。

常见的发生铁磁谐振过电压的情况有：

a. 各相不对称断开时的过电压。线路只断开一相或两相的情况叫作不对称断开。当线路末端接有中性点绝缘的空载或轻载变压器时，不对称断开可能引起铁磁谐振过电压。若变压器中性点直接接地，则不会产生此种类型的过电压。

b. 配在中性点绝缘系统中，电磁式电压互感器引起的铁磁谐振过电压。电压互感器通常接在变电所或发电机的母线上，其一次侧绕组接成星形，中性点直接接地，因此各相对地励磁电感与导线对地电容之间各自组成独立的振荡回路，并可看成是对地的三相负荷。

在正常运行条件下，三相对地负荷是平衡的，电网的中性点处在零电位。当电网发生冲击扰动时，可能使一相或两相的对地电压瞬间提高。使得相互感器的励磁电流突然增大而发生饱和，其等值励磁电感相应减小，这样，三相对地负荷不平衡，中性点发生位移电压。结果可能使一相对地电压升高，另外两相则降低，也可能使两相对地电压升高，另一相降低，一般后者常见，这就是基波谐振的表现形式。

c. 开关断口电容与母线 PT 之间的串联谐振过电压。

d. 传递过电压。

2. 外部过电压

外部过电压主要受恶劣天气的影响，如大风、大雪、履冰或遭雷击。

二、短路

如果电源通向负载的两根导线没有任何的电阻，导线被接通称为短路。其后果为：电流 I 增加，危害故障设备和非故障设备；电压 U 降低或增加，影响用户的正常工作；破坏系统稳定性，使事故进一步扩大（系统振荡，电压崩溃）。

发生不对称故障时，出现 I_2，使旋转电机产生附加发热；发生接地故障时出现 I_0，对相邻通信系统造成干扰。详见第十二章。

第四章　电工基础知识

第一节　直流电路

一、直流电路的组成及各部分的作用

1. 电路的组成

电流所通过的路径称为电路。电路一般都是由电源、负载、导线、控制电器（开关）组成。见图 4-1 电路的组成。

（1）电源：常用的直流电源有干电池、蓄电池和直流发动机。

（2）导线：连接电路的导线。

（3）控制电器（开关）。

（4）负载（用电器）。

（a）实物接线　　　　（b）电路图

图 4-1　电路的组成

2. 电路的三种工作状态

（1）通路状态：开关接通，构成闭合回路，电路中有电流通过。

（2）断路（开路）状态：开关断开或电路中某处断开，电路中无电流。电路在断路（开路）状态下负载电阻 R 为 ∞ 或某处的连接导线断开，电流不能导通。

（3）短路状态：如果电源通向负载的两根导线不经过负载而相互直接接通，就会发生电源被短路的情况。这时电路中的电流可能增大到远远超过导线所允许的限度，

电路中的电流值比正常时的电流值大很多倍。

二、直流电路的基本物理量

1. 电量

（1）电荷：带电的基本粒子称为电荷。失去电子带正电的粒子叫正电荷，得到电子带负电的粒子叫负电荷。

（2）电量：是指物体所带电荷的多少。电量用 Q 表示，电量的单位为库仑。1 库仑 $=6.25 \times 10^{18}$ 个电子电荷。

2. 电场

电场强度是矢量，不仅有大小，还有方向。

3. 电流

导体中的自由电子在电场力的作用下做定向移动形成电流。电流的方向规定为导体中正电荷运动的方向。

$$i = \frac{\mathrm{d}q}{\mathrm{d}t}$$

电流用字母 I 表示，单位是安培，用字母 A 表示。

$$1\mathrm{kA} = 10^3\,\mathrm{A} \qquad 1\mathrm{mA} = 10^{-3}\,\mathrm{A} \qquad 1\,\mu\mathrm{A} = 10^{-6}\,\mathrm{A}$$

（1）电流是指大量电荷在电场力作用下做有规则的定向运动。

（2）电流产生的条件有：一是电路中必须存在不为零的电动势，二是电路必须成为闭合回路。两者缺一不可，假如缺少其中任何一个条件，电路内便不可能存在电流。

电流可以用交、直电流表串联在电路中进行测量，也可用电流天平、电桥、电位差计间接测量。

直流电流：直流电流是指电流方向不随时间而变化的电流。方向、大小都保持不变的电流称恒定电流，简称为直流。

单位导线截面所通过的电流值称为电流密度，电流密度的单位为 $\mathrm{A/mm}^2$。

直流电流过导线时，导线横截面上各处的电流密度相等。

交流电流：方向、大小随时间而变化的电流称为交流电流。

4. 电位、电压、电动势

（1）电位：物体处在不同的高度具有不同的位能，相对高度越大位能就越大，类似地，电场中某点的电位与参考点的选择有密切的关系。

（2）电压：在电路中 a、b 两点间的电位差称为电压。

$$U_{ab} = U_a - U_b$$

电压用字母 U 表示，单位是伏特，用字母 V 表示。

电路中任意两点之间电位的差，称为电位差，习惯上称电压。可以用直流、交流电压表分别测量直流、交流电压。电压表必须并联在被测电路两端。

（3）电动势：在电场中将正电荷由低电位移向高电位时，外力所做的功称为电动势。（电源两极维持一定的电位差要使电流持续不断地沿电路流动，这种能使电路电流持续不断地沿电路流动的电位差，称电源的电动势。）

$$E = \frac{\mathrm{d}W}{\mathrm{d}q}$$

电位、电压、电动势的单位都是伏特，用字母 V 表示。

$1\ kV = 10^3\ V \qquad 1\ mV = 10^{-3}\ V \qquad 1\ \mu V = 10^{-6}\ V$

5. 电阻和电阻率

（1）电阻：导体中自由电子在定向移动时不断相互碰撞，同时又要与导体的原子相互碰撞，这种碰撞对电子起到阻碍作用，即表现为对电流的阻碍作用，称为电阻，用字母 R 表示。电阻的单位是欧姆，用字母 Ω 表示。

$1\ \Omega = 1\ V / 1\ A \qquad 1\ k\Omega = 10^3\ \Omega \qquad 1\ m\Omega = 10^{-3}\ \Omega \qquad 1\ M\Omega = 10^6\ \Omega$

（2）电阻率：电阻率的大小等于长度为 1 m，截面积为 $1\ mm^2$ 的导体在一定的温度下的电阻值，单位为欧姆米。

金属导体的电阻与其长度成正比，与其截面积成反比，并与材料、温度等因素有关。在 20℃时导体的电阻可用以下公式表示：

$R = \rho L / S$

其中，R——导体的电阻（Ω）；

ρ——导体的电阻率（$\Omega \cdot mm^2/m$）；

L——导体的长度（m）；

S——导体的截面积（mm^2）。

导体的电阻与温度有关，电阻随温度的变化而变化，通常金属的电阻随温度的升高而增大。

6. 欧姆定律

$I = U / R$

（1）部分欧姆定律的内容是：流过导体的电流与这段导体两端的电压成正比，与这段导体的电阻成反比。

（2）全电路欧姆定律的内容是：在全电路中电流强度与电源的电动势成正比，与整个电路的内外电阻之和成反比。

（3）全电路欧姆定律表明，在闭合电路中电流的大小与电源电动势成正比，与整个电路的电阻成反比。当横截面积相同时，同种材料导体的长度越长，导体的电阻越大。

7. 电阻电路

（1）电阻的串联：在电路中几个电阻依次相连接，中间没有分岔支路，这时通过每个电阻的电流相同，这种连接方式叫电阻的串联。见图4-2。

图4-2　串联电阻

串联电阻的特点：

① 每个电阻上流过的电流相同。

$I_1 = I_2 = I_3$。

② 总电压（电压降）等于各个电阻分电压之和。

$U = U_1 + U_2 + U_3 = IR_1 + IR_2 + IR_3$

③ 串联电阻的总阻值等于各分路电阻之和。

$R = U / I = R_1 + R_2 + R_3$

④ 串联电阻中每个电阻上的电压和总电压之间的关系：

$$U_1 = R_1 / R \times U \qquad U_2 = R_2 / R \times U \qquad U_3 = R_3 / R \times U$$

每个电阻上分得电压的大小和电阻成正比，电阻越大分得的电压越大，电阻越小分得的电压越小。在串联电路中，电路的端电压 U 等于各串联电阻两端电压的总和。

⑤ 当电阻串联时，串联电路的总功率等于串联电路中各电阻的功率之和。

（2）电阻的并联：在电路中几个电阻分别接在两个接点之间，使每个电阻承受同一电压，这种连接方法叫电阻的并联。见图4-3。

图4-3　并联电阻

并联电阻的特点：

① 各并联支路两端电压相等。

$U_1 = U_2 = U_3 = U$

② 总电流等于各并联支路电流之和。

$I = I_1 + I_2 + I_3 = U / R_1 + U / R_2 + U / R_3$

③ 并联电路总电阻的倒数等于各支路电阻的倒数之和。

$1 / R = 1 / R_1 + 1 / R_2 + 1 / R_3$

两个电阻并联时，总电阻为 $R = R_1 \times R_2 / (R_1 + R_2)$

N 个相同电阻并联时，总电阻为 $R = R_1 / N$。

④ 电阻并联电路的总功率等于各分支电路的功率之和。

（3）电阻的混联：在电路中既有电阻的串联又有电阻的并联，称为混联电路，也称复联电路。

对于混联电路的计算，要根据电路的具体情况，应用有关串联和并联的特点来进行。一般步骤为：

① 求出各个元件串联和并联的等效电阻值，再计算电路的总电阻值；

② 由电路的总电阻值和电路的端电压，根据欧姆定律计算出电路的总电流；

③ 根据电阻串联的分压关系和电阻并联的分流关系，逐步推算出各部分的电压和电流。

8. 基尔霍夫（克希荷夫）定律

（1）基尔霍夫第一定律也称节点电流定律。

第一定律理论内容是：任何时刻流入电路中某节点的电流总和必等于从该节点流出的电流总和。

$\sum I_{入} = \sum I_{出}$

在任一瞬时，通过任一节点电流的代数和恒等于零。

$\sum I = 0$

（2）基尔霍夫第二定律也称回路电压定律。

第二定律理论内容是：在电路的任一闭合回路中总电位升必等于总电位降。

$\sum U_{升} = \sum U_{降}$

在任一瞬时，沿任一回路电压的代数和恒等于零。

$\sum U = 0$

9. 电功率、电能及电流的热效应

（1）电流在 1 s 内所做的功叫作电功率，简称功率。

（2）电能是表示电流做了多少功的物理量。

（3）电流通过导体时使导体发热的现象叫电流的热效应。

10. 电容

电容元件是一种能够贮存电场能量的元件。见图 4-4。

图 4-4　实际电容器的理想化模型

只有电容器上的电压变化时，电容两端才有电流。在直流电路中，电容上即使有电压，但 $i = 0$，也相当于开路，即电容具有隔直作用。见图 4-5。

（a）电路图　　　　　　（b）u、i 波形图　　　　　（c）相量图

图 4-5　电容有关图形

（1）存储能量：

$$W_C = \frac{1}{2}Cu^2$$

电容器接通电源后，在两极板上集聚的电荷量 Q 与电容器两端的电压 U 的比值称为电容，用符号 C 表示。

$C = Q / U$

式中，C——电容（单位：F）；

　　　Q——电荷量（单位：C）；

　　　U——电压（单位：V）。

电容量的单位是法拉 F。

1 F（法）$= 10^6$ μF（微法）$= 10^{12}$ pF（皮法）

电容器的功率单位用乏（Var）或千乏（kVar）表示。

（2）电容串联的特点

① 每个电容器所带的电荷量相等，电容器串联后总电荷量等于各电容器上所带的电荷量。

$Q_总 = Q_1 = Q_2$

② 电容器串联后两端的总电压等于各电容器上电压之和。

$U_总 = U_1 + U_2$

③ 电容器串联后的总电容量的倒数等于各分电容器电容量倒数之和。电容器串联

其总电容量减小。

$1 / C_总 = 1 / C_1 + 1 / C_2$

（3）电容并联的特点

① 电容器并联后，每个电容器两端电压相等。

$U_总 = U_1 = U_2$

② 电容器并联后，总电荷量等于各并联电容器所带的电荷量之和。

$Q_总 = Q_1 + Q_2$

③ 电容器并联后，总电容量等于各并联电容器电容量之和。

$C_总 = C_1 + C_2$

第二节　电磁和电磁感应

一、磁现象

1. 磁的基本知识

物质能显示磁性的原因是由于磁性分子得到有规则的排列。

磁铁具有吸铁的性质，称为磁性。具有磁性的物体称为磁体，磁体两端磁性最强的区域称为磁极。任何磁铁均有两个磁极，即 N 极（北极）和 S 极（南极）。同性磁极相斥，异性磁极相吸。磁铁能吸铁的空间称为磁场。为了形象化，常用磁力线来描绘磁场的分布。

2. 磁力线的特征

磁力线是闭合的曲线。规定小磁针北极所指的方向为磁力线的方向。

（1）磁力线在磁铁外部由 N 极到 S 极，在磁铁内部由 S 极到 N 极。

（2）磁力线上任意一点的切线方向，就是该点的磁场方向。它既无头又无尾，只有方向而且从不间断，是一种闭合的曲线。

（3）磁力线是互不相交的连续不断的回线，磁性强的地方磁力线较密，磁性弱的地方磁力线较疏。

3. 磁化

将不带磁性的物质使其具有磁性的过程叫磁化。铁磁（磁性）材料有三类：

（1）硬磁材料：一经磁化则磁性不易消失的物质，叫硬磁材料（剩磁强），用来制作永久磁铁。有钨钢、钴钢等。

（2）软磁材料：一经磁化则磁性容易消失，剩磁极弱（称磁弱）的物质，叫软磁材料（剩磁弱），用来制作电机和磁铁的铁芯。有硅钢片、纯铁等。

（3）矩磁材料：其特点是在很小的外磁作用下就能磁化，一经磁化便达到饱和，去掉外磁后，磁性仍能保持在饱和值。因其磁滞回线近似为矩形而得名。矩磁材料常用来做记忆元件，如计算机中贮存器的磁芯。

二、磁场的基本物理量

1. 磁通

磁通是用来定量描述磁场在一定面积上的分布情况。通过与磁场方向垂直的某一面积上的磁力线的总数，称为通过该面积的磁通量，简称磁通，用字母 Φ 表示。它的单位是韦伯，简称韦，用符号 Wb 表示。

2. 磁感应强度

磁感应强度 B 是用来描述磁场中各点的强弱和方向，垂直通过单位面积 S 的磁力线的多少，称该点的磁感应强度 B。（$\Phi = BS$）

3. 磁导率

磁导率是一个用来描述物质导磁性能的物理量，用字母 μ 表示，其单位是 H/m，真空中的磁导率为一常数。

磁路与电路之间的关系见表 4-1。

表 4-1　磁路与电路之间的关系

磁　路		电　路	
磁通势	NI	电动势	E
磁通	Φ	电流	I
磁导率	μ	电阻率	ρ
磁阻	$R_m = l/(\mu S)$	电阻	$R = \rho \times l/S$
欧姆定律	$\Phi = NI/R_m$	欧姆定律	$I = E/R$

（1）根据相对磁导率 μ 的大小把物质分为三类：

① $\mu < 1$ 的物质叫逆（反）磁物质，如铜、银等；

② $\mu \geqslant 1$ 的物质叫顺磁物质，如空气、锡；

③ $\mu \gg 1$ 的物质叫铁磁物质，如铁、钴、镍及合金等。

（2）相对磁导率等于物质的磁导率与真空磁导率的比值，相对磁导率是没有单位的。

4. 磁场强度

磁场强度的数值只与电流的大小及导体的形状有关，而与磁场媒介质的磁导率无关。磁场强度是个矢量，在均匀媒介质中，它的方向和磁感应强度的方向一致。

三、法拉第电磁感应定律

线圈中感应电动势的大小与通过同一线圈的磁通变化率成正比，这一规律称为法拉第电磁感应定律。

法拉第电磁感应定律指出，感应电动势的大小决定于线圈的匝数和磁通量变化的快慢，而与磁通量本身的大小无关。

四、楞次定律

当通过线圈的磁通发生变化时，感应电流产生的磁场总是阻碍原磁场的变化，当线圈磁通增加时，感应电流就要产生与它相反的磁通去阻碍它的增加；当线圈中的磁通减少时，感应电流就要产生与它方向相同的磁通去阻碍它的减少。

五、电流的磁效应对电流的作用

1. 电流的磁效应

载流导体周围存在磁场，即电流产生磁场，称为电流的磁效应。

电流的磁效应使我们能够容易地控制磁场的产生和消失，这在生产实践中有着非常重要的意义。

2. 右手定则（也称"发电机定则"）

用右手定则来判断通电导线（或线圈）周围磁场（磁力线）的方向。

（1）通电直导线磁场（磁力线）方向的判断方法：用右手握住导线，大拇指指向电流的方向，则其余四指所指的方向就是磁场（磁力线）的方向。见图4-6。

（a）　　　　　　（b）

图4-6　通电直导线磁场（磁力线）方向的判断方法

（2）线圈磁场（磁力线）方向的判断方法：用右手大拇指伸直，其余四指沿着电流方向围绕线圈，则大拇指所指的方向就是线圈内部磁场（磁力线）的方向。见图4-7。

（a）　　　　　　　　　（b）

图4-7　线圈磁场（磁力线）方向的判断方法

3. 左手定则（也称"电动机定则"，见图4-8）

F为导体受到的电磁力，N；

I为导体中的电流，A

图4-8　左手定则

通电导线在磁场中会受到力的作用，这个力叫作电磁力或电动力。电动机和测量电流电压用的磁电式仪表就是应用这个原理制成的。

可以应用左手定则来确定通电导线在磁场中受力的方向。伸出左手使掌心迎着磁力线，即磁力线垂直穿过掌心，伸直的四指与导线中的电流方向一致，则与四指成直角的大拇指所指的方向就是导线受力的方向。

电动力的大小与磁场的强弱、电流的大小和方向、通电导线的有效长度有关。通电的导线越长，电流越大，磁场越强，则导线受到的电动力就越大。电流与磁场的方向垂直时作用力最大，平行时作用力为零。电流和磁场密不可分，磁场总是伴随着电流而存在，而电流永远被磁场所包围。

一般情况下磁场对电流作用的电动力可以用下式计算：

$$F = IBl$$

六、电磁感应

当导体相对于磁场运动，而切割磁力线或者线圈中的磁通发生变化时，在导体或线圈中产生感应电动势的现象，称为电磁感应。由电磁感应产生的电动势，称为感应电动势。由感应电动势产生的电流，称为感应电流。

1. 自感

由于线圈（或回路）本身电流的变化而引起线圈（或回路）内产生电磁感应的现象叫作自感现象，简称自感。由自感现象产生的电动势称为自感电动势。见图4-9。

自感电动势的大小正比于本线圈中的电流。与自感系数无关的是线圈的电阻。

图4-9 实际电感器的理想化模型

只有电感上的电流变化时，电感两端才有电压。在直流电路中，电感上即使有电流通过，但 $u=0$，相当于短路。

2. 互感

由于一个线圈的电流变化，而在另一个线圈中产生感应电动势的现象称为互感现象，简称互感。电感元件是一种能够贮存磁场能量的元件。

3. 线圈的极性

同名端：我们把绕向一致、感应电动势的极性始终保持一致的线圈的端点，叫同名端，又可以叫同极性端。

4. 涡流

涡流是感生在导体内部的旋涡电流，它是一种电磁感应现象。由于这种感应电流在整块铁芯中流动，自成闭合回路，故称涡流。

第三节　交流电路

一、交流电

1. 正弦交流电的基本概念

交流电可以分为正弦交流电和非正弦交流电两类。正弦交流电是指电流的大小和方向随时间按正弦规律变化的交流电，其波形图见图4-10。

（a）用 t 表示　　　　　（b）用 ωt 表示

图 4-10　正弦交流电波形图

（1）周期、频率

① 周期：线圈在两磁极间旋转一周，交流电即完成一次正和负的变化，我们称为一个周波。交流电变化一周所需要的时间叫周期，用字母"T"来表示，单位是秒（s）。

② 频率：单位时间（1 s）内交流电的变化周数叫频率，用字母"f"来表示，单位是赫兹，用字母 Hz 表示，简称兹。我国采用的交流电频率为 50 Hz，习惯上称工频。

频率和周期的关系：

$$f = \frac{1}{T}$$

（2）初相位、相位和相位差（图 4-11）

① 初相位：$t = 0$ 时的相位。正弦交流电的初相位为零。

② 相位：正弦量表达式中的角度。

③ 相位差：两个同频率正弦量的相位之差，其值等于它们的初相之差。

2. 正弦交流电的基本物理量

（1）瞬时值和最大值

① 瞬时值：交流电时刻都在变化，在变化一周内任何一瞬时的数值都不相同。

（a）u 与 i 同相　　　　　（b）u 超前 i

（c）u 与 i 反相　　　　　（d）u 与 i 正交

图 4-11　正弦交流电相位图

② 最大值：正弦交流电是随时间成正弦规律变化的交流电，它的大小、方向时刻都在变化，我们把正弦交流电最大的瞬时值，叫交流电的最大值，又叫峰值或幅值。

（2）有效值

把交流电和直流电分别通入电阻相同的两个导体，如果在相同的时间内电阻产生的热量相等，我们把这个直流电流的值称为交流电的有效值。

我们常说交流电的电动势、电压、电流，既不是指正弦交流电的瞬时值，也不是最大值，而是指正弦交流电的有效值。各种电工仪表所测量到的交流电电压值、电流值也就是有效值。交流电气设备铭牌上所注明的额定电压和额定电流，都是指电压和电流的有效值。

交流电的有效值和最大值之间的关系为 $I = I_\mathrm{m} / \sqrt{2}$。

（3）平均值

正弦交流电有效值和最大值之间的关系：

$$U = U_\mathrm{m} / \sqrt{2} \approx 0.707 U_\mathrm{m} \qquad I = I_\mathrm{m} / \sqrt{2} \approx 0.707 I_\mathrm{m}$$

或

$$U_\mathrm{m} = \sqrt{2} U \approx 1.414 U \qquad I_\mathrm{m} = \sqrt{2} I \approx 1.414 I$$

二、单相交流电路

1. 纯电阻电路

纯电阻电路的电压 u_R 和电流 i 是同频率、同相位的正弦量。见图 4–12。

(a) 电路图　　　　(b) u、i 波形图　　　　(c) 相量图

图 4–12　纯电阻电路

电阻消耗的平均功率等于电阻两端电压有效值和流过电阻中电流有效值的乘积。

平均功率用 P 表示：$P = U I$

2. 纯电感电路

纯电感电路相位上的外加电压超前电流 90°。纯电感电路是不消耗能量的，它仅与电源之间进行能量的互换。见图 4–13。

(a) 电路图　　　　　(b) u、i 波形图　　　　　(c) 相量图

图 4-13　纯电感电路

公式：$Q = U_L I$　　　　$Q = I^2 X_L$

式中，Q——无功功率，　F（法 Var）或千 F（k 法、kVar）;

　　　U_L——电压，　　　伏（V）或千伏（kV）;

　　　I——电流，　　　　安（A）或千安（kA）;

　　　X_L——感抗，　　　欧（Ω）或千欧（kΩ）。

交流电的频率越高、电感越大，电感线圈的感抗就越大。

3. 纯电容电路

纯电容电路相位上的外加电压滞后电流90°。见图 4-14。

(a) 电路图　　　　　(b) u、i 波形图　　　　　(c) 相量图

图 4-14　纯电容电路

在交流电路中电容器是电路的基本元件。在电力系统中，用电容器调整电压，改善功率因数；在电子电路中用电容器隔断直流，并用于滤波等。

公式：$Q = U_C I$

电容的容抗与频率成反比。

$X_C = 1 / (\omega C) = 1 / (2\pi f C)$

纯电容电路是不消耗能量的，它仅与电源之间进行能量的互换。在电子电路中，电容在电路中起隔直通交的作用，并用于滤波等。

三、三相交流电路

1. 相序

三相交流量在某一确定的时间 T 内到达最大值（或零值）的先后顺序称相序。

2. 三相交流电电动势的产生及其特点（见图 4-15）

对称三相电动势是指三个频率相同、最大值相等、相位彼此相差 120° 的正弦电动势。

$$u_A = \sqrt{2}U_p \sin \omega t \qquad\qquad \dot{U}_A = U_p \underline{/0°}$$

$$u_B = \sqrt{2}U_p \sin(\omega t - 120°) \qquad \dot{U}_B = U_p \underline{/-120°}$$

$$u_C = \sqrt{2}U_p \sin(\omega t + 120°) \qquad \dot{U}_C = U_p \underline{/120°}$$

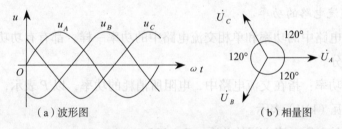

（a）波形图　　　　　　　　　（b）相量图

图 4-15　三相交流电

3. 对称的三相电动势具有以下特点

（1）各电动势的波形都按正弦规律变化。

（2）它们的周期和最大值都相等。

（3）三个电动势的频率相同、幅值相等，相位彼此相差 120°。

4. 三相交流电的连接（见图 4-16、图 4-17）

（a）　　　　　　　　　　　　（b）

图 4-16　三相交流电星形接法

（1）对称的星形（Y）接法：$U_{线} = \sqrt{3}U_{相}$，$I_{线} = I_{相}$。

（2）对称的三角形（△）接法：$U_{线} = U_{相}$，$I_{线} = \sqrt{3}I_{相}$。

（a）   （b）

图 4-17 三相交流电三角形接法

① 相电压：三相电源每个线圈两端（头尾之间）的电压称为相电压。

② 线电压：三相电源中任意两根端线间（相与相之间）的电压称为线电压。

5. 三相交流电比单相交流电具有更多的优点

（1）节约输电线路。

（2）同时有两种电压可供使用。

（3）可产生旋转磁场。

6. 三相交流电路的功率

三相交流电路中的功率和单相交流电路中的功率一样，都有有功功率、无功功率和视在功率之分。

（1）有功功率：指在交流电路中，电阻所消耗的功率，以 P 表示，功率的单位用瓦（W）和千瓦（kW）表示。

有功功率与电压电流之间的关系：$P = UI\cos\varphi$

式中，U——电压的有效值（V）；I——电流的有效值（A）；$\cos\varphi$——功率因数。

三相负载对称时三相有功功率等于一相有功功率的三倍：

$P = 3UI\cos\varphi$

$P = \sqrt{3}U_{相}I_{相}\cos\varphi$

（2）无功功率：在交流电路中，电容（包括电感）是不消耗能量的，它只与电源之间进行能量的互换，而并没有消耗能量，我们把与电源交换能量的功率称为无功功率。

无功功率用符号 Q 表示，单位是法拉 F（乏 Var）或 kF（千乏、kVar）。

1kF（乏 Var）$=10^{3}$ F

无功功率 Q 与电压、电流之间的关系：$Q = UI\sin\varphi$

三相负载对称时三相无功功率等于一相无功功率的三倍：$Q = 3UI\sin\varphi$

$Q = \sqrt{3}U_{相}I_{相}\sin\varphi$

（3）功率因数：是指在交流电路中电压与电流之间的相位差的余弦，用 $\cos\varphi$ 表示，在数值上是有功功率和视在功率的比值，即 $\cos\varphi = P/S$ 或 $\cos\varphi = P/(UI)$。

（4）视在功率：是指在交流电路中，电压和电流的乘积，它既不是有功功率，也不是无功功率，通常视在功率表示变压器等设备的容量，以符号 S 表示，单位是伏安（VA）或千伏安（kVA）。

它与电压电流之间的关系：$S = UI$。

三相视在功率：$S = \sqrt{3}UI$ $S^2 = P^2 + Q^2$ $S = \sqrt{P^2 + Q^2}$

7. 对称的星形（Y）连接的中性点、中性线；零点、零线

（1）中性点：发电机、变压器、电动机三相绕组连接的公共点称为中性点。从中性点引出的导线称中性线。

（2）零点：如果三相绕组平衡，由中性点到各相外部接线端子间的电压绝对值必然相等，如中性点接地的，则该点又称作零点。从零点引出的导线称为零线。

（3）保护中性线（PEN线）具有 PE（保护）线和 N（中性）线两种功能的导体。

（4）三相负载星形连接时，不一定都要将中性线引出。

第四节　识读电气图

一、电气简图合理布局的原则

便于绘制，易于识读，突出重点，均匀对称，清晰美观。

二、电气图中的元件都是按正常状态绘制的

所谓"正常状态"或"正常位置"，即电气元件、器件和设备的可动部分表示为非激励（未通电无外力作用）或不工作状态或位置。例如：

（1）继电器和接触器的线圈未通电时，其触头在还未动作的位置；

（2）断路器、负荷开关、隔离开关、刀开关等在断开位置；

（3）带零位的手动控制开关的操作手柄在"0"位；

（4）行程开关在非工作状态或位置；

（5）事故、备用、报警等开关在设备、电路使用或正常工作位置。

（6）对于发、输、变、配、供电系统的电气图，应按照实际设计，把备用的电源、线路、变压器以及与之配套的开关设备等都一一表达出来。

三、电气图简图合理布局的要点

电气简图合理布局的原则是：从总体到局部，从一次到二次，从主到次，从左到右，从上到下，从图形到文字。

（1）触头的电气图形符号通常规定为"左开右闭，下开上闭"。

（2）用表格法表示："0"表示触头断开，"1"表示触头闭合。

（3）在电气图上，一般电路或元器件是按功能布置，并按工作顺序从左到右，从上到下排列的。

（4）用符号标明直流电路导线的极性时，正极用"+"标记，负极用"−"标记，直流系统的中间线用字母"M"标明。

（5）凡是绘成矩形的符号（熔断器、避雷器、电阻器等）长宽比以 2 : 1 为宜。

（6）同一电器元件的各部件分散地画在原理图中，必须按顺序标注文字符号。

四、识图的基本要求

电工识图要做到"五个结合"，即：

（1）结合电工基础知识识图；

（2）结合电器元件的结构和工作原理识图；

（3）结合典型电路识图；

（4）结合电气图的绘制特点识图；

（5）结合其他专业技术图识图。

五、读图的基本步骤

读图的基本步骤是首先看图样说明，然后看电路图，再看安装接线图。

（1）看电路图时首先要分清主电路和副（辅助）电路，交流电路、直流电路。其次按照先看主电路再看副（辅助）电路的顺序读。

（2）看主电路时通常先交流后直流，再从下往上看信号，即从电气设备开始，经控制元件顺次往电源看。

（3）看副（辅助）电路时，则自上而下、从左向右看，层次分明，即先看电源、再顺次看各条回路，分析各条回路元件的工作情况及其对主电路的控制关系。

（4）电气图的种类繁多，常见的有电气原理图、安装接线图、展开接线图、平面布置图、剖面图。维修电工以电气原理图、安装接线图、平面布置图最为重要。

（5）安装接线图是以屏面布置图为基础，以原理图为依据而绘制成的接线图，是一种指导屏柜上配线工作的图纸。由于二次设备布置分散，需要用控制电缆把它们互相连接起来。单凭原理接线图和展开图来安装是有困难的。为此在二次接线安装时，还应绘制安装接线图，包括屏面布置图、屏背面接线图和端子排三个部分。另外，电缆联系图和电缆清册也视为安装接线图的一部分。

安装接线图不但为安装工作提供了技术支持，而且为检修维护工作提供了方便。

（6）展开图以电气回路为基础，将继电器和各元件的线圈、触点按保护动作顺序，自左而右、自上而下绘制的接线图，称为展开图。展开图中体现交流电压回路。在展开图中各继电器的线圈和触点分开，分别画在它们所属的回路中，并且属于同一继电器或元件的所有部件都注明同样的符号。继电保护回路编号由3位及以下的数字组成。

（7）展开接线图：相对于原理接线图而言，是一种接线的两种形式，展开图是按照供电给二次回路的每一个独立电源划分单元面进行绘制的。同一仪表或继电器的线圈和触点应分别画在不同的电路中，而同一元件的线圈和触点使用相同的字母符号表示。

读展开图的顺序是：先读交流回路，后读直流回路；元件的动作顺序是：从上到下，从左到右；直流电流的流通方向是从左到右，即从正电源经触点到线圈再回到负电源。

（8）归总式原理图的特点是能使读图者对整个二次回路的构成以及动作过程有一个整体概念。

（9）设备编号中，罗马数字表示安装单位编号。设备编号中，阿拉伯数字表示设备顺序号。相对编号的常用格式是设备名称－接线端子号。把设备编号和接线端子编号加在一起，每一个接线端子就有了唯一的相对编号。

第五章　常用电工仪表

在电气线路、用电设备的安装、使用、维修过程中，电工仪表对整个电气系统的检测、控制、监视都起到极为重要的作用。在电气安装、维修过程中，万用表起到特殊重要的作用。

本章主要介绍电流表、电压表、万用表、钳形电流表、兆欧表、接地电阻测定仪、电能表、直流电桥的测量原理、使用方法以及注意事项。

第一节　电工仪表的基本知识

电工仪表的基本知识是正确使用和维护电工仪表的基础。

一、常用电工仪表的分类

电工仪表是实现电磁测量过程所需技术工具的总称。它的分类方法很多。这里我们按照电工仪表的测量方法、结构、用途等方面的特性，将其分为以下几类：

1. 指示仪表

（1）按仪表的工作原理分，有磁电式仪表、电磁式仪表、电动式仪表、铁磁电动式仪表、感应式仪表、整流式仪表、静电式仪表等。电动式仪表可直接用于交、直流测量，且精确度高。电磁式仪表可直接用于交直流测量，但精度低。

（2）按测量对象的名称分，有电流表、电压表、功率表、电能表、功率因数表、频率表，以及多种测量用途的万用表等。

（3）按被测电流的种类分，有直流仪表、交流仪表，以及交直流两用仪表。

表 5-1　电工仪表的常用符号

符号	含义	符号	含义
⌒	磁电式仪表	(1.5)	精度等级 1.5 级
⌇	电磁式仪表	‖‖‖	外磁场防护等级 Ⅲ 级
▭	电动式仪表	☆2	耐压试验 2 kV
⌒▸	整流磁电式仪表	⊓	水平放置使用
⌒✕	磁电比率式仪表	⊥	垂直安装使用
⊙	感应式仪表	∠60°	倾斜 60° 安装使用

（4）按使用方法分，有安装式、携带式两种。

（5）按使用条件分：根据温度、湿度、尘沙、霉菌等使用环境条件的不同，国家专业标准把仪表分为 P、S、A、B 四组。

（6）按误差等级的不同，分为 0.1 级、0.2 级、0.5 级、1.0 级、1.5 级、2.5 级、4.0级等七个等级。在这七个等级中，数字越小精确度越高，基本误差越小。

2. 比较仪器

这类仪器用于比较法测量中，包括直流比较仪器、交流比较仪器两种。

（1）属于直流比较仪器的，有直流电桥、电位差计、标准电阻、标准电池等。

（2）属于交流比较仪器的，有交流电桥、标准电感、标准电容等。不同种类的仪表具有不同的技术特性。为了便于选择和使用仪表，通常把这些技术特性不同的符号标注在仪表的刻度盘或面板上，叫仪表的标志，见表 5-1。

3. 常用电工仪表的型号

电工仪表的产品型号是按规定的标准编制的。对于安装式、可携带式指示仪表的型号各有不同的编制规则。

4. 电工仪表的精确度等级

电工仪表的精确度等级是指在规定的条件下使用时，可能产生的基本误差占满刻度的百分比。

图 5-1　电工仪表产品型号的编制规则

二、常用电工仪表的基本结构（见图 5-2）

常用电工仪表主要由外壳、标度尺、符号面板、测量线路（简易的仪表没有）、表头、电磁系统、指针、阻尼器、转轴、轴承、游丝、零位调节器等组成。

电磁式仪表由固定的线圈、可转动的铁芯及转轴、游丝、指针、机械调零机构等组成。

电动式仪表由固定的线圈、可转动的线圈及转轴、游丝、指针、机械调零机构等组成。

图 5-2　常用电工仪表的基本结构

三、常用电工仪表的维护与保养

（1）严格按说明书的要求在温度、湿度、粉尘、振动、电磁场等环境允许的范围保管和使用。

（2）对于长时间存放的仪表，要求定期通电检查和驱除潮气。

（3）对于长时期使用的仪表，应按电气计量的要求，进行必要的检验和校正。

（4）不得随意拆卸、调试仪表。表内装有电池的仪表，应注意检查电池放电情况，不能使用的应及时更换。对长期不用的仪表，应取出表内的电池。

第二节　电压表与电流表

测量直流电流和直流电压多用磁电式仪表。测量交流电流和交流电压多采用电磁式仪表。

一、电压表

电压表用来测量电路中的电压，见图 5-3（a）。其单位是伏特，用字母 V 表示。电压表又可称为伏特表。

电压表的使用方法及注意事项：

（1）测量线路电压时，必须将电压表与被测量电路并联。电压表要求内阻越大越好。如果将电压表串联在电路中测量，串入电路将呈开路状态。

（2）用直流电压表测量直流电压时其接线必须使电压表的正极端钮接被测量电路的高电位端，负极端钮接被测量电路的低电位端。

（3）用交流电压表测量交流电压时，其接线不分极性，只要在测量量程范围内将其并入被测量电路即可。

（4）用电压表测量电压时，应根据被测量电压的高低、是交流还是直流以及要求的准确度来选择电压表的型号、规格和量程。

（5）如需要电压表扩大量程，直流电压表可串联分压电阻，交流电压表可加装电压互感器。

二、电流表

电流表用来测量电路中的电流，见图 5-3（b）。其基本单位为安培，用字母 A 表示。电流表又可称为安培表。测量线路中的电流时，电流表必须串入被测量电路。

电流表的使用方法及注意事项：

（1）测量线路中的电流时，必须将电流表与被测量电路串联。电流表要求内阻越小越好。

（a）电压表 （b）电流表

图 5-3 电压表和电流表

（2）用直流电流表测量直流电流时，其接线必须使电流表的正极端钮接被测量电路的高电位端，负极端钮接被测量电路的低电位端。

（3）用交流电流表测量交流电流时，其接线不分极性，只要在测量量程范围内将其串入被测量电路即可。

（4）使用电流表测量电流时，必须正确选择仪表的量程和精度等级。应在仪表量程允许的范围内测量。

（5）如需要扩大电流表量程，直流电流表可加大固定线圈的线径或采用固定线圈与活动线圈串、并联的方法。交流电流表可加装电流互感器。

三、钳形电流表

钳形电流表是用来测量交流电流的，通常电流表在测量电流时需将被测量电路断开，而使用钳形电流表测量电流时，则可以在不断开电路的情况下进行。钳形电流表是一种可携带式电工仪表，使用时非常方便。见图 5-4。有些钳形电流表还有其他功能，如可以测量电压等。

钳形电流表其工作部分主要由电磁式电流表和穿心式电流互感器组成。还有一种交直流两用的钳形流电表。

钳形电流表的使用方法及注意事项：

（1）钳形电流表应保存在干燥的室内，使用前要擦拭干净。使用前应弄清楚是交流、直流、还是交直流两用钳形电流表。使用钳形电流表时，应注意钳形电流表的电压等级。测量时戴绝缘手套，站在绝缘垫上，不得触及其他设备，以防短路或接地。

（2）钳形电流表测量前，应检查钳形电流表指针是否在零位。如果不在零位，应进行机械调零。

（3）每次只能测量一相导线的电流，被测量导线应置于钳形电流表钳口内中心位置，不可以将多相导线都夹入钳口内测量（假如三相导线同时夹入钳口内测量，矢量和为零）。

（4）钳形电流表都有量程转换开关，测量前应估计被测量电流的大小，再决定用哪个量程。不可以在测量过程中改变量程。当不知道被测电流的大致数值时，应该先使用较大量程的电流表试测。

（a）结构图　　　　　　（b）外形（一）　　　　（c）外形（二）

图 5-4　钳形电流表的结构及外形

（5）被测量电路的电压不能超过钳形电表上所标明的数值，否则容易造成接地事故，或者引起触电危险。

（6）钳形电流表的钳口在测量时闭合要紧密。注意保养，钳口上不能有杂物、油污、锈蚀，不用时应妥善保管。钳形电流表在测量前钳口要分、合几次消除铁芯内的剩磁，否则会影响测量结果。

（7）钳形电流表测量误差较大、精度较低。维修钳形电表时不要带电操作。

（8）具有测量电流和电压的多功能钳形电流表不可同时测量电压和电流。

第三节　万用表

一、万用表

万用表又称万能表、三用表，见图 5-5、图 5-6。它是一种多功能的，可携带式电工仪表，用以测量交、直流电压、电流，电阻以及其他各种物理量，例如测量三极管的直流放大倍数等，是电工必备的仪表之一。

（1）万用表的工作原理：采用磁电式仪表为测量机构，测量电阻使用内部电池做电源，应用电压电流法。

（2）万用表的结构：万用表主要由测量机构、测量线路、转换开关三部分组成。

（3）万用表红色表棒应接在标有"＋"号的接线柱上（内部电池为负极）；万用表黑色表棒应接在标有"－"号的接线柱上（内部电池为正极）；数字式仪表的准确度和灵敏度比一般指示仪表高。数字式万用表功能开关 DCV 表示直流电压，ACV 表示交流电压。

1. 显示器　2. 开关　3. 电容插口　4. 电容调零器
5. 插孔　6. 选择开关　7. HFE 插口

图 5-5　MF30 型万用表的外形结构　　图 5-6　DT890 型数字式万用表的面板图

二、万用表的使用

使用万用表的具体方法为：

（1）熟悉表盘上各符号的意义及各个旋钮和选择开关的主要作用。

（2）选择表棒插孔的位置。测量前要进行机械调零。

（3）根据被测量的种类及大小，选择转换开关的挡位及量程，找出对应的刻度线。

（4）用万用表测量电压时，是通过改变串联附加电阻的阻值来改变测量不同电压的量程。测量电压（或电流）时要选择好量程，如果用小量程去测量大电压，则会有烧表的危险；如果用大量程去测量小电压，那么指针偏转太小，无法读数。量程的选择应尽量使指针偏转到满刻度的 2/3 左右。如果事先不清楚被测电压的大小，应先选择最高量程挡，然后逐渐减小到合适的量程。

① 交流电压的测量：将万用表的一个转换开关置于交、直流电压挡，另一个转换开关置于交流电压的合适量程上，万用表两表笔和被测电路或负载并联即可。

② 直流电压的测量：将万用表的一个转换开关置于交、直流电压挡，另一个转换开关置于直流电压的合适量程上，且"＋"表笔（红表笔）接到高电位处，"－"表笔

（黑表笔）接到低电位处，即让电流从"＋"表笔流入，从"－"表笔流出。若表笔接反，表头指针会反方向偏转，容易撞弯指针。用数字万用表的直流电压挡测量直流电压时若极性接反，则测出的电压值需取反才是真正电压值。

（5）用万用表测量直流电流时，是将万用表的一个转换开关置于直流电流挡，另一个转换开关置于 50 μA～500 mA 的合适量程上，电流的量程选择和读数方法与电压一样。测量时必须先断开电路，然后按照电流从"＋"到"－"的方向将万用表串联到被测电路中，即电流从红表笔流入，从黑表笔流出。如果误将万用表与负载并联，则因表头的内阻很小，会造成短路烧毁仪表。其读数方法如下：实际值＝指示值×量程／满偏。

（6）测量电阻时应按下列方法操作：

① 机械调零。在使用之前，应该先调节指针定位螺丝，使电流示数为零，避免不必要的误差。

② 选择合适的倍率挡。万用表欧姆挡的刻度线是不均匀的，所以倍率挡的选择应使指针停留在刻度线较稀的部分为宜，且指针越接近刻度尺的中间，读数越准确。一般情况下，应使指针指在刻度尺的 1/3～2/3 之间。

③ 欧姆调零。测量电阻之前，应将两个表笔短接，同时调节"欧姆（电气）调零旋钮"，使指针刚好指在欧姆刻度线右边的零位。如果指针不能调到零位，说明电池电压不足或仪表内部有问题。并且每换一次倍率挡，都要再次进行欧姆调零，以保证测量准确。

④ 读数。表头的读数乘以倍率，就是所测电阻的电阻值。

⑤ 使用万用表欧姆挡时要特别细心，注意刻度不均匀。

⑥ 用万用表测量电阻时，如果被测电阻未接入，则指针指示∞位。

三、使用万用表的注意事项

（1）在测电流、电压时，不能带电换量程。

（2）选择量程时，要先选大的，后选小的，尽量使被测值接近于量程。

（3）测电阻时，不能带电测量。因为测量电阻时，万用表由内部电池供电，如果带电测量则相当于接入一个额外的电源，可能损坏表头。

（4）用毕，应使转换开关置于交流电压最大挡位或空挡上。

（5）注意当电阻挡改换量程时，需要进行欧姆调零，无须机械调零。

（6）使用万用表不准用手触及表棒的金属部分测量电阻。

（7）不得随意拆卸、调试仪表。应注意检查电池放电的情况，对不能使用的应及时更换。

（8）对长期不用且表内装有电池的仪表，应取出表内的电池。

（9）用万用表测量电流时，可以用并联电阻分流的方法扩大量程限度。

（10）用万用表测量电压时，可以用串联电阻分压的方法，以扩大量程限度。

（11）使用万用表每换一次倍率挡，必须进行一次调零。

（12）使用万用电表测量电压电流，属于带电测量，要十分注意测量种类挡和量程限度挡的选择。

（13）使用万用表测量高电压或大电流时，要注意被测量的极性，测量要有人监护。

（14）用万用电表测量二极管：

① 将万用表置于 $R \times 100$ 或 $R \times 1k$ 挡，用表笔接触二极管的两端，正反向各测量一次，在电阻较小的一次中黑色表棒（负笔）所接的为阳极，红色表棒（正笔）所接的为阴极。常温下正向电阻为 100 欧到数千欧（应越小越好），反向电阻约为数百千欧（应越大越好）。要求正反向电阻为几十倍，用此倍数来估判管子的单向导电的性能。

② 假如正反向电阻都很小，说明晶体二极管反向短路；假如正反向电阻都是无穷大，则说明晶体二极管已开路。

③ 测量晶体二极管时，不得使用万用表的 $R \times 1$ 或 $R \times 10k$ 挡，否则会因电流太大、电压太高导致晶体二极管损坏。

第四节　兆欧表

一、兆欧表

兆欧表又称绝缘电阻表，俗称摇表。见图 5-7、图 5-8、图 5-9。摇表主要由手摇直流发电机和磁电式流比计及接线柱 "L""E" 和 "G" 组成。摇表摇动后产生电压，L 端为负极，E 端为正极。

兆欧表应按被测电气设备或线路的电压等级选用。测量额定电压 500 V 以下应选用 500 V 或 1000 V 的兆欧表，额定电压 500 V 以上应选用 1000~2500 V 的兆欧表。

二、使用前首先要做好以下准备工作

（1）使用摇表时应远离磁场，将其安放在水平位置。

（2）测量前必须将被测设备的电源切断，在测量绝缘前后，应将被测设备对地放电。决不允许设备带电进行测量，以保证人身和设备的安全。

（3）对可能感应出高压电的设备，必须消除这种可能性后，才能进行测量。

（4）被测物表面要清洁，减少接触电阻，确保测量结果的准确性。

（5）测量前要检查兆欧表是否处于正常工作状态，主要检查其"0"和"∞"两点。即摇动手柄，使电机达到额定转速，兆欧表在短路时应指在"0"位置，开路时应指在"∞"位置。

（6）兆欧表使用时应放在平稳、牢固的地方，且远离大的外电流导体和外磁场。做好上述准备工作后就可以进行测量了。

（7）在测量时，还要注意兆欧表的正确接线，否则将引起不必要的误差甚至错误。兆欧表的接线柱共有三个：一个为"L"，即线端，一个是"E"，即为地端，再一个是"G"，即屏蔽端（也叫保护环）。一般被测绝缘电阻都接在"L""E"端之间，但当被测绝缘体表面漏电严重时，必须将被测物的屏蔽环或不需测量的部分与"G"端相连接。这样漏电流就经由屏蔽端"G"直接流回发电机的负端形成回路，而不再流过兆欧表的测量机构（动圈）。这样就从根本上消除了表面漏电流的影响，特别应该注意的是测量电缆线芯和外表之间的绝缘电阻时，一定要接好屏蔽端钮"G"。这是因为当空气湿度大或电缆绝缘表面又不干净时，其表面的漏电流将很大，为防止被测物因漏电而对其内部绝缘测量所造成的影响，一般在电缆外表加一个金属屏蔽环，与兆欧表的"G"端相连。

图 5-7　CA6503 手摇兆欧表　　图 5-8　BY2671 系列数字兆欧表

（a）外形 1　　　　　（b）外形 2　　　　（c）工作原理

图 5-9　兆欧表外形及工作原理

（8）当用兆欧表摇测电器设备的绝缘电阻时，一定要注意"L"和"E"端不能接反，正确的接法是："L"线端钮接被测设备导体，"E"地端钮接地的设备外壳，"G"屏蔽端接被测设备的绝缘部分。见图5-10。

电缆外皮　　内层绝缘　电缆芯　　E L G　MΩ

图 5-10　兆欧表测量电缆接线方法

如果将"L"和"E"接反了，流过绝缘体内及表面的漏电流经外壳汇集到地，由地经"L"流进测量线圈，使"G"失去屏蔽作用而给测量带来很大误差。另外，由于"E"端内部引线同外壳的绝缘程度比"L"端与外壳的绝缘程度要低，当兆欧表放在地上使用时，采用正确接线方式时，"E"端对仪表外壳和外壳对地的绝缘电阻相当于短路，不会造成误差，而当"L"与"E"接反时，"E"对地的绝缘电阻同被测绝缘电阻并联，而使测量结果偏小，给测量带来较大误差。

要想准确地测量出电气设备等的绝缘电阻，必须对兆欧表进行正确的使用，否则，将失去测量的准确性和可靠性。

三、兆欧表的使用方法及要求

（1）测量前，应将兆欧表保持水平位置，左手按住表身，右手摇动兆欧表摇柄，按顺时针方向转动摇柄，转速约 120 r/min，指针应指向无穷大（∞），否则说明兆欧表有故障。

（2）测量前，应切断被测电器及回路的电源，并对相关元件进行临时接地放电，以保证人身的安全和测量结果准确。

（3）测量时必须正确接线。兆欧表共有 3 个接线端（L、E、G）。

（4）兆欧表接线柱引出的测量软线绝缘应良好，两根导线之间和导线与地之间应保持适当距离，以免影响测量精度。

（5）在测定特高电阻时，保护环应接于被测两端之间最内层的绝缘层上，以消除因漏电而引起的读数误差。

（6）摇动兆欧表时，不能用手接触兆欧表的接线柱和被测回路，以防触电。

（7）摇动兆欧表后，各接线柱之间不能短接，以免损坏。

（8）24 V 低压电路，正极对地之间的绝缘阻值为 20 MΩ，负极对地之间的绝缘电阻为 50 MΩ 是正常的。

（9）兆欧表在工作时，自身产生高电压，而测量对象又是电气设备，因此必须正确使用，否则就会造成人身或设备事故。

（10）用摇表测量绝缘电阻时，摇动手柄的转速应保持在 120 r/min，直至表针稳定时读出数据，读数即为绝缘电阻值。

（11）测量电容器绝缘电阻读数完毕后，正确做法是先取下测试线，再停止摇动摇把。

（12）雷电时，禁止测量线路绝缘。

（13）吸收比测量：用摇表测量大容量的吸收比时，将直流电压作用在电介质上 60 s，电压与电流的比值称 R_{60s}；将直流电压作用在电解质上 15 s，电压与电流的比值称 R_{15s}；吸收比等于 R_{60s}/R_{15s}，通常良好的绝缘吸收比应大于 1.2（或 1.3），用吸收比反映绝缘受潮的程度。

第五节　接地电阻测试仪

接地电阻测试仪又名接地摇表，主要由手摇发电机、电流互感器、电位器以及检流计组成，用于测量电气系统接地装置的接地电阻和土壤阻率。接地电阻测量仪用 120 r/min 的速度摇动摇把时，表内能发出 110~115 Hz、100 V 左右的交流电压。

一、接地电阻测试仪（见图 5-11、图 5-12、图 5-13）

图 5-11　MI2123 绝缘电阻测试仪　　　图 5-12　ETCR2000 钳形接地电阻表

（1）MI2123 数字式接地电阻测试仪。其特点为：

① LED 大字屏数字显示，读数方便；

② 具有抗地电压干扰能力；

③ 电池供电，欠压指示。

（2）ETCR2000 钳形接地电阻表。它具有以下特点：

① 适用于各种形式的接地引线（圆钢、扁钢、角钢）；

② 非接触式测量接地电阻，安全快速；

③ 不必使用辅助接地棒，不需要中断带测设备的接地；

④ 具有双重保护绝缘；

⑤ 抗干扰、抗污染性能强，测量准确度高；

⑥ 使用 5 号碱性电池，方便用户；

⑦ 备有 5.1 Ω 测试环，可随时检测钳表的准确度。

（3）最常用的接地电阻测试仪如图 5-13（d）所示，其有如图 5-13（a）（b）（c）所示的几种接线方式。

（a）三端表的钮接线　（b）四端表的钮接线　（c）测量小电阻的接线　（d）实物图

图 5-13　接地电阻测试仪的接线及实物

二、使用方法

（1）用一根最短的连接线连接测量仪的接线端子 E 和接地装置的接地体。见图 5-12。

（2）用一根最长的连接线连接测量仪的接线端子 O 和一根电流探针插在离接地体 40 m 远的接地棒，接地棒插入地下 400 mm。

（3）用一根较短的连接线连接测量仪的两个已并联接线端子 P-P 和一根 20 m 远的接地棒。

（4）用接地电阻测试仪，以 120 r/min 的速度均匀摇动摇柄，当表针偏斜时，随即调节细调拨盘，直至表针稳定下来为止。以细调拨盘调定后的读数乘以粗调定位的倍数，即是被测量接地体的接地电阻。

（5）为了保证测得的接地电阻值准确可靠，应在测试后移动两根接地棒，换一个方向进行复测。

（6）接地电阻测试仪属于比较式仪表。如果被测的接地电阻小于 1 Ω，应使用四端钮的接地电阻表。

第六节　电能表

一、电能表

电能表旧称电度表，是用来计量电能（用电量）的电工仪表。电能表属于感应式仪表。

二、电能表的分类

（1）按结构和工作原理的不同分为：感应式（机械式）、静止式（电子式）和机电一体式（混合式）。

（2）按其接入电源的性质可分为：交流电能表和直流电能表。

（3）按表的安装接线方式可分为：直接接入式和间接接入式（经互感器接入式）。其中，又有单相、三相三线、三相四线电能表之分。

（4）根据计量对象的不同又分为：有功电能表、无功电能表、最大需量表、分时记度电能表和多功能电能表。

① 有功电能，其测量结果一般表示为 $W_\mathrm{P} = UI\cos\varphi t$。

式中，W_P——有功电能量；

U、I——交流电路的电压和电流的有效值；

φ——电压和电流之间的相位角；

$\cos\varphi$——负载功率因数；

t——所测电能的累计时间。

② 测量无功电能的仪表，多用于计量发电厂生产及用电户与电力系统交换的无功电能，测量结果为 $W_\mathrm{Q} = UI\sin\varphi t$。

式中，W_Q——无功电能量；

$\sin\varphi$——无功功率因数。

③ 最大需量表：一般由有功电能表和最大需量指示器两部分组成，除测量有功电量外，在指定的时间区间内还能指示需量周期内测得的平均有功功率最大值，主要用于执行两部制电价的用电计量。

三、单相电能表

单相电能表主要由一个可转动的铝盘和分别绕在不同铁芯上的一个电压线圈和一个电流线圈组成。见图5-14。

图 5-14　单相电能表的安装接线

四、三相有功电能表（见图5-15、图5-16）

（1）常用直接式三相电能表规格：① 10 A、20 A；② 30 A、50 A；③ 75 A；④ 100 A。

图 5-15　直接式三相三线制电能表的接线　　　图 5-16　直接式三相四线制电能表的接线

（2）三相三线制电能表带互感器接入，见图5-17。

（a）接线外形图　　　　（b）三相三线原理图　　　　（c）三相四线原理图

图 5-17　三相三线制及三相四线制电能表间接接线图

五、电能表的使用

（1）选择电能表应注意电能表的额定电压和额定电流。

（2）电能表应垂直安装，表箱底部对地面垂直距离一般为 1.8 m。

（3）接入、接出电能表都必须用铜芯绝缘线，不准用铝线。导线不准有接头。

（4）三相电能表应按正相序接线，经电流互感器接线接入，极性必须正确。电压应采用 1.5 mm^2 铜芯绝缘线；电流应采用 2.5 mm^2 铜芯绝缘线。

第六章 安全标志及电气安全用具

安全标志是由安全色、几何图形、图形符号组成。安全标志的要求标准统一、符合习惯、便于管理。安全标志用来提示人们识别、警惕危险因素，对防止人们偶然触及或因过分接近带电体而触电具有重要作用。

电气安全用具是保证操作者安全地进行电气工作时必不可少的工具。电气安全用具包括绝缘安全用具和一般防护用具。

第一节 安全标志

一、安全色

（1）安全色是表达安全信息含义的颜色，表示禁止、警告、指令、提示等。国家规定的安全色有红、蓝、黄、绿四种颜色。见表6-1。

表6-1 安全色标的意义

色标	含义	举例
红	禁止、停止、消防	停止按钮、禁止合闸
黄	警告、注意	当心触电
绿	安全、通过、允许、工作	在此工作、已接地
蓝	指令、必须遵守、强制执行	必须戴安全帽
黑	警告、注意	文字、图形、符号
白	背景色	红、蓝、绿背景色

红色表示禁止、停止；蓝色表示指令、必须遵守的规定；黄色表示警告、注意；绿色表示安全状态、通行。

（2）为使安全色更加醒目的反衬色叫对比色。国家规定的对比色是黑白两种颜色。

安全色与其对应的对比色是：红—白、黄—黑、蓝—白、绿—白。黑色用于安全标志的文字、图形、符号和警告标志的几何图形。白色作为安全标志红、蓝、绿色的背景色，也可用于安全标志的文字和图形符号。

（3）在电气上用黄、绿、红三色分别代表 L_1、L_2、L_3 三个相序。配电室内，母线涂有色油漆，可以区分相序、防腐。以柜正面方向为基准，其母线涂色应符合下列标准的规定：（见表6-2、表6-3）

表6-2　交流三相系统及直流系统中裸导线涂色

系统	交流三相系统					直流系统	
母线	L_1	L_2	L_3	N 线及 PEN 线	PE 线	正极	负极
字母	A	B	C	N　PEN	PE	L_+	L_-
涂色	黄	绿	红	淡蓝	黄绿/双色线	褚	蓝

表6-3　按母线排列方式要求标志颜色

相别	颜色	垂直排列	水平排列	引下排列
L_1（A）	黄	上	后	左
L_2（B）	绿	中	中	中
L_3（C）	红	下	前	右
N	淡蓝	淡蓝	淡蓝	淡蓝

① 涂成红色的电器外壳表示其外壳有电。

② 电气设备的金属外壳涂有灰色表示正常情况下不带电，故障情况下可能带电，必须接地或接零保护。保护线（保护接零或保护接地）颜色应按标准采用黄/绿双色线。

③ 接地线应涂漆以示明显标示。其颜色一般规定是：黑色为保护接地；紫色底黑色条为接地中性线（每隔15 cm 涂一黑色条，条宽1~1.5 cm）。

④ 系统中，中性线不接地涂紫色，中性线接地涂黑色。

⑤ 明设的接地母线、零线母线均为黑色；明敷接地扁铁或圆钢涂黑色。

⑥ 直流电用棕色代表正极，蓝色代表负极。信号和警告回路用白色。

⑦ 变配电所设置模拟图板的绘制依照系统电压等级的不同，对不同电压等级的设备颜色（按国家标准）应有区别。见表6-4。

表 6-4　常用模拟图板母线标志颜色

交流 0.23 kV	交流 0.40 kV	交流 3 kV	交流 6 kV	交流 10 kV	交流 35 kV	交流 110 kV	直流
深灰	黄褐	深绿	深蓝	绛红	浅黄	朱红	褐

二、安全标志

标示牌的作用是警告工作人员不得接近设备的带电部分，提醒工作人员在工作地点采取安全措施，以及禁止向某设备合闸送电等。

（1）安全标志是提醒人员注意或按标志上注明的要求去执行，是保障人身和设施安全的重要措施。电工专用的安全牌通常称为标示牌。

图 6-1　部分标志牌样式

（2）安全标志牌一般设置在光线充足、醒目、稍高于视线的地方。见图 6-1。

（3）对于隐蔽工程（如埋地电缆）在地面上要有标志桩或依靠永久性建筑挂标志牌，注明工程位置。

（4）对于容易被人忽视的电气部位，如封闭的架线槽、设备上的电气盒，要画上电气箭头。

（5）另外在电气工作中还常用标志牌，以提醒工作人员不得接近带电部分、不得随意改变刀闸的位置等。

（6）移动使用的标志牌要用硬质绝缘材料制成。上面有明显标志，并应根据规定使用。见表 6-5。

表 6-5　标示牌式样资料执行标准（2009 年 8 月 1 日起）

名称	悬挂处	式样		
		尺寸 /mm^2	颜色	字样
禁止合闸， 有人工作！	一经合闸即可送电到施工设备的断路器（开关）和隔离开关（刀闸）操作把手上	200×160 和 80×65	白底，红色圆形斜杠，黑色禁止标志符号	黑字

名称	悬挂处	式样		
		尺寸 /mm²	颜色	字样
禁止合闸，线路有人工作！	线路断路器（开关）和隔离开关（刀闸）把手上	200×160 和 80×65	白底，红色圆形斜杠，黑色禁止标志符号	黑字
禁止分闸！	接地刀闸与检修设备之间的断路器（开关）操作把手上	200×160 和 80×65	白底，红色圆形斜杠，黑色禁止标志符号	黑字
在此工作！	工作地点或检修设备上	250×250 和 80×80	衬底为绿色，中有直径200mm和65mm白圆圈	黑字写于白圆圈中
止步，高压危险！	施工地点临近带电设备的遮栏上；室外工作地点的围栏上；禁止通行的过道上；高压试验地点；室外构架上；工作地点临近带电设备的横梁上	300×240 和 200×160	白底，黑色正三角形及标志符号，衬底为黄色	黑字
从此上下！	工作人员可以上下的铁架、爬梯上	250×250	衬底为绿色，中有直径200mm白圆圈	黑字写于白圆圈中
从此进出！	室外工作地点围栏的出入口处	250×250	衬底为绿色，中有直径200mm白圆圈	黑体黑字，写于白圆圈中
禁止攀登，高压危险！	高压配电装置构架的爬梯上，变压器、电抗器等设备的爬梯上	500×400 和 200×160	白底，红色圆形斜杠，黑色禁止标志符号	黑字

注：在计算机显示屏上一经合闸即可送电到工作地点的断路器（开关）和隔离开关（刀闸）的操作把手处所设置的"禁止合闸，有人工作！""禁止合闸，线路有人工作！"和"禁止分闸"的标记，可参照图6-1中有关标示牌的式样。

第二节　电气安全用具

一、电气安全用具

（1）绝缘安全用具分为两种：

①　基本绝缘安全用具：绝缘强度足以抵抗电气设备运行电压的安全用具称为基本绝缘安全用具。

高压设备的基本绝缘安全用具有绝缘棒、绝缘夹钳和高压验电笔等。低压设备的基本绝缘安全用具有绝缘手套、装有绝缘柄的工具和低压验电笔（验电器）等。

②　辅助用绝缘安全用具：本身的绝缘强度不足以抵抗电气设备运行电压的，称为辅助绝缘安全用具。对低压电工作业，如绝缘鞋、绝缘靴、绝缘台。

（2）检修安全用具：是在停电检修作业中用以保证人身安全的用具。它包括临时接地线、标志牌、临时遮栏、登高安全工具、电工安全带等。

（3）一般防护用具：包括护目镜、帆布手套安全帽等。

二、验电器

1. 高压验电器

（1）在停电线路工作地段装接地线前，应先验电，验明线路确无电压。验电时，应使用相应电压等级、合格的接触式验电器。见图6-2。

（2）验电前和验电后应在有电设备上进行试验，确认验电器良好；无法在有电设备上进行试验时，可用工频高压发生器等确证验电器良好。如果在木杆、木梯或木架上验电，不接地不能指示者，可在验电器绝缘杆尾部接上接地线，但应经运行值班负责人或工作负责人许可。验电时人体应与被验电设备保持规定的距离，验电时必须戴绝缘手套，要穿绝缘鞋（靴）、验电时必须有人监护。使用伸缩式验电器时应保证绝缘的有效长度。手不得超过隔离环。

（3）对无法进行直接验电的设备、高压直流输电设备和雨雪天气时的户外设备，可以进行间接验电。即通过设备的机械指示位置、电气指示、带电显示装置、仪表及各种遥测、遥信等信号的变化来判断。判断时，应有两个及以上的指示，且所有指示均已同时发生对应变化，才能确认该设备已无电；若进行遥控操作，则应同时检查隔离开关（刀闸）的状态指示、遥测、遥信信号及带电显示装置的指示进行间接验电。

图 6-2　高压验电器

（4）对同杆塔架设的多层电力线路进行验电时，应先验低压、后验高压，先验下层、后验上层，先验近侧、后验远侧。禁止工作人员穿越未经验电、接地的 10 kV 及以下线路对上层线路进行验电。

验电时，不能将一相无电作为三相无电的依据，线路的验电应逐相（直流线路逐极）进行。检修联络用的断路器（开关）、隔离开关（刀闸）或其组合时，应在其两侧验电。

当验明线路或设备确已无电压后，应立即将检修线路或设备三相短路并接地。

高压验电器一般每一年进行一次绝缘试验。

2. 低压验电器

（1）低压验电器是低压电工作业人员判断被检修的设备或线路是否带电的重要测试用具。低压验电器有感应式、数字式验电笔。见图 6-3。

图 6-3　低压验电笔

（2）低压验电器有下列几个方面的用途：

① 可以用来检查、判断低压电气设备或线路是否带电；

② 验电器可以区分火线（相线）和零线（中性线、地线）；

③ 可以区分交流和直流；

④ 能判断电压的高低；

⑤ 低压验电器的测量范围为 60~500 V。

（3）低压验电器使用时，必须在有电的设备上测试其好坏。

三、绝缘操作杆

（1）绝缘操作杆又称令克棒，由工作部分、绝缘部分、手握部分组成。见图6-4。

图6-4　绝缘操作杆（令克棒）

绝缘操作杆是用于短时间对带电设备进行操作的绝缘工具，如拉开或闭合高压隔离开关、跌落式熔断器，装拆携带式接地线等。

（2）绝缘操作杆使用的注意事项：

① 绝缘操作杆应按规定进行定期绝缘试验，使用必须在有效期之内。

② 绝缘操作杆的型号、规格（电压等级）必须符合规定，不宜过长。决不可以任意取用。

③ 操作前绝缘操作杆表面应用干布擦净，使其杆的表面干燥、清洁，要注意防止碰撞以免损坏表面的绝缘层。

④ 操作时应戴绝缘手套、穿绝缘鞋或绝缘靴。

⑤ 绝缘操作杆工作部分不宜过长，一般长度为5~8 mm，以免操作时造成相间或接地短路。

⑥ 操作时手握部分不得超过隔离环。

⑦ 下雨、下雪或潮湿的天气室外使用绝缘操作杆时杆上应有防雨的伞形罩，伞形罩下部分应保持干燥。

⑧ 绝缘操作杆应存放在特制的架子上或垂直悬挂在专用挂架上，以防止弯曲。

四、携带式临时接地线

在停电的线路和设备上作业，悬挂临时接地线是为防止突然来电所采取的三相短路并接地的安全措施。在低压三相四线，零线上也必须装设临时接地线。见图6-5。

（1）装设接地线应由两人进行。

（2）成套接地线应用有透明护套的多股软铜线组成，其截面不得小于25 mm²，同时应满足装设地点短路电流的要求。

（3）装设接地线应先接接地端，后接导体端，接地线应接触良好，连接应可靠。拆接地线的顺序与此相反。装、拆接地线均应使用绝缘棒和戴绝缘手套。人体不得碰触接地线或未接地的导线，以防止触电。禁止用缠绕的方法挂接地线。（详见第二章）

实验证明，接地线对保证人身安全十分重要。现场工作人员常称携带型接地线为"保命线"。

图 6-5　携带式临时接地线

五、绝缘手套

1. 绝缘手套（见图 6-6）

戴绝缘手套可以防止接触电压或感应电压的伤害，它是一种低压设备基本的绝缘安全用具。使用绝缘手套可以在低压设备上进行带电作业。

图 6-6　绝缘手套

2. 绝缘手套的使用

（1）首先要根据作业场所电压的高低，正确选用符合电压等级的绝缘手套。

（2）绝缘手套每次使用前必须进行认真的检查，是否在试验有效期之内，是否清洁、干燥，有无磨损、划痕、老化、孔洞，是否漏气。

（3）使用前必须进行试验，发现漏气不能使用。使用时应将袖口套入手套筒口内防止发生意外。

（4）绝缘手套每半年试验一次。使用后要妥善保管，不能与金属的器件放在一起，不得与油脂接触，绝缘手套应存放在通风、阴凉的专用柜子里，可适当撒些滑石粉。

六、绝缘鞋（绝缘靴）

1. 绝缘鞋（绝缘靴）（见图 6-7）

绝缘鞋（绝缘靴）是电工必备的个人安全防护用品，可防止跨步电压的伤害，与绝缘手套配合可防止接触电压的伤害。

（a）10 kV 高压绝缘鞋　　　　（b）35 kV 绝缘靴

图 6-7　绝缘鞋、靴

2. 绝缘鞋（绝缘靴）的使用

（1）首先要根据作业场所电压的高低，正确选用符合电压等级的绝缘鞋。

（2）无论是穿低压或高压绝缘鞋（绝缘靴），都不准用手接触带电导体。

（3）绝缘鞋（绝缘靴）不可有破损。

（4）穿绝缘靴应将裤脚套入靴筒内，雨天不可作为套鞋使用。

（5）绝缘鞋（绝缘靴）应每半年试验一次。使用后要妥善保管。

（6）绝缘靴（鞋）要放在柜子内，并应与其他工具分开放置。

七、绝缘垫及绝缘台

绝缘垫及绝缘台由橡胶和木板（木条）制成，一般铺在配电所的地面上，以便倒闸操作时增强操作人员对地绝缘，防止跨步电压对操作人员的伤害。

（1）对使用中的绝缘垫应保持经常性的清洁、干燥、没有油污、灰尘，还要防止破损。

（2）对使用中的绝缘垫应每两年进行一次交流耐压和泄漏试验。

八、绝缘夹钳

绝缘夹钳是在带电的情况下，用来安装和拆卸熔断器或执行其他类似工作的工具，在 35 kV 及以下的电力系统中绝缘夹钳为基本的安全用具之一。

绝缘夹钳由工作部分、绝缘部分或手握部分组成。见图 6-8。

图6-8 绝缘夹钳

使用绝缘夹钳时必须注意：

（1）绝缘夹钳必须具备有足够的机械强度和合格的绝缘性能。

（2）绝缘夹钳应保持清洁、干燥。按规定进行定期试验，试验周期为一年。

（3）操作前必须切断电源。操作时应戴护目镜、戴绝缘手套，穿绝缘鞋（绝缘靴）或站在绝缘垫上。

九、绝缘安全工器具试验项目、周期和要求（见表6-6）

表6-6 绝缘安全工器具试验项目、周期和要求表

序号	器具	项目	周期	要求				说明
1	携带型短路接地线	A. 成组直流电阻试验	不超过5年	在各接线鼻之间测量直流电阻，对于25 mm²、35 mm²、50 mm²、70 mm²、95 mm²、120 mm²的各种截面，平均每米的电阻值应分别小于0.79 mΩ、0.56 mΩ、0.40 mΩ、0.28 mΩ、0.21 mΩ、0.16 mΩ				同一批次抽测，不少于2条，接线鼻与软导线压接的应做该试验
		B. 操作棒的工频耐压试验	5年	额定电压/kV	试验长度/m	工频耐压/kV		试验电压加在护环与紧固头之间
						1 min	5 min	
				10	—	45	—	
				35	—	95	—	
				63	—	175	—	
				110	—	220	—	
				220	—	440	—	
				330	—	—	380	
				500	—	—	580	
2	个人保安线	成组直流电阻试验	不超过5年	在各接线鼻之间测量直流电阻，对于10 mm²、16 mm²、25 mm²的各种截面，平均每米的电阻值应小于1.98 mΩ、1.24 mΩ、0.79 mΩ				同一批次抽测不少于两条

序号	器具	项目	周期	要求				说明
3	绝缘杆	工频耐压试验	1年	额定电压/kV	试验长度/m	工频耐压/kV		
						1 min	5 min	
				10	0.7	45	—	
				35	0.9	95	—	
				63	1.0	175	—	
				110	1.3	220	—	
				220	2.1	440	—	
				330	3.2	—	380	
				500	4.1	—	580	
4	绝缘罩	工频耐压试验	1年	额定电压/kV	工频耐压/kV	时间/min		
				6~10	30	1		
				35	80	1		
5	绝缘隔板	A. 表面工频耐压试验	1年	额定电压/kV	工频耐压/kV	持续时间/min		电极间距离300 mm
				6~35	60	1		
		B. 工频耐压试验	1年	额定电压/kV	工频耐压/kV	持续时间/min		
				6~10	30	1		
				35	80	1		
6	绝缘胶垫	工频耐压试验	1年	电压等级	工频耐压/kV	持续时间/min		使用于带电设备区域
				高压	15	1		
				低压	3.5	1		
7	绝缘靴	工频耐压试验	半年	工频耐压/kV	持续时间/min	泄漏电流/mA		
				15	1	≤7.5		

序号	器具	项目	周期	要求				说明
8	绝缘手套	工频耐压试验	半年	电压等级	工频耐压/kV	持续时间/min	泄漏电流/mA	
				高压	8	1	≤ 9	
				低压	2.5	1	≤ 2.5	
9	导电鞋	直流电阻试验	穿用不超过200 h	电阻值小于 100 kΩ				符合《防静电鞋导电鞋安全技术要求》
10	绝缘夹钳	工频耐压试验	1年	额定电压/kV	试验长度/m	工频耐压/kV	持续时间/min	
				10	0.7	45	1	
				35	0.9	95	1	

注：绝缘安全工器具的试验方法参照《电力安全工器具预防性试验规程（试行）》的相关内容。

十、电工常用工具

电烙铁、钢丝钳、电工刀、螺丝刀、剥皮钳、尖嘴钳等是电工常用的基本工具。

1. 电烙铁

电烙铁是电工常用的锡焊接工具。电子元件制作中，元器件的连接处需要用锡焊接，一般选用 30~40 W 的电烙铁。新烙铁使用前，应用细砂纸将烙铁头打光亮，通电烧热，蘸上松香后用烙铁头刃面接触焊锡丝，使烙铁头上均匀地镀上一层锡再进行焊接。见图 6-9。

图 6-9　电烙铁

（a）实物图

（b）结构图

图 6-10　钢丝钳

2. 钢丝钳

电工钢丝钳的钳柄一般有绝缘管以保证安全，绝缘护套耐压 500 V。它是一种夹、捏和剪切工具。使用钢丝钳时，钳头的刀口应朝向自己。见图 6-10。

3. 电工刀

电工刀的刀柄无绝缘保护，不能在带电导线或器材上剖削，以免触电。应采用平削，不宜采用立削（以免割伤导线）；一般由里向外削线，刀口一般朝外。使用后，电工刀要擦拭干净，并将刀身折进保管。见图 6-11。

（a）实物图　　　　　　　　　（b）结构图

图 6-11　电工刀

4. 旋具（螺丝刀）

旋具是旋紧或旋松螺钉的工具。常用的有木柄或塑料柄的。电工不可使用穿心旋具，由于它的铁杆直通柄顶，容易发生触电事故。见图 6-12。

（a）实物图　　　　　　　　　　（b）一字形　　　　（c）十字形

（d）多用螺丝刀组

图 6-12　螺丝刀

5. 剥皮钳、尖嘴钳

剥皮钳、尖嘴钳等的尺寸一般以全长（钳头加钳柄）表示。剥线钳是用来剥削小导线线头表面绝缘层的专用工具。见图 6-13、图 6-14。

（a）　　　　　　（b）

图 6-13　剥皮钳　　　　　　　　图 6-14　尖嘴钳

6. 登高工具

（1）登高工具是指电工在登高作业时所需要的工具。常用的有高凳、直梯、人字梯和靠梯。梯子只能用木制和竹制的。梯阶的距离不应大于 40 cm，并应在距梯顶 1 m 处设限高标志。梯子使用前要检查有无损伤断裂，脚部要有防滑材料。梯子与地面的夹角以 60°为宜，梯子不可绑接使用。当梯子高于 6 m 时，上、中、下三端要进行绑扎。人在梯子上不可移动梯子。见图 6-15。

（a）直梯　（b）人字梯

图 6-15 梯子

（a）登木杆用　（b）登水泥杆用

图 6-16 脚扣

（2）脚扣

① 脚扣是攀登电杆的工具之一，脚扣分为登木杆用脚扣和登水泥杆用脚扣。登木杆用脚扣的扣环上有突出的铁齿。登水泥杆用脚扣环上装有橡胶套或橡胶垫防滑。脚扣有大小号之分，可供粗细不同的电杆使用。见图 6-16。

② 脚扣使用之前必须仔细检查脚扣各部分，皮带是否霉变、是否牢固可靠，金属部分有无变形等。雨天和冰雪天禁止攀登水泥杆。

③ 使用脚扣进行登杆作业时，登杆前应对脚扣进行人体载荷冲击试验，上下杆的每一步必须使脚完全套入脚扣环，并可靠地扣住电杆才能移动身体，否则就会造成事故。

脚扣使用时，将脚掌穿入脚扣皮带和脚扣的踏板之间，再在皮带扣的扣压两侧接上一段适当长度的橡胶带，将橡胶带扣在脚后跟的位置上。

（3）登高板

登高板又称踩板，用来攀登电杆。登高板由脚板、白棕绳（尼龙）、铁钩组成。见图 6-17。

① 踩板使用前，应检查踩板有无裂纹或腐朽、白棕绳有无断股损伤。

② 踩板挂钩时必须正勾，钩口向外、向上，不能反勾，以免造成脱钩坠落伤害事故。

③ 脚扣和登高板的金属部分变形和绳（带）损伤，则禁止使用。特殊天气使用脚扣和登高板应采取防滑措施。

④ 踩板使用完毕不准在地上拖、拉，整理好应挎在肩部。

图6-17　登高板

图6-18　安全腰带

（4）安全腰带（见图6-18）

安全腰带是登杆作业必备的安全用具，无论采用登高板还是脚扣都要与安全腰带配合使用。

安全腰带由腰带、腰绳和保险绳组成。腰带用来系挂腰绳、保险绳，使用时应系结在臀部的上部而不是系结在腰间，作为与电杆的一个支撑点，使全身的重量不全落在脚上，否则在操作时容易扭伤腰部。

保险绳用来防止发生意外时，不至于造成坠落伤害事故。保险绳要高挂低用。

十一、安全帽（见图6-19）

安全帽是对人体头部受外力伤害起防护作用的安全用具。在变配电构架、架空线路等电气设备安装检修现场，以及在可能有上空落物的工作场所都必须戴上安全帽。

安全帽使用前应检查其是否在使用周期内，检查有无裂纹，还应检查帽壳、帽衬、帽箍、顶衬、下颌带等附件是否完好无损。安全帽必须带正，使用安全帽应将下颌带系好，防止前倾、后仰或其他原因造成滑落。

图6-19　安全帽

第三节　手持式电动工具

手持式电动工具结构轻巧，携带、使用方便，因此各行各业使用手持式电动工具的种类和数量越来越多。为了防止在使用手持式电动工具时引起人身伤亡事故，我们必须严格贯彻执行国家颁布的手持式电动工具的管理、使用、检查和维修的安全技术规程。

手持式电动工具是运用小容量电动机或电磁铁，通过传动机构驱动工作头的一种手持或半固定式的机械化工具。

手持电动工具包括手电钻、手砂轮、冲击电钻、电锤、手电锯等工具。

一、手持式电动工具分类

（1）按用途，手持式电动工具分为：金属切削类、砂磨类、装配类、建筑及道路施工类、矿山类、铁道类、农牧类、木柴加工类等。

常用的手持电动工具有：

① 手电钻、冲击电钻。

② 电动砂轮机、切割机。

③ 电动圆锯等。

（2）手持式电动工具按电气安全防护方法（触电保护方式）分类：

① Ⅰ类：即普通电动工具。Ⅰ类设备是仅有工作绝缘（基本绝缘）的设备，而且可以带有Ⅱ类设备或Ⅲ类设备的部件。Ⅰ类设备外壳上没有接地端子，但内部有接地端子，自设备内引出带有保护插头的电源线。

② Ⅱ类：又称双重绝缘工具。Ⅱ类设备是绝缘结构由基本绝缘加双重绝缘或加强绝缘的工具。当基本绝缘损坏时，还有一层独立的附加绝缘，操作者仍能与带电体隔离，避免发生触电事故。

③ Ⅲ类：由安全电压供电的工具，并确保工具内不产生高于安全电压的电压。Ⅲ类工具（即 42 V 以下安全电压工具）用安全隔离变压器作为独立电源。安全电压额定值的等级为 42 V、36 V、24 V、12 V、6 V。当采用 24 V 以上的安全电压时，必须采取防止直接接触带电体的防护措施。狭窄场所、锅炉、金属容器内、管道作业使用Ⅲ类工具。

在特殊环境如湿热、雨雪、爆炸性及腐蚀性气体场所，使用移动式电气设备必须符合相应防护等级的安全技术要求。

二、手持式电动工具的一般要求

手持式电动工具、移动式电气设备使用前应检查以下项目：

（1）铭牌上各项参数是否符合要求。

（2）外壳完整，无裂纹、破损等缺陷，铭牌上各参数清晰可见，绝缘电阻是否符合要求（绝缘电阻值不小于 2 MΩ）。工具的防护罩、防护盖、手柄防护装置等无损伤、变形或松动。

（3）保护接地或保护接零是否正确，连接是否牢固。

（4）工具电源线完整、无裂纹、破损，加长、绝缘良好。

（5）开关动作灵活，不卡涩、无裂纹、松动、无缺陷，工具工作状态灵活、无障碍（包括旋转、往复、冲击）。

（6）电源线应采用橡皮绝缘多股铜芯软电缆，单相用三芯电缆、三相用四芯电缆、电缆不得有破损或龟裂，中间不得有接头。用黄/绿双色绝缘导线接保护线，应采用截面积不小于 $0.75 \sim 1.5 \ \text{mm}^2$ 的多股软铜线。

（7）机械防护装置（防护罩、防护盖、手柄防护装置）完整，无脱落破损、裂纹、松动变形。

（8）电气安全保护装置是否良好。

三、手持式电动工具的安全使用和管理

1. 手持式电动工具的安全使用

（1）在使用工具前，操作者应认真阅读产品使用说明书或安全操作规程，详细了解工具的性能，掌握其正确使用的方法。

（2）手持电动工具（除Ⅲ类外）必须采用漏电保护器。

（3）在潮湿作业场所或金属构架上等导电性能良好的作业场所，应使用Ⅱ类或Ⅲ类工具，不允许使用Ⅰ类工具。

在锅炉、金属容器、管道内等工作地点狭窄场所，应使用Ⅲ类工具或装设额定漏电动作电流不大于 15 mA、额定漏电动作时间不大于 0.1 s 的漏电保护器等Ⅱ类工具。控制箱和电源连接器等必须放在作业场所的外面，在狭窄作业场所应有专人在外监护。

（4）手持电动工具，单相电动工具的控制开关为双极开关，电源线应是护套线，绝缘应保持良好。工具的电源线不得任意接长或拆换。当电源离工具操作点距离较远而电源线长度不够时，应采用耦合器进行连接。

（5）手持电动工具的电源应装设漏电保护装置，使用环境差的场所要根据需要配

备隔离变压器。

（6）在手持式电动工具的使用中，为其提供安全电压的应为专用双线圈的一、二次绕组隔离式安全变压器。变压器的绝缘形式为双重绝缘，一次、二次侧都应安装熔断器保护，铁芯应接地（接零）保护。

（7）手持式电动工具的金属外壳必须做好接地或接零保护。工具电源线中的黄／绿双色线在任何情况下只能用作保护线，严禁通过工作电流。

（8）插头、插座中的保护极在任何情况下只能单独连接保护线。接线时，决不允许在插头、插座内用导线将保护极与中性线连接起来。

（9）电源开关动作灵活、接线无松动。使用前必须做空载试验。

2. 手持式电动工具的管理

（1）必须按国家标准和其他有关安全要求监督、检查手持式电动工具的使用和维修。对工具的使用、保管和维修人员必须进行安全技术教育和培训。对工具引起的触电事故进行调查和分析，提出预防措施，并上报有关部门。按照国家标准和工具产品使用说明书的要求及实际使用条件，制定相应的安全操作规程。

（2）安全操作规程的内容包括：电动工具的允许使用范围；工具的正确使用方法和操作程序；工具使用前应重点检查的项目和部位，以及使用中可能出现的危险和相应的防护措施；工具的存放和保养方法；操作者注意事项等。

对工具的选购要加强管理，必须选购国家有关部门批准，并具有合格资质的厂家生产的合格产品。严禁选购"三无"产品、残次产品和淘汰产品。

手持电动工具的故障检修应由专门的电气人员进行，检修后应做记录。

四、手持电动工具的选用

1. 选用合理的电动工具

（1）在一般场所，为保证使用的安全，应选用Ⅱ类工具，装设漏电保护器、安全隔离变压器等。否则，使用者必须戴绝缘手套，穿绝缘鞋或站在绝缘垫上。

（2）在潮湿的场所或金属构架上等导电性能良好的作业场所应使用Ⅲ类工具。在锅炉、金属容器、管道等狭窄且导电良好的场所必须使用Ⅱ类或Ⅲ类工具。

（3）在特殊环境如湿热、雨雪以及存在爆炸性或腐蚀性气体的场所，使用的工具必须符合相应防护等级的安全技术要求。

2. 电缆和插座开关选用要求

由于手持式电工工具在使用时是移动的，其电源线易受到拖拉、磨损而碰壳或脱落导致设备金属外壳带电，从而导致触电事故。

（1）Ⅰ类电动工具的电源线必须采用三芯（单相工具）或四芯（三相工具），多股铜芯橡皮护套软电缆或护套软线。其中，黄／绿双色线在任何情况下只能作保护接地或接零线。（注：原有以黑色线作为保护接地或接零线的软电缆或软线应按规范进行更换。）

（2）防水线、软电缆或软导线及配套的插头不得任意接长或拆换。用完后，不得手提电源线移动电动工具。

（3）电动工具所用的插头、插座必须符合相应的国家标准。带有接地插脚的插头、插座，在插合时应符合规定的接触顺序，防止误插入。

第七章 电击防护及触电救护

第一节 直接接触防护

为了做好安全用电，必须采用先进的技术措施和管理措施，防止直接接触带电体。绝缘、遮栏、电气间隙、安全距离、漏电保护器、安全电压等，都是防止直接接触电击的防护措施。

一、绝缘

绝缘是采用绝缘物将带电体封闭起来。各种设备和线路都包含有导电部分和绝缘部分。良好的绝缘是保证设备和线路正常运行的必要条件，也是防止触电事故的重要措施。因此设备和线路的绝缘必须与采用的电压相符，并与周围环境和运行条件相适应。否则绝缘材料可能遭到破坏从而失去绝缘隔离作用。

1. 绝缘材料

电工绝缘材料的电阻率一般在 $10^7\ \Omega\text{m}$（$10^9\ \Omega\text{cm}$）以上。瓷、玻璃、云母、橡胶、木材、胶木、塑料、布、纸、矿物油等都是常用的绝缘材料。绝缘材料按其正常运行条件下容许的最高工作温度分为若干级，称为耐热等级。绝缘材料通常分为气体绝缘、液体绝缘和固体绝缘三大类。

绝缘材料的绝缘性能是以绝缘电阻、击穿强度、泄漏电流、介质损耗等指标来衡量的，是通过绝缘试验来判定的。绝缘试验是防止人身触电和保证电气设备正常运行的重要措施之一。

2. 绝缘破坏

击穿现象是指绝缘物在强电场的作用下被破坏，丧失了绝缘性能，这种击穿叫作电击穿（绝缘击穿）。击穿时的电压叫作击穿电压，击穿时的电场强度叫作材料的击穿电场强度或击穿强度。

气体绝缘击穿后都能自行恢复绝缘性能；液体绝缘击穿后局部能恢复绝缘性能；固体绝缘击穿后不能恢复绝缘性能。

固体绝缘还有热击穿和电化学击穿。热击穿是指在外加电压作用下，由于绝缘物流过泄漏电流引起温度过分升高所导致的击穿。电化学击穿是指由于游离、化学反应等因素的综合作用所导致的击穿。热击穿和电化学击穿的电压都比较低，但电压作用时间都比较长。

绝缘物除因击穿被破坏外，腐蚀性气体、蒸汽、潮气、粉尘、机械损伤也都会降低其绝缘性能或导致其破坏。

在正常工作的情况下，绝缘物也会逐渐老化而失去绝缘性能。

3. 绝缘电阻

电介质在直流电压作用下，内部通过稳定的泄漏电流，此时的电压与电流的比值称为绝缘电阻。

绝缘电阻是最基本的绝缘性能指标。足够的绝缘电阻能把电气设备的泄漏电流限制在很小的范围内，防止由漏电引起的触电事故。

不同的线路或设备对绝缘电阻有不同的要求。一般来说，高压比低压要求高，新设备比老设备要求高，移动的比固定的要求高等。下面列出几种主要线路和设备应当达到的绝缘电阻值。

新装和大修后的低压线路和设备，要求绝缘电阻不低于 0.5 MΩ。实际上设备的绝缘电阻值应随温升的变化而变化，运行中的线路和设备，绝缘电阻可降低为每伏工作电压 1000 Ω。在潮湿的环境中，绝缘电阻可降低为每伏工作电压 500 Ω。

携带式电气设备的绝缘电阻应不低于 2 MΩ。

配电盘二次线路的绝缘电阻不应低于 1 MΩ，在潮湿环境中可降低为 0.5 MΩ。

高压线路和设备的绝缘电阻一般不应低于 1000 MΩ。

架空线路每个悬式绝缘子的绝缘电阻不应低于 300 MΩ。

运行中的电缆线路的绝缘电阻可参考表 7-1 的要求。表中，干燥季节应取较大的数值，潮湿季节可取较小的数值。

表 7-1　电缆线路的绝缘电阻

额定电压 /kV	3	6~10	25~35
绝缘电阻 /MΩ	300~750	400~1000	600~1500

电力变压器投入运行前，绝缘电阻不应低于出厂时的 70%，运行中可适当降低。

对于电力变压器、电力电容器、交流电动机等高压设备，除要求测量其绝缘电阻外，为了判断绝缘的受潮情况，还要求测量吸收比 R_{60s}/R_{15s}。吸收比是从开始测量起 $60\,s$ 的绝缘电阻 R_{60s} 与 $15\,s$ 的绝缘电阻 R_{15s} 的比值。绝缘受潮以后，绝缘电阻降低，而且极化过程加快，由极化过程决定的吸收电流衰减变快，亦即测量得到的绝缘电阻上升变快，因此，绝缘受潮以后，R_{15s} 比较接近 R_{60s}。而对于干燥的材料，R_{60s} 比 R_{15s} 大得多。一般没有受潮的绝缘，吸收比应大于 1.3。受潮或有局部缺陷的绝缘，吸收比接近于 1。

二、屏护（遮栏）

在供电、用电、维修工作中，由于配电线路和电气设备的带电部分不便包以绝缘或全部绝缘有困难，不足以保证安全，则采用遮栏、护罩、箱闸等屏护措施，以防止人体触及或接近带电体而发生事故。这种把带电体同外界隔绝开来的措施称为屏护。

（1）屏护装置在实际工作中应用很广泛。对高压设备，人体接近至一定距离时，可能会发生严重的触电事故。因此，不论高压设备是否绝缘，均应采取屏护措施。

（2）屏护装置有永久性屏护装置，如配电装置的遮栏、开关的罩盖等；有临时性屏护装置，如检修工作中使用的临时遮栏和临时设备的屏护装置；有固定屏护装置，如电线的护网；也有移动屏护装置，如跟随天车移动的天车滑触线的屏护装置，屏护装置不能与带电体接触。

遮栏是用来防护工作人员意外碰触或过分接近带电部分而造成人身事故的一种一般性防护安全用具装置。对用电设备的电气部分，按电器设备的具体情况，常备有配电箱、控制柜或装于设备壁龛内作为屏护装置。遮栏装置应采用绝缘材料制成。屏护装置的尺寸及与带电体的最小间距要求详见表 7-2。

表 7-2　屏护装置尺寸及与带电体最小间距

项目		遮栏	栅栏
尺寸	高度 /m	1.7	1.5
	下缘距地距离 /m	0.1	0.1
与高压带电体间距 /m	10 kV	0.35	0.35
	20~35 kV	0.6	0.6
与低压带电体间距 /m		0.15	0.15

注：① 栅栏条间距不应超过 0.2 m。② 室内栅栏高度不可小于 1.2 m。

（3）屏护装置所用材料应当有足够的强度和良好的耐热性能。凡用金属材料制成的屏护装置，为了避免发生意外带电造成的触电事故，必须将屏护装置接地。

为了更好地发挥屏护装置的安全作用，屏护装置应与以下安全措施配合使用：

（1）屏护的带电部分应涂上规定的颜色，并有明显标志，标明规定的符号。

（2）遮栏、栅栏等屏护装置上，应根据被屏护的对象挂上"高压，生命危险""止步，高压危险""切勿攀登，高压危险"等警告标示牌。

（3）配合采用信号装置和连锁装置。前者一般是用灯光或仪表指示有电；后者采用专门装置，当人体越过屏护装置可能接近带电体时，被屏护的装置自动断电。

① 屏护装置有永久性屏护装置，如配电装置的遮栏、开关的罩盖等，也有临时性屏护装置，如检修工作中使用的临时屏护装置和临时设备的屏护装置。有固定屏护装置，如母线的护网，也有移动屏护装置，如跟随天车移动的天车滑触线的屏护装置。

② 屏护装置不直接与带电体接触，对所用材料的电气性能没有严格要求。屏护装置所用材料应有足够的机械强度和良好的耐火性能。凡用金属材料制成的屏护装置，为了防止屏护装置意外带电造成触电事故，必须将屏护装置接地或接零。

③ 在实际工作中，可根据具体情况，采用板状屏护装置或网眼屏护装置，网眼屏护装置的网眼不应大于 20 mm × 20 mm ~ 40 mm × 40 mm。

④ 配电室通道上方的裸带电体距地面的高度不应低于 2.5 m；当低于 2.5 m 时，应设置不低于现行国家标准的遮栏或外护物，底部距地面的高度不应低于 2.2 m。

⑤ 变配电设备应有完善的屏护装置。安装在室外地上的变压器及车间或公共场所的变配电装置，均须装设遮栏或栅栏作为屏护。遮栏高度不应低于 1.7 m，下部边缘离地不应超过 0.1 m。对于低压设备，网眼遮栏与裸导体距离不宜小于 0.15 m，10 kV 设备不宜小于 0.35 m，20~35 kV 设备不宜小于 0.6 m。

⑥ 户内栅栏高度不应低于 1.2 m，户外不低于 1.5 m。对于低压设备，栅栏与裸导体距离不宜小于 0.8 m，栏条间距离不应超过 0.2 m。

⑦ 户外变电装置围墙高度一般不应低于 2.5 m。

三、间距

为了防止人体、车辆、工具、器具触及或接近带电体造成事故，防止过电压放电和防止各种短路事故，以及为了操作方便，在带电体与地面之间、带电体与其他设备之间、带电体与带电体之间均应保持一定的安全距离。这种安全距离简称间距。间距的大小取决于电压的高低、设备的类型、安装的方式等因素。

架空线路的安全距离见表 7-3。

表 7-3　导线与地面的最小垂直距离　　　　　　单位：m

线路经过地区	线路电压	
	6~10 kV	< 1 kV
居民区	6.5	6
非居民区	5.5	5
交通困难地区	4.5	4

架空线路导线与地面或水面的距离不应低于表 7-4 所列的数值。

表 7-4　导线与地面或水面的最小距离　　　　　　单位：m

线路经过地区	线路电压		
	1 kV 以下	10 kV	35 kV
居民区	6	6.5	7
非居民区	5	5.5	6
交通困难地区	4	4.5	5
不能通航或浮运的河、湖冬季水面（或冰面）	5	5	5.5
不能通航或浮运的河、湖最高水面（50 年一遇的洪水水面）	3	3	3

架空线路应避免跨越建筑物。架空线路不应跨越燃烧材料作屋顶的建筑物。架空线路必须跨越建筑物时，应与有关部门协商并取得有关部门的同意。架空线路与建筑物的距离不应低于表 7-5 所列的数值。

表 7-5　导线与建筑物的最小距离　　　　　　单位：m

线路电压	1 kV 以下	10 kV	35 kV
垂直距离	2.5	3.0	4.0
水平距离	1.0	1.5	3.0

架空线路导线与街道或厂区树木的距离不应低于表 7-6 所列的数值。

表 7-6　导线与树木的最小距离　　　　　　单位：m

线路电压	1 kV 以下	10 kV	35 kV
垂直距离	1.0	1.5	3.0
水平距离	1.0	2.0	—

架空线路应与有爆炸危险的厂房和有火灾危险的厂房保持必要的防火间距。

架空线路与铁道、道路、管道、索道及其他架空线路之间的距离应符合有关规程的规定。

以上各项距离均需考虑到当地温度、覆冰、风力等气象条件的影响。

几种线路同杆架设时应取得有关部门同意，而且必须保证：

（1）电力线路在通信线路上方，高压线路在低压线路上方。

（2）通信线路与低压线路之间的距离不得小于 1.5 m；低压线路之间不得小于 0.6 m；低压线路与 10 kV 高压线路之间不得小于 1.2 m；10 kV 高压线路与 10 kV 高压线路之间不得小于 0.8 m；10 kV 接户线对地距离不应小于 4.0 m；低压接户线对地距离不应小于 2.5 m；低压接户线跨越通车街道时，对地距离不应小于 6 m；跨越通车困难的街道或人行道时，不应小于 3.5 m。

户内电气线路的各项间距应符合有关规程的要求和安装标准。

直接埋地的电缆，埋设深度不应小于 0.7 m。

落地式配电箱的底部应抬高，高出地面的高度室内不应低于 50 mm，室外不应低于 200 mm，其底座周围应采取封闭措施，并应能防止鼠、蛇类等小动物进入箱内。

高压配电装置与低压配电装置应分室装设。如在同一室单列排列时，高压开关柜与低压开关柜之间的距离应不小于 2 m。成排布置的配电屏，其长度超过 6 m 时，屏后的通道应设 2 个出口，并宜布置在通道的两端，当两出口之间的距离超过 15 m 时，应增加出口。

常用开关安装高度应离地面 1.3~1.5 m。明装插座应离地面 1.3~1.5 m。暗装插座应离地面 0.15~0.3 m。

为防止人体过分接近带电体，必须保证安全的检修间距。低压操作中人体或其所携带工具与带电体之间的距离应不小于 0.1 m。在高压操作中，无遮拦作业人体或其所携带工具与带电体之间的距离应不小于 0.7 m。

四、漏电保护器

漏电保护器是漏电电流动作保护器的简称，新标准称之为剩余电流保护器（英文简写 RCD）。它是在规定条件下，当漏电电流达到或超过给定值时能自动断开电路的开关电器或组合电器。

由于漏电保护器动作灵敏，切断电源时间短，因此只要能合理选用和正确安装、使用漏电保护器，对于保护人身安全、防止设备损坏和预防火灾产生会有明显的作用。

装设剩余电流保护器（漏电保护器）是一种很有效的触电防护措施，但不能单独作为直接接触触电的防护手段。

漏电保护器主要用于低压（1000 V 以下的低压系统），对有致命危险的人身触电提供间接接触保护，防止电气设备或线路因绝缘损坏发生接地故障，从而由接地电流引起的火灾事故。漏电动作电流不超过 30 mA 的漏电保护器在其他保护措施失效时，也可作为直接接触的补充保护，但不能作为唯一的直接接触保护。

图 7-1 漏电保护器的外形结构

现在生产的漏电保护器为电流动作型。在电气设备正常运行时，各相线路上的电流相量和为零。当设备或线路发生接地故障或人触及外壳带电设备时，即由高灵敏零序电流互感器检出漏电电流，将漏电电流与基准值相比较，当超过基准值时，漏电保护器动作，切断电源，从而起到了漏电保护作用。漏电保护器的外形结构见图 7-1。

1. 漏电保护器的分类

漏电保护器按保护功能和结构特征，大体上可分为四类。

（1）漏电（保护）开关：漏电（保护）开关是由零序电流互感器、漏电脱扣器和主开关组装在绝缘外壳中的，具有漏电保护以及手动通断电路的功能，它一般不具有过负载和短路保护功能，此类开关主要应用于住宅。

（2）漏电断路器：漏电断路器是在断路器的基础上加装漏电保护部件而构成，因此在保护上具有漏电、过负载及短路保护的功能。某些漏电断路器就是在断路器外拼装漏电保护附件而组成。

（3）漏电继电器：漏电继电器由零序电流互感器和继电器组成。它只具备检测和判断功能。

（4）漏电保护插座：漏电保护插座是由漏电开关或漏电断路器与插座组合而成，使插座回路连接的设备，具有漏电保护功能。

2. 漏电保护方式

漏电保护器（RCD）的保护方式通常有下列四种：

（1）全网总保护。全网总保护是指在低压电路电源处装设保护器。总保护有下面三种方式：

① 保护器安装在电源中性点接地线上；

② 保护器安装在总电源线上；

③ 保护器安装在各条引出干线上。

通常，对供电范围较大或有重要用户的低压电网，采用保护器安装在各条引出干线上的总保护方式。

（2）末级保护，对于移动式电力设备、临时用电设备和用电的家庭，应安装末级保护。

（3）较大低压电网的多级保护。随着用电量的不断增长，较大低压电网仅采用总保护或末级保护方式，已不能满足对低压电网供电可靠性和安全用电的需要，因此，较大电网实行多级保护是电气化事业发展的必然要求，图 7-2 所示为三级保护方式的配置图。

图 7-2　三级保护方式配置图

上述三种保护方式，漏电保护器动作后均自动切断供电电源。

（4）对于保护器动作切断电源会造成事故或重大经济损失的用户，其低压电网的漏电保护可由用户申请，经供电企业批准而采取漏电报警方式。此类单位应有固定的值班人员，及时处理报警故障；并应加强绝缘监测，减少接地故障。

3. 漏电保护器的作用

（1）漏电保护器可以用于防止由漏电引起的单相电击事故。

（2）漏电保护器可以用于防止因漏电引起的火灾和设备的烧毁事故。

（3）漏电保护器可以用于检测和切断各种一相接地故障。

（4）有的漏电保护器可以用于过载、过压、欠压、缺相保护。

（5）漏电保护继电器是指具有对漏电流检测和判断的功能，而不具有切断和接通主回路功能的漏电保护器。

4. 漏电保护器的选用、安装使用及运行维护

（1）漏电保护器的选用

用于直接接触触电事故防护时，应选择用一般剩余电流保护器，其额定剩余动作电流不超过 30 mA。

① 漏电保护器设置的场所有：手握式及移动式用电设备；建筑施工工地的用电

设备；用于环境特别恶劣或潮湿场所（如锅炉房、食堂、地下室及浴室）的电气设备；住宅建筑每户的进线开关或插座专用回路；由 TT 系统供电的用电设备；与人体直接接触的医用电气设备（但急救和手术用电设备等除外）。

② 漏电保护器的动作电流数值选择：手握式用电设备为 15 mA；环境恶劣或潮湿场所用电设备为 6~10 mA；医疗电气设备为 6 mA；建筑施工工地的用电设备为 15~30 mA；家用电器回路为 30 mA；成套开关柜、分配电盘等为 100 mA 以上；防止电气火灾为 300 mA。

③ 根据安装地点的实际情况，可选用的类型有：

A. 漏电开关（漏电断路器），将零序电流互感器、漏电脱扣器和低压断路器组装在一个绝缘外壳中，发生故障时可直接切断供电电源。因此末级保护方式中，多采用漏电开关。

B. 漏电继电器，可与交流接触器、断路器构成漏电保护装置，主要用作总保护。

C. 漏电插座，把漏电开关和插座组合在一起的漏电保护装置，特别适用于移动设备和家用电器。

④ 根据使用目的由被保护回路的泄漏电流等因素确定。一般 RCD 的功能是提供间接接触保护。若作直接接触保护，则要求 $I_{\triangle N} \leqslant 30$ mA，且其动作时间 $t \leqslant 0.1$ s，因此根据使用目的的不同，在选择 RCD 动作特性时要有所区别。

此外，在选用时，还必须考虑到被保护回路正常的泄漏电流，如果 RCD 的 $I_{\triangle N}$ 小于正常的泄漏电流，或者正常泄漏电流大于 $50\% I_{\triangle N}$，则供电回路将无法正常进行，即使能投入运行也会因误动作而破坏供电的可靠性。

（2）漏电保护器的安装使用

① 安装前必须检查漏电保护器的额定电压、额定电流、短路通断能力、漏电动作电流、漏电不动作电流以及漏电动作时间等是否符合要求。

② 漏电保护器安装接线时，要根据配电系统保护接地类型，按图 7-3 漏电保护器使用接线方法示意进行接线。接线时需分清相线和零线（中性线）。安装中性线时，应严格区分中性线和保护线。

③ 对带短路保护的漏电保护器，在分断短路电流时，位于电源侧的排气孔往往有电弧喷出，故应在安装时保证电弧喷出方向有足够的飞弧距离。

④ 漏电保护器的安装应尽量远离其他铁磁体和电流很大的载流导体。

⑤ 对施工现场开关箱里使用的漏电保护器须采用防溅型。

⑥ 漏电保护器后面的工作零线不能重复接地。

⑦ 采用分级漏电保护系统和分支线漏电保护的线路，每一分支线路必须有自己的工作零线；上下级漏电保护器的额定漏电动作电流与漏电时间均应做到相互配合，额

系统		接线
三相 220/380V 接零保护系统	专用变压器供电 TN—S 系统	
	三相四线制供电局部 TN—S 系统	

注：1：工作接地；2：重复接地；RCD：漏电保护器；L₁、L₂、L₃：相线；N：工作零线；PE：保护零线、保护线；H：照明装置；W：电焊机；M：电动机

图7-3 漏电保护器使用接线方法示意

定漏电动作的电流级差通常为 1.2~2.5 倍，时间级差为 0.1~0.2 s。

⑧ 工作零线不能就近接线，单相负荷不能在漏电保护器两端跨接。

⑨ 照明以及其他单相用电负荷要均匀分布到三相电源线上，偏差大时要及时调整，力求使各相漏电电流大致相等。

⑩ 漏电保护器安装后应进行试验，用试验按钮试验 3 次，均应正确动作；带负荷分合交流接触器或开关 3 次，不应误动作；每相分别用 3 kΩ 的试验电阻接地试跳，应可靠动作。

（3）漏电保护器的运行维护

由于漏电保护器是涉及人身安全的重要电气产品，因此在日常工作中要按照国家有关漏电保护器运行的规定，做好运行维护工作，发现问题要及时处理。

① 漏电保护器投入运行后，应每年对保护系统进行一次普查，普查重点项目有：测试漏电动作电流值是否符合规定；测量电网和设备的绝缘电阻；测量中性点漏电电流，消除电网中的各种漏电隐患；检查变压器和电机接地装置有无松动和接触不良。

② 电工每月至少用试跳器对漏电保护器试验一次。每当雷击或其他原因使保护动作后，应做一次试验。雷雨季节需增加试验次数。停用的保护器使用前应试验一次。

③ 保护器动作后，若经检查未发现事故点，允许试送电一次。如果再次动作，应查明原因，找出故障，不得连续强迫送电。

④ 安装漏电保护器不得拆除或放弃原有的安全防护措施，漏电保护只能作为电气

安全防护系统中的附加保护措施。装了漏电开关后，设备的金属外壳按规定仍需要进行保护接地或保护接零。

⑤ 漏电保护器发生故障后要及时更换，并由专业人员修理。严禁私自撤除漏电保护器或强迫送电。

⑥ 漏电保护器若在保护范围内发生人身触电伤亡事故，应检查漏电保护器动作情况，分析未能起到保护作用的原因，在未调查前要保护好现场，不得改动漏电保护器。

五、安全电压

把可能加在人身上的电压限制在某一特定的范围之内，使得在这种电压下，通过人体的电流不超过允许的范围，这一电压就叫作安全电压，也叫作安全特低电压。应当指出，任何情况下都不要把安全电压理解为绝对没有危险的电压。具有安全电压的设备属于Ⅲ类设备。

1. 安全电压限值

限值为任何运行情况下，任何两导体间不可能出现的最高电压值。我国标准规定工频电压有效值的限值为 50 V、直流电压的限值为 120 V。

一般情况下，人体允许电流可按摆脱电流考虑；在装有防止电击的速断保护装置的场合，人体允许电流可按 30 mA 考虑。我国规定工频电压 50 V 的限值是根据人体允许电流 30 mA 和人体电阻 1700 Ω 的条件确定的，我国标准还推荐：当接触面积大于 1 cm^2、接触时间超过 1 s 时，干燥环境中工频电压有效值的限值为 33 V、直流电压限值为 70 V；潮湿环境中工频电压有效值的限值为 16 V、直流电压限值为 35 V。

2. 额定值

我国规定工频有效值的额定值有 42 V、36 V、24 V、12 V 和 6 V。特别危险环境中使用的手持电动工具应采用 42 V 安全电压；有电击危险环境中使用的手持照明灯和局部照明灯应采用 36 V 或 24 V 安全电压；金属容器内、特别潮湿处等特别危险环境中使用的手持照明灯应采用 12 V 安全电压；水下作业等场所应采用 6 V 安全电压。当电气设备采用 24 V 以上安全电压时，必须采取直接接触电击的防护措施。

3. 安全电压电源

通常采用安全隔离变压器作为安全电压的电源。除隔离变压器（见图 7-4）外，具有同等隔离能力的发电机、蓄电池、电子装置等均可做成安全电压电源。

图 7-4　安全隔离变压器

（1）电源侧应有短路保护，其熔丝的额定电流不应大于变压器的额定电流。

（2）安全电压的电源通常采用双线圈安全隔离变压器，一次侧、二次侧都必须装熔断器进行保护，外壳、铁芯均应接地或接零。严禁使用自耦变压器。

（3）插座：安全电压插销座不应带有接零（地）插头或插孔，不得与其他电压的插销座插错。

（4）电器隔离

① 安全隔离变压器必须具有加强绝缘的结构。

② 安全隔离变压器必须具有耐热、防潮、防水及抗震结构；不得用赛璐珞等易燃材料作结构材料；手柄、操作杆、按钮等不应带电。

③ 除另有规定外，输出绕组不应与壳体相连；输入绕组不应与输出绕组相连；绕组结构能防止出现上述连接的可能性。

④ 电源开关应用两极开关。

⑤ 二次侧都必须保持独立。

⑥ 必须限制二次侧线路过长等。

第二节　间接接触电击防护

电气设备裸露的导电部分接保护导体（保护接地、保护接零等）、漏电保护器、安全电压都是防止间接接触电击的安全措施。保护接地、保护接零是防止间接接触电击的基本措施。掌握保护接地、保护接零的原理、应用和安全条件十分重要。

一、IT 系统

IT 系统就是电源系统的带电部分不接地或通过阻抗接地，电气设备的外露导电部分接地的系统。第一个大写英文"I"表示配电网不接地或经高阻抗接地，第二个大写英文"T"表示电气设备金属外壳接地。显然，IT 系统就是保护接地系统。见图 7-5。

图 7-5　IT 系统

即使在低压不接地的电网中，也必须采取防止间接接触电击的措施。这种情况下最常用的措施是保护接地，把在故障情况下可能出现危险的对地电压导电部分同大地紧密地连接起来的接地。

保护接地的作用是当设备的金属外壳意外带电时将其对地电压限制在规定的范围内，消除或减小电击的危险。保护接地还能等化导体间的电位，防止导体间产生危险的电位差；保护接地还能消除感应电压的危险。

在 IT 系统中安装的绝缘监测电器，应能连续监测电气装置的绝缘。绝缘监测电器只有使用钥匙或工具才能改变其整定值。

（1）限制电气设备的保护接地电阻不超过 4 Ω，即能将其故障时的对地电压限制在安全范围以内；低压配电网容量在 100 kVA 以下，由于配电网分布范围很小，单相故障接地电流更小，限制电气设备的保护接地电阻不超过 10 Ω 亦可满足安全要求。

（2）在高阻抗地区接地，采用外引接地法、接地体延长法、深埋法、换土法、土壤化学处理以及网络接地法可以降低接地电阻。

（3）不接地配电网系统应设置绝缘监测器，能发出声、光双重信号绝缘监视装置。应能连续监测电气装置的绝缘。

（4）IT 系统的外露可导电部分可采用共同的接地极接地，亦可个别或成组地采用单独的接地极接地。IT 系统不宜配出中性导体。

（5）一般 10 kV 电网采用中性点不接地的运行方式。

（6）在中性点经消弧线圈接地系统中，如果消弧线圈选择恰当，可使接地点的电流小于生弧电流而不会产生断续的电流和过电压的现象。采取在中性点经消弧线圈接地的方式，其目的是减小接地电流。

（7）中性点不接地的电力系统中，用电设备的绝缘水平应按线电压考虑。

（8）在中性点不接地的电力系统中，当发生单相接地故障时，若流入大地的电流过大，就会在接地故障点出现断续电弧，从而引起过电压。

（9）中性点不接地的电力系统中，发生单相接地故障时，可继续运行 2 小时。

二、TT 系统

TT 系统是电源系统有一点直接接地、设备外露导电部分的接地与电源系统的接地电气上无关的系统。

TT 系统前后两个字母"T"分别表示配电网中性点和电气设备金属外壳接地。典型的 TT 系统见图 7-6。

图 7-6　TT 系统

在这种系统中，电力系统直接接地，用电设备的外露可导电采用各自的 PE 线接地的三相四线制低压供电系统。由于各自的 PE 线互不相关，因此电磁适应性较好，但是该系统的故障电流取决于电力系统的接地电阻和 PE 的电阻，而故障电流往往很小，不足以使数千瓦的用电设备的保护装置断开电源。为了保护人身安全，必须采用漏电保护器配合作为线路和用电设备的保护装置，否则只适用于小负荷的系统。

在 TT 系统中，配电线路内有同一间接接触防护电器保护的外露可导电部分，应用保护导体连接至共用或各自的接地极上。TT 系统是配电网中性点直接接地，用电设备的金属外壳也采取接地措施的系统。

三、TN 系统的接地形式

TN 系统是电源系统有一点（通常是中性点）接地、负载的外露可导电部分（如金属的外壳等）通过保护线连接到此接地点的低压配电系统。依据中性线 N 和 PE 线不同组合的方式可分为 TN—C 系统、TN—S 系统、TN—C—S 系统。见图 7-7。

（a）TN—C系统

（b）TN—S系统

（c）TN—C—S系统

图7-7　TN系统接线图

1. 用字母表示

① T 表示独立于电力系统可接地点而直接接地。

② N 表示与电力系统可接地点直接进行电气连接。

③ C 表示中性导体和保护导体结构上是合一的。

④ S 表示中性导体和保护导体结构上是分开的。

2. 中性点和中性线

发电机、变压器、电动机三相绕组连接的公共点称为中性点。如果三相绕组平衡，由中性点到各相外部接线端子间的电压绝对值必然相等，如中性点接地的则该点又称作零点。从中性点引出的导线称中性线（从零点引出的导线称零线）。

① 符号 N 表示中性点、中性线、工作零线。

② 符号 PEN 表示保护中性线、具有中性线和保护线两种功能的接地线。

③ 符号 PE 表示保护线。

3. TN—C 系统

TN—C 系统表示中性导体和保护导体结构上是合一的，也就是工作零线和保护零线完全合一的系统，又称三相四线制。用于无爆炸危险和安全条件较好的场所。

在 TN—C 系统中，中性线（N）和保护线（PE 线）上严禁装设熔断器和单相闸刀。严禁断开 PEN 线，不得装设将 PEN 线断开的任何电器，当需要在 PEN 线上装设电器时，只能断开相应的相线回路。

4. TN—S 系统

TN—S 系统表示中性导体和保护导体结构上是分开的，也就是工作零线和保护零线完全分开的系统，又称三相五线制。用于爆炸危险较大或安全条件要求较高的场所。

TN—S 系统中，N 线上不宜装设将 N 线断开的电器，当需要断开 N 线时，应装设相线和 N 线一起切断的保护电器。

5. TN—C—S 系统

TN—C—S 系统表示中性导体和保护导体结构上是前部分共用、后部分分开的，也就是工作零线和保护零线前部分共用、后部分分开的系统。前部分三相四线制，后部分三相五线制。用于厂区有变配电所、低电压进线的车间以及民用楼房及写字楼。严禁分开后再合并。

在有爆炸危险的场所，应采用三相五线制和单相三线制线路，即采用保护零线与工作零线分开的 TN—S 系统，工作零线上不应有短路保护。

6. 工作接地

工作接地是指变压器和发电机呈电中性。目前，我国地面上低压配电网绝大多数都采用中性点直接接地的三相四线配电网。在这种配电网中，TN 系统是应用最多的配电及防护方式。在 TN—C 和 TN—C—S 系统中，为了电路或设备达到运行要求的接地，如变压器的中性点接地，称为工作接地或配电系统接地。

工作接地与变压器外壳接地、避雷器接地是共用的，又称三位一体接地。工作接地电阻应小于等于 4 Ω，高阻抗地区可放宽到 10 Ω。

7. 中性点直接接地

电力系统中，以单相接地短路故障最多，约占全部故障的 90%。

四、接地与接零

1. 保护接地

保护接地的作用是当设备金属外壳意外带电时将其对地电压限制在规定的范围内，消除或减小电击的危险。将所有的电气设备不带电的部分，如金属外壳、金属构架和操作机构及互感器铁芯、外壳、二次绕组的负极，妥善而紧密地进行接地称为保护接地。

（1）保护应当接地的具体部位有：

① 电动机、变压器、开关设备、照明器具、移动电气设备的金属外壳。

② 配电装置金属构架、操作机构、金属遮拦、金属门、配电的金属管、电气设备的金属传动装置。

③ OI、I 类的电动工具或民用电器的金属外壳。

④ 电缆的金属外皮、接线盒及金属支架。

⑤ 架空线路的金属杆塔。

⑥ 电压互感器和电流互感器铁芯、外壳、二次线圈（不带电的）的负极。

2. 工作接地

为保证系统的稳定性及电气设备能可靠地运行，将电力系统中的变压器低压侧中性点接地，称为工作接地。工作接地电阻小于等于 4 Ω。高阻抗地区可放宽到 10 Ω。

3. 保护接零

（1）将变压器和发电机直接接地的中性线连接起来的导线称为零线。

（2）在中性点直接接地的 380/220 V 三相四线制电力网中，将电动机等电气设备的金属外壳与零线用导线连接起来，称为保护接零。

（3）保护接零的作用是，当单相短路时，使电路中的保护装置（如熔断器、漏电保护器等）迅速动作，将电源切断，确保人身安全。

（4）对零线主要有下列要求：

① 零线截面的要求：保护接零所用的导线，其截面不应小于相线截面的 1/2。

② 零线的连接要求：零线（或零线的连接线）的连接应牢固可靠，接触良好。

③ 采用裸导线作为零线时，应涂以棕色漆作为色标。

④ 各设备的保护零线不允许串联。

⑤ 在有腐蚀性物质的环境中，为防止零线腐蚀，在零线表面上应涂以防腐材料。

4. 接地装置

接地体和接地线总称为接地装置。

（1）接地体

为了其他用途而装设的并与大地可靠接触的金属桩（柱）、钢筋混凝土基础和金属管道等，用来作为接地体，称为自然接地体；为了接地需要而专门装设的金属体，称为人工接地体。

（2）人工接地线

为接地需要专门安装的金属导线，称为人工接地线。接地线又可分为接地干线和接地支线。接地线的地上部分应用螺栓连接。

第三节　触电的危害与救护

电气事故对人体的伤害即触电事故是各类电气事故中最常见的事故。本节主要介绍电流对人体的伤害、触电事故的类型和方式、触电事故的规律、触电急救等基本内容。

一、电流对人体的伤害

1. 热伤害

电烧伤是电流的热效应造成的伤害，分为电流灼伤和电弧烧伤。

（1）电流灼伤是人体与带电体接触，电流通过人体由电能转换成热能造成的伤害。电流灼伤一般发生在低压设备或低压线路上。

（2）电弧烧伤是由弧光放电造成的伤害，分为直接电弧烧伤和间接电弧烧伤。前者是带电体与人体之间发生电弧，有电流流过人体的烧伤；后者是电弧发生在人体附近对人体的烧伤，包含熔化了的炽热金属溅出造成的烫伤。直接电弧烧伤是与电击同时发生的。

2. 化学伤害

电流作用于人体后，改变了人体组织内部的电解质的成分和浓度，可使人体机能失常。

3. 生理性伤害

当流过人体的电流在 10~30 mA 时，就可能有强烈的颤抖、痉挛、呼吸困难、心跳不规律等症状，如果时间加长，可能引起昏迷，血压升高甚至出现心室纤维性颤动导致死亡。

二、人体电阻

（1）触电的危险是电流通过人体造成对人体内部组织的伤害（如心脏不断颤动），还有电流的热效应、化学效应、机械效应等对人造成的伤害。

（2）触电事故是由电流形式的能量造成的事故，其构成方式和伤害方式有很多不同之处。

（3）总体上可划分为两类触电事故、三种触电方式。

（4）人体阻抗及测定：人体阻抗与皮肤清洁、干燥、完整、接触面积大小、紧密程度、电压高低有关。

我国规定工频电压 50 V 的限值是根据人体允许电流 30 mA 和人体电阻 1700 Ω 的条件确定的。一般情况下人体电阻可按 1000~2000 Ω 考虑。

三、影响触电危害程度的因素

1. 通过人体的电流大小与伤害程度的关系

触电时，电流通过人体是造成伤害的直接因素。

（1）感知电流：这是引起有触电感觉的最小电流。当然它对于不同年龄、不同性别、不同健康状况的人可能有较大的差别。对于健康的成年人而言，感知电流的平均值男性为 1.1 mA，女性为 0.7 mA。

（2）摆脱电流：这是触电后可自主地摆脱电源的最大电流，当然它对于不同年龄、不同性别、不同健康状况的人可能有较大的差别。就以健康的成年人为例，摆脱电流的平均值男性为 16 mA，女性为 10.5 mA。当流过人体的电流男性为 9 mA，女性为 6 mA 时 99.5% 的人都有摆脱能力。可以认为摆脱电流为 10 mA。

（3）室颤电流：即引起心脏不断颤动的最小电流 50 mA。当出现这种情况时就可能有生命危险。但这一电流的大小与通过人体触电的持续时间有很大的关系。电流通过人体持续的时间与伤害程度的关系是持续时间越长伤害越严重。

（4）人体允许电流：一般情况下人体允许电流男性为 9 mA，女性为 6 mA。在系统和设备装有防触电的速断保护装置的情况下，人体允许电流可按 30 mA 考虑，当电流超过 30 mA 时就会有生命危险。

2. 触电的危险程度与下列情况有关

（1）电流的大小：触电的危险程度除电流频率、通过人体的部位以及人的健康状况外，完全取决于通过人体的电流大小。电流越大伤害越严重。

（2）触电的持续时间：电流作用的时间越长，伤害越严重。

（3）电流的途径：电流通过人体对人体造成的危害程度与通过人体的途径有密切的关系。从左手到胸及左手到右脚伤害最严重。

电流流过人体的路径，从左脚至右脚的电流路径危险性小，但人体可能因痉挛而摔倒，导致电流通过全身或发生二次事故而产生严重后果。

（4）电流的种类：直流电流、高频电流、冲击电流对人体都有伤害，其伤害程度一般较工频电流轻，25~300 Hz 的交流电流对人体伤害最严重。

（5）人体的健康状况：人体的健康状况如有心脏病、呼吸道和神经系统疾病的人以及酗酒、疲劳过度的人，遭受电击时的危险性比正常人严重。

四、触电事故的种类和方式

人体触电的方式有直接接触触电和间接接触触电。

1. 触电事故的种类

（1）电击

电击是电流对人体内部组织的伤害，是最危险的一种伤害，绝大多数（大约 85% 以上）的触电死亡事故都是由电击造成的。

电击的主要特征有：伤害人体内部器官、呼吸功能、神经中枢和心脏，造成心脏不断颤动导致心跳停止。在人体的外表没有显著的痕迹。致命电流较小。

（2）电伤

电伤是由电流的热效应、化学效应、机械效应等对人造成的伤害。电流触电伤亡事故中，纯电伤性质的及带有电伤性质的约占75%（电烧伤约占40%）。尽管大约85%以上的触电死亡事故是电击造成的，但其中大约70%含有电伤成分。对专业电工自身的安全而言，预防电伤具有更加重要的意义。

电弧温度高达8000℃以上，可造成大面积、大深度的烧伤，甚至烧焦、烧掉四肢及其他部位。大电流通过人体，也可能烘干、烧焦机体组织。高压电弧的烧伤较低压电弧严重，直流电弧的烧伤较工频交流电弧严重。

发生直接电弧烧伤时，电流进、出口烧伤最为严重，人体内也会受到烧伤。与电击不同的是，电弧烧伤都会在人体表面留下明显痕迹，而且致命电流较大。电弧中的紫外线还能引起电光性眼炎。

2. 触电方式

（1）单相触电

当人体直接碰触带电设备其中的一相时，电流通过人体流入大地，这种触电现象称为单相触电。对于高压带电体，人体虽未直接接触，但由于超过了安全距离，高电压对人体放电，造成单相接地而引起的触电，也属于单相触电。

$$I_R = U_相 / （R_R + R_0）$$

R_0比较小可以不计，因此$I_R = U_相 / R_R$

（2）两相触电

指人体两个不同部位同时触碰到同一电源的两相带电体，电流经人体从一相流入另一相的触电方式，两相电压引起的人体触电，称为两相电压触电。两相触电比单相触电更危险。

（3）跨步电压触电

当电气设备发生接地故障，接地电流通过接地体向大地流散，在地面上形成电位分布时，若人在接地短路点周围行走，其两脚之间的电位差就是跨步电压。由跨步电压引起的人体触电，称为跨步电压触电。

下列情况和部位可能发生跨步电压电击：

带电导体特别是高压导体故障接地处；带电装置流过故障电流时；防雷装置遭雷击时；高大建筑、设备或树木遭雷击时。

绝缘鞋可作为防护跨步电压的基本安全用具。为防止跨步电压触电，进入故障点区域时人员应穿绝缘鞋。跨步电压是人体遭受电击的一种，其规律是离故障接地点越近跨步电压就越高，危险性就越大。为防止跨步电压伤人，防直击雷接地装置距建筑物出入口和人行道边的距离不应小于3 m，距电气设备装置要求在5 m以上。

安全规程规定人们在户外不要走近断线点 8 m 以内的地段，在户内不要走近断线点 4 m 以内的地段，否则会发生跨步电压触电事故。

（4）其他触电方式

① 雷击。遭受直接雷或感应雷电击。

② 接触电压触电。指电气设备因绝缘老化而使外壳带电，人在接触电气设备外壳时，电流经人体流入大地的触电。

③ 感应电压触电。以下几种情况可能引起较高的感应电压，作业时应特别注意。

A. 在高电压等级线路上方的孤立导体。

B. 在强磁场中的孤立导体。

④ 剩余电荷触电。为防止剩余电荷触电，作业时应特别注意，在对下列设备进行检修或测试前先要进行放电，确保安全。比如电力电容器、电力电缆、容量较大的电动机、发电机、变压器。特别对刚退出运行的电容器组，要在原有的自动放电装置上，经过不少于 3 min 的自动放电，然后补充人工放电，以使残余电荷放掉。

五、触电事故的原因和规律

1. 造成触电事故的原因

（1）违反安全操作规程或安全技术规程，在低压系统中发生的触电情况有：接线错误；设备有缺陷或故障并且维修管理不善；停电后不经过验电进行操作；不按规章要求穿戴防护用品；不按规程要求敷设线路（包括临时线）。

（2）缺乏电气安全知识或常识而发生触电事故，低压系统中发生触电的原因有：缺乏电气安全知识；接临时接地线不按规范去做；不切断电源就移动电气设备；带电修理或检测、冒险通电试运行电气设备；通电使用不能确知是否安全可靠的电动工具；同时剪断两根及两根以上带电导线；地下施工，野蛮作业。

（3）造成触电意外的因素有：触及断落的带电导线；车辆超高、触及架空带电线路；人工抬、扛过高、过长的金属物体碰到带电导体；触及意外带电的零线。

2. 触电事故的规律

（1）触电事故季节性明显（特别是 6～9 月，事故最为集中）。

（2）低压设备触电事故多；根据触电事故的规律，一般是低压触电事故高于高压触电事故。但专业电工中，从事高压电工作业的人员，高压触电事故高于低压触电事故。一般是单相触电事故多于两相触电事故。

（3）携带式设备和移动式设备触电事故多。

（4）电气连接部位触电事故多。

（5）非专业电工和外用工触电事故多。

（6）民营的工矿企业触电事故多。

（7）错误操作和违章作业造成的触电事故多。

（8）不同地域、不同年龄段的人员触电事故不同；不同行业触电事故不同。

（9）农村触电事故多于城市。

六、触电急救

发现有人触电应立即使触电者脱离电源，迅速进行诊断，按正确的方法进行心肺复苏（口对口人工呼吸和胸外挤压法）并立即与急救中心、120、医院联系。

（1）触电急救应分秒必争，一经明确心跳、呼吸停止的，应立即、就地、迅速、正确地用心肺复苏法进行抢救，并坚持不断地进行，同时及早与医疗急救中心（医疗部门）联系，争取医务人员接替救治。在医务人员未接替救治前，不应放弃现场抢救，更不能只根据没有呼吸或脉搏的表现，擅自判定伤员死亡，放弃抢救。只有医生有权做出伤员死亡的诊断。医务人员接替时，应提醒医务人员在触电者转移到医院的过程中不得间断抢救。

（2）迅速脱离电源：

① 触电急救，首先要使触电者迅速脱离电源，越快越好。因为电流作用的时间越长，伤害越重。

② 脱离电源，就是要把触电者接触的那一部分带电设备的所有断路器（开关）、隔离开关（刀闸）或其他断路设备断开，或设法将触电者与带电设备脱离开。

（3）低压触电可采用下列方法使触电者脱离电源：

① 如果触电地点附近有电源开关或电源插座，可立即拉开开关或拔出插头，断开电源。但应注意到拉线开关或墙壁开关等只控制一根线的开关，有可能因安装问题只能切断中性线而没有断开电源的相线。

② 如果触电地点附近没有电源开关或电源插座（头），可用电工的绝缘工具如绝缘手套、有绝缘柄的钢丝钳等断开电源，或将触电者移开。

③ 用替代的绝缘工具如干燥木棍、木板、竹竿、塑料管、干燥木柄的斧头等切断电线或将触电者移开。

④ 当电线搭落在触电者身上或压在身下时，可用干燥的衣服、手套、绳索、皮带等绝缘物作为工具，拉、拖、拽开触电者或挑开电线，使触电者脱离电源。如果触电者的衣服是干燥的，又没有紧缠在身上，可以用一只手抓住他的衣服，将其拉离电源。但因触电者的身体是带电的，其鞋的绝缘也可能遭到破坏，救护人不得接触触电者的

皮肤，也不能碰他的脚、鞋。在抢救触电者脱离电源时，若没有采取任何绝缘措施，救护人员不得直接接触触电者的皮肤或潮湿的衣服。

（4）低压触电者脱离电源时的注意事项：

① 救护人员要保护自身的安全，并做好自身防触电的措施。

② 救护人员要保护其他人员的安全，做好防止其他人员触电的措施。

③ 救护人员要保护触电者的安全，要有防坠落和二次伤害的安全措施。

④ 如事故发生在夜间，应设置临时照明灯，以便于抢救，避免意外事故，但不能因此延误切断电源和进行急救的时间。

（5）高压触电可采用下列方法使触电者脱离电源：

① 立即通知有关供电单位或用户停电。

② 戴上绝缘手套，穿上绝缘靴，用相应电压等级的绝缘工具按顺序拉开电源开关或熔断器。

③ 抛掷裸金属线使线路短路接地，迫使保护装置动作，断开电源（理论上可以，但是实际操作起来危险性较大，建议决不要采用）。

七、心肺复苏术法的新标准

1. 心肺复苏法

《2010AHACPR & ECC 指南》最新标准中不再有"一看二听三试（感觉）"。

（1）突出强调高质量的胸外按压。

（2）保证胸外按压的频率和深度。

（3）最大限度地减少中断。

（4）避免过度通气，过度通气可能会影响静脉回流，并减少心脏血液输出量。保证胸廓完全回弹。

因此，呼吸作为心脏骤停后简要检查的一部分，应放在胸外按压，开放气道（通畅气道），2 次通气之后。

2. 心肺复苏的具体做法

（1）胸外按压：首先要找准压点，压点的准确位置在伤员胸部右侧肋骨和胸骨接合处的中点（交接处中点），两手掌跟重叠，手指翘起，不得伤及伤员胸部，以髋关节为支撑点垂直将正常人胸骨压深，成人胸骨下陷的深度至少 5 cm，按压深度至少5 cm，儿童、瘦弱者深度酌减。按压频率为 100 次 /min（区别于大约 100 次 /min）。见图 7-8。

（b）急救者压胸的手掌位置

（a）急救者跪跨位置

（c）挤压方法示意

（d）突然放松示意

图 7-8　胸外心脏挤压法

图 7-9　压深至少 5 cm

图 7-10　胸外心脏按压法实例

（2）口对口（鼻）呼吸的具体做法：使触电者仰卧平躺在干燥、通风、透气的地方，将其宽衣解带（冬季注意保暖），然后将触电者的头偏向一侧，清除口中异物（假牙、血块、呕吐物）等，仰头抬颌、通畅气道的同时一只手捏住伤员鼻翼，另一只手微托伤员颈后保证伤员气道通畅，急救人员应深吸一口气，然后用嘴紧贴伤员的嘴（鼻）大口吹气，注意防止漏气，停时应立刻松开鼻子让其自由呼气，并将自己的头偏向一侧，为下次吹气做准备（儿童、瘦弱者注意吹气量）。口对口（鼻）呼吸吹 2 s 停 3 s、每分钟 12~15 次。胸外按压和口对口（鼻）呼吸同时做，有效 30 次按压及 2 次人工吹气，30：2 五个循环周期 CPR 操作。同时观察伤员胸部、腹部的起伏情况。

2010 新 CPR 明确规定：如果旁观者没有经过心肺复苏术培训，可以提供只有胸外按压的 CPR。即"用力按，快速按"，在胸部中心按压，直至受害者被专业抢救者接管。（特别对不能或不愿意人工通气者至少会实施胸外按压）见图 7-9、图 7-10 所示。

3. 心肺复苏法《2010AHACPR & ECC 指南》

（1）训练有素的救援人员，应该至少为被救者提供胸外按压。另外，如果能够执行人工呼吸，按压和呼吸比例按照 30：2 进行。在到达抢救室前，抢救者应持续为被救者实施 CPR。

（2）心肺复苏同时进行时：单人抢救按 30：2（胸外挤压 30 次、吹 2 次气），二人抢救按 30：2（胸外挤压 30 次、吹 2 次气）。

（3）徒手心肺复苏术口对口（鼻）呼吸具体做法（没有经过心肺复苏术培训）按口对口（鼻）呼吸具体做法进行。见图 7-11、图 7-12。

（a）触电者平卧姿势

（b）单人操作法　　　　　　　　　　　（c）双人

图 7-11　对心跳和呼吸均停止者的急救

（a）急救者吹气方法　　　　　　　　　　（b）触电者呼气姿势

图 7-12　口对口（鼻）呼吸具体做法

（4）心肺复苏法《2010AHACPR & ECC 指南》强调胸外按压法，可提高按压的次数和压深（特别对不能或不愿意人工通气者至少会实施胸外按压法）。

因此，呼吸作为心脏骤停后简要检查的一部分，应放在胸外按压和开放气道 2 次通气之后，口对口（鼻）呼吸法已不再强调要在胸外按压法之前。

这些患者 CPR 早期最关键要素是胸外按压和电除颤。按 ABC 顺序，现场急救者开放气道、嘴对嘴呼吸、放置防护隔膜或其他通气设备会导致胸外按压延误。

（5）抢救每隔数分钟后再判定：每次判定不得超过 5~7 s，不要随意移动伤员，的确有需要移动时，抢救中断时间不应超过 30 s。心肺复苏在医务人员接替救治前不能中途停止。

（6）心肺复苏抢救时，夏季要防止伤员中暑、冬季要注意伤员的保暖，有外伤者必须及时处理。

4. 触电急救过程中的安全注意事项

（1）首先在迅速脱离电源的过程中，要保护自身的安全，不要造成再次触电。

（2）应注意脱离电源后的保护，不要造成二次伤害。

（3）脱离电源后要根据情况立即进行抢救，抢救过程不能有停顿。

（4）发生在夜间的触电要解决照明的问题，以利于抢救。

（5）如送医院应尽快送到，在途中不能中断抢救，并向医护人员讲明触电情况。

◎ 发生触电伤亡事故的抢救在 4~7 min 之内最有效，是关键时刻。

◎ 总之要迅速、就地、正确、坚持。

第八章　变压器、互感器

第一节　变压器的工作原理

一、变压器的用途

变压器是利用电磁感应原理将一种电压等级的交流电能转变成另一种电压等级的交流电能。如图 8-1 所示。

变压器的作用是改变交流电的电压、电流、阻抗，但不能变换频率，它是一种用来传输电能的、静止的电气设备。

图 8-1　油浸式变压器　　　　图 8-2　电力系统示意图

在电力系统中，变压器主要起着升压和降压的作用，是电力系统的重要组成部分和不可缺少的电气设备之一，如图 8-2 所示。

二、变压器的工作原理

变压器的基本工作原理是电磁感应，即电生磁、磁生电的原理。

变压器是根据互感原理，将某一等级的交流电压变换成同频率另一等级的交流电压的设备。如图 8-3 是单相变压器的原理图。

1. 变压器的基本原理

当交流电源电压 U_1 加到一次绕组后，就有交流电流 I_1 通过该绕组并在铁芯中产生交变磁通 Φ。这个交变磁通不仅穿过一次绕组，同时也穿过二次绕组，两个绕组中将分别产生感应电势 E_1 和 E_2。若二次绕组与外电路的负载接通，便会有电流 I_2 流入负载 Z，即二次绕组就有电能输出。变压器将一次绕组输入的能量传递到了二次侧供负载使用。

图 8-3　变压器原理图

2. 变压器的变比

变压器的一次、二次绕组的感应电势 E_1 和 E_2 分别为：

$E_1 = 4.44 f N_1 \Phi_{\mathrm{m}}$

$E_2 = 4.44 f N_2 \Phi_{\mathrm{m}}$

变压器的变比 K 为 E_1 和 E_2 之比：

$K = E_1 / E_2 = N_1 / N_2 = U_1 / U_2$

如不计损失，根据能量守恒原理可得：

$$\frac{I_1}{I_2} = \frac{U_2}{U_1} = \frac{1}{K}$$

可见变压器一、二次电压之比与一、二次绕组的匝数成正比；一、二次电流之比与一、二次绕组的匝数成反比。即匝数多的一侧电压高、电流小，匝数少的一侧电压低、电流大。由于变压器一、二次侧的绕组匝数不相等，故可起到改变电压的作用。当电源接至高压侧时，称该变压器为降压变压器；当电源接至低压侧时，称该变压器为升压变压器。

第二节　变压器的分类和结构

一、变压器的分类

（1）按用途分：有电力变压器、试验变压器、仪用变压器、调压变压器、特殊用途变压器。

（2）按相数分：有单相变压器、三相变压器。

（3）按电压升降分：有降压变压器、升压变压器、配电变压器。

（4）按绕组分：有双线圈变压器、三线圈变压器。

二、变压器铭牌的表示方法

S	J	L-	1000/10	S7	S9	S11	M
三相	连接方式	线	kVA/kV	三相节能	三相节能	（新）	密封

三、变压器的结构

变压器有油浸式变压器和干式变压器。

1. 油浸式变压器

油浸式变压器的结构由以下部分组成：绕组（电路），铁芯（磁路），油箱（大盖、箱体、油枕、散热器片），分接开关，绝缘导管（高压绝缘导管、低压绝缘导管），呼吸器以及安全保护装置等。

目前，油浸式变压器使用最广泛，中小型油浸变压器的主体构造如图 8-4 和 8-5 所示。

1. 信号式温度计；2. 吸湿器；3. 油标；
4. 安全气道；5. 储油柜；6. 气体继电器；
7. 高压套管；8. 低压套管；9. 分接开关；
10. 油箱；11. 铁芯；12. 线圈；13. 放油阀门

图 8-4　油浸式电力变压器外形图　图 8-5　S11 系列低损耗无励磁调压配电变压器

（1）绕组（电路）

绕组是变压器的主要部件之一，是变压器的电路部分。绕组一般是用绝缘纸包的铝线或铜线绕制而成。原、副绕组同心套在铁芯柱上。为便于绝缘，一般低压绕组在里面，高压绕组在外面。变压器内部主要绝缘材料有变压器油、绝缘纸板、电缆纸、皱纹纸等。

（2）铁芯（磁路）

铁芯是变压器的主要部件之一，用以构成变压器的磁路。由铁芯柱和铁轭两部分组成。铁芯的结构一般分为心式和壳式两类。为降低变压器本体的电能损耗，变压器铁芯都采用磁导率高并涂有绝缘漆的硅钢片叠成。硅钢片有热轧和冷轧两种，国产冷轧硅钢片的厚度有 0.35 mm、0.3 mm、0.27 mm 等几种。

（3）油箱与冷却装置（大盖、箱体、油枕、散热器片）

油箱是油浸式变压器的外壳，由钢板焊成。变压器的器身（包括铁芯和绕组）置于油箱内，箱内灌满变压器油。为了加强冷却，一般在油箱四周装有散热器，以扩大变压器的散热面积。根据变压器的容量大小不同，采用不同的冷却装置。变压器的冷却方式有油浸自冷、油浸风冷和强迫油循环水冷。

变压器油箱漏油，造成油面降低，属于变压器的异常。

（4）油枕

油枕又称储油柜，位于变压器油箱上方，通过气体继电器与油箱相通，其容积为油箱容积的 8%~10%。油枕的作用就是变压器油的体积随温度变化而膨胀或缩小时，油枕起着储油和补油的作用，保证油箱内总是充满油，并可减小油面与空气的接触面，从而减缓油的老化。油枕的侧面装有油标，指示变压器在运行时油量是否充足，同时也能判别油色是否正常。

对于现在全密封的变压器，一般不再设储油柜，只在油箱盖上装油位管以监视油位。

（5）防爆管

防爆管又称安全气道，其顶部的防爆膜为一定厚度的玻璃或酚醛纸板。当变压器内部发生严重故障时，箱内油的压力骤增，可以冲破顶部的玻璃或酚醛纸板，使油和气体向外喷出，以防止油箱破裂。

（6）温度计

温度计安装在油箱上盖的测温筒内，用来测量油箱内的上层油温，监视变压器运行温度，保证变压器的安全运行。如图8-6所示为信号温度计。

1. 储油柜；2. 防爆管；3. 联通管；4. 呼吸器；
5. 防爆膜；6. 气体继电器；7. 碟阀；8. 油箱

图8-6　信号温度计实物图　　　图8-7　气体继电器结构图

（7）气体继电器

气体继电器又称瓦斯继电器，位于储油柜与箱盖的联管之间，如图8-7所示。瓦斯保护是变压器内部故障的主保护，轻瓦斯作用于信号，重瓦斯作用于跳闸。另外，利用气体继电器还可以观察发生故障时分解出的气体颜色及数量，以分析判断变压器内部故障的情况。

（8）调压装置

变压器调压的方法是在某一侧绕组上设置分接头，以切除或增加一部分绕组的线匝，以改变绕组的匝数，从而达到改变电压比的有级调整电压的方法。这种绕组抽出分接以供调压的电路，称为调压电路，变换分接以进行调压所采用的开关，称为分接开关。分接开关分为无励磁调压分接开关和有载调压分接开关。

（9）绝缘套管

变压器内部的高、低压引线是经绝缘套管引到油箱外部的，它起着固定引线和对地绝缘的作用。套管由带电部分和绝缘部分组成，如图8-8所示。

图 8-8　绝缘套管

2. 干式变压器

干式变压器主要由铁芯和绕组组成，其结构如图 8-9 所示。干式变压器具有安全、防火、无污染、机械强度高、抗短路能力强、热稳定性好、可靠性高、使用寿命长、损耗低、噪音低等特点。

干式变压器在结构上可分为以固体绝缘包封绕组和不包封绕组。

（1）环氧树脂绝缘的干式变压器

用环氧树脂浇注或浸渍作包封的干式变压器即称为环氧树脂干式变压器。环氧树脂是一种应用广泛的化工原料，不仅是一种难燃、阻燃的材料，而且具有优越的电气性能，在电工制造业中广泛应用。

（2）气体绝缘干式变压器

气体绝缘变压器为在密封的箱壳内充以 SF_6（六氟化硫）气体代替绝缘油，利用 SF_6 气体作为变压器的绝缘介质和冷却介质。它具有防火、防爆、绝缘性能好等特点。

图 8-9　SGB10 系列干式变压器

气体绝缘变压器的结构特点：

① 气体绝缘变压器的工作部分（铁芯和绕组）与油浸变压器基本相同。

② 气体绝缘变压器的箱壳上还装有充放气阀门。

③ 为保证气体绝缘变压器有良好的散热性能，气体绝缘变压器需要适当增大箱体的散热面积，一般气体绝缘变压器采用片式散热器进行自然风冷却。

④ 气体绝缘变压器测量温度的方式为热电偶式测量装置，同时还需要装有密度继电器和真空压力表。

（3）H 级绝缘干式变压器

H 级绝缘干式变压器的绝缘材料具有非常稳定的化学性能，可以连续耐压 220℃高温。H 级绝缘干式变压器在起火情况下具有自熄能力，亦不会产生烟雾和有毒气体。

第三节 变压器的技术参数

一、额定容量

按照国家标准，变压器铭牌上除标出变压器名称、型号、标准代号、制造厂名、出厂序号、制造年月以外，还应标出变压器的技术参数数据。

所谓额定容量是指在变压器铭牌所规定的额定状态下，变压器二次侧的输出能力（kVA）。对于三相变压器，额定容量是三相容量之和。

交流电路中，通常用视在功率表示变压器等设备的容量。它既不是有功功率，又不是无功功率，而是电压和电流的乘积。视在功率以符号 S 表示，单位是伏安（VA）或千伏安（kVA）。

它与电压、电流之间的关系：$S = UI$

（1）三相视在功率

$$S = \sqrt{3}\, UI$$

（2）视在功率与有功功率和无功功率之间的关系：

$$S^2 = P^2 + Q^2 \qquad S = \sqrt{P^2 + Q^2}$$

$$\cos\varphi = P / S; \ \cos\varphi = P / (UI)$$

式中，S——视在功率；

P——有功功率；

Q——无功功率。

图 8-10 S、P、Q 之间的关系

三相变压器的额定容量是三相额定容量之和，双绕组变压器的额定容量即为绕组的额定容量，多绕组变压器的额定容量为最大绕组的额定容量。

二、额定频率

我国电力系统的频率均为 50 Hz。交流的供、用电设备全部按此标准设计。

三、额定电压

额定电压是指变压器在正常工作时一次绕组所加的电压和二次空载输出的线电压，额定电压的单位为 kV，例如 10 kV 配电变压器为 10 kV/0.4 kV，20 kV 配电变压器为 20 kV/0.4 kV。额定电压是指变压器的线电压（有效值）。它应与所连接的输变电线路电压相符合。降压配电变压器二次输出的额定电压要高于用电设备额定电压 5% 左右。

四、额定电流

额定电流是指在额定容量和额定电压下所允许长期通过的线电流。它是变压器设备运行的主要技术参数。

例如，100 kVA 变压器的额定电压为 10 kV/0.4 kV，则高压侧电流 I_1=100/（1.732×10）=5.77（A），低压侧电流 I_2=100/（1.732×0.4）≈144.3（A）。

五、空载电流

在二次绕组开路状态下，一次绕组施加额定频率和额定电压时，一次绕组中所流过的电流称为空载电流 I_0。

变压器空载时的损耗称为空载损耗 ΔP，是指变压器空载时的有功功率损耗，主要是铁芯中的磁滞和涡流损耗（铁损）。

六、阻抗电压

当变压器二次侧短路，一次侧施加电压使其电流达到额定值时，所施加的电压称为阻抗电压 U_z。

变压器的短路损耗指变压器二次侧短接、一次绕组通过额定电流时变压器的损耗。主要是一、二次绕组电阻上产生的损耗（铜损）。

七、连接组别

变压器的连接组别是指三相变压器绕组的接法和电压相位关系。常用的绕组接线方法是 Y 形接线法和△形接线法，如图 8-11 所示。

例如，Yd11 表示变压器的一次绕组连接成星形（Y），二次绕组连接三角形（d），

11 表示时钟的分针（长针）固定在 12 位置上，表示一次绕组线电压的相位，再用时针（短针）表示二次绕组线电压的位置（11），即相位差为 30°。

星形连接　　　　三角形连接

图 8-11　变压器接线方法

八、温升

对空气冷却变压器指变压器测量部位的温度与冷却空气温度（周围环境实际温度）之差。对水冷却变压器指变压器测量部位的温度与冷却器入口处水温之差。变压器温升的大小与变压器的损耗和散热能力等相关，与变压器周围环境的温度无关。为了便于监视运行中的变压器，规定上层油温为允许的温度。变压器正常运行时，上层油温不得超过 85℃。

当变压器散发的热量与产生的热量相等时，变压器各部件的温度达到稳定，不再升高。

九、绝缘等级

变压器的允许温度主要决定于绕组的绝缘材料。油浸式变压器的绝缘等级都是 A 级，最高允许温度为 105℃，干式变压器的绝缘等级为 F 级，最高允许温度为 155℃。绝缘等级也是变压器的一个重要技术参数。当变压器的温度达到稳定时的温升时称为稳定温升。

十、效率 η

变压器的效率 η 为输出有功功率与输入有功功率之比的百分数。

第四节　变压器的安全运行

一、变压器允许安全运行的方式

变压器正常运行时，理想的状态是希望流入差动回路的差流为零。当铜损和铁损相等时，变压器处于最经济运行状态，一般在其带额定容量的 50%~70% 时。变压器送电时，尤其是大容量的变压器，应听到变压器空载运行的响声 3 min 后才能进行下一步操作。当变压器过负荷时，会发出很高且沉闷的嗡嗡声。

1. 允许温度

变压器运行时，其绕组和铁芯产生的损耗转变成热量，变压器运行时各部件的温度是不同的，绕组温度最高，铁芯次之，变压器油的温度最低。为便于监视运行中变压器各部件的温度，规定以上层油温为允许温度。

变压器的允许温度主要决定于绕组的绝缘材料。我国电力变压器大部分采用 A 级绝缘材料。对于 A 级绝缘材料，其允许最高温度为 105℃，由于绕组的平均温度一般比油温高 10℃，同时为了防止油质劣化，因此规定变压器上层油温最高不超过 95℃。在正常状态下，为了使变压器油不致过快氧化，上层油温一般不应超过 85℃。对于强迫油循环的水冷变压器，其上层油温不宜经常超过 75℃。当变压器绝缘材料的工作温度超过允许值时，其使用寿命将缩短。

2. 变压器过负载能力

在不损害变压器绝缘和降低变压器使用寿命的前提下，变压器在较短时间内所能输出的最大容量称为变压器的过负载能力。变压器过负载能力可分为正常情况下的过负载能力和事故情况下的过负载能力。

3. 允许电压波动范围

施加于变压器一次绕组的电压因电网电压波动而波动。变压器的电源电压一般不得超过额定值的 ±5%。不论变压器分接头在任何位置，只要电源电压不超过额定值的 ±5%，变压器都可在额定负载下运行。

二、变压器的并列运行

并列运行是将两台或多台变压器的一次侧和二次侧绕组分别接于公共的母线上，同时向负载供电。

1. 并列运行的目的

（1）提高供电的可靠性

并列运行时，如果其中一台变压器发生故障从电网中切除，其余变压器仍能继续运行，提高了供电的可靠性。

（2）提高运行的经济性

可根据负载的大小调整投入并列运行的变压器台数，以提高运行效率。

（3）可以减少总备用容量

可随着用电量的增加分批增加新的变压器。

2. 变压器并列运行的条件

（1）变压器的联结组别相同。

（2）变压器的电压比相等（允许有 ±5% 的差值）。

（3）变压器的阻抗电压 U_z% 相等（允许有 ±10% 的差值）。

（4）变压器容量之比一般不超过 3∶1。

由两台并列运行的变压器工厂，当负荷小的时候可改为一台变压器运行。

三、干式变压器的运行

为保证干式变压器的安全运行，应经常检查以下内容：

（1）有无异常声音及振动。

（2）有无局部过热，有无绝缘表面放电痕迹和碳化现象等造成的变色。

（3）变压器的风冷装置运转是否正常。

（4）高、低压接头有无过热、电缆头有无漏电、放电现象。

（5）绕组的温升不得超过规定值。

（6）支持瓷瓶有无裂纹、放电痕迹。

（7）检查绕组压件是否松动。

（8）室内通风、铁芯风道有无灰尘及杂物堵塞，铁芯有无生锈或腐蚀现象等。

四、监视在运行中的变压器

1. 温升监视

（1）油浸式变压器由于绕组采用 A 级耐温绝缘材料，一般其上层油温不宜超过 85℃，最高不得超过 95℃，温升不得超过 55℃。

（2）干式变压器的绕组采用 B、F、H 三级不同的耐温绝缘材料，干式变压器的构造也有多种。因此干式变压器的温升以生产制造单位的出厂技术说明书要求为准。对日常运行中干式变压器的温控仪及轴流风机应定期进行手动试验检查，确保其保持良好状态。

2. 负荷监视

变压器过负荷分为正常过负荷和事故过负荷两种。过负荷时，对变压器绝缘（也就是温升）的影响，与其过负荷前的负荷及负荷的倍数以及持续时间有关。变压器运行规程中对此做如表 8-1 的规定，若超过规定应及时报告上级领导，并进行处理。

表 8-1　油浸式变压器事故过负荷倍数和持续运行时间表

事故过负荷倍数 /%	30	45	60	70	100
持续运行时间 /min	120	120	45	20	10

3. 电压监视

变压器的调压分接头不论在任何位置，其一次电压不应超过额定值的 105%，以防铁芯磁饱和出现高次谐波而产生过电压。一般情况下在变压器高压绕组上抽出适当的分接，进行调压。

有载调压变压器分接开关调整电压，应根据各用户单位变配电所的现场运行规程执行。当变压器二次侧不带负载，一次侧又与电网断开的调压为无励磁调压，在二次侧带负载情况下的调压为有载调压。

对调压要求高的情况，可选用有载调压变压器，使变压器的电压分接头在带负荷情况下实时调整，以保证电压稳定。

4. 变压器油质监视

变压器油对变压器起绝缘和冷却作用，其质量好坏，对变压器的运行有着重要影响。油的颜色要透明、清澈，要定期抽油样，做好耐压试验。

5. 变压器的正常巡视检查项目

（1）检查变压器的油温、油色、油位应无异常。运行声音正常。气体继电器充满油。箱体无渗漏油现象。呼吸器硅胶不变色或变色量小于 30%。检查储油柜和充油绝缘套管内油面高度和封闭处有无渗漏油现象以及油标管的油色。

（2）高、低压瓷套管无裂纹、破损及闪络放电痕迹。各接线桩头无接触不良的过热现象。

（3）变压器散热片的散热温度是否均匀，无堵塞现象。铁芯及外壳应接地良好。

（4）室内变压器室的门窗、锁应完好，百叶窗纱完整。通风设施完好。室外变压器基础无下沉现象。箱式变压器防雨、雪、大风的性能可靠。内部通风照明设施应完好。

6. 变压器的特殊巡视检查项目

除正常巡视检查要求外还应做好下面几项工作：

（1）变压器在过负荷运行时，应随时监视负荷电流，上层油温、油位的变化，冷却装置是否正常，母排示温蜡片有无移位或熔化。

（2）大风天气巡查重点检查变压器的引线摆动情况以及周围环境，有无搭挂杂物，以免造成外力破坏事故。

（3）雷雨天气重点检查变压器的瓷绝缘件有无闪络放电现象。

（4）大雾和雾霾天气重点检查污秽绝缘瓷件有无闪络、放电、打火现象。

（5）大雪天气应检查变压器积雪熔化情况及接线桩头是否发热，导电引线的结冰程度是否严重。天气突然变冷，应检查油面下降情况。

（6）如果发现可能会影响安全运行的异常情况要及时汇报，听候处理。

五、变压器运行中的巡视检查

1. 变压器运行巡视检查项目

（1）检查储油柜和充油绝缘套管内油面的高度和有无渗漏油现象，以及油标管内的油色。

（2）检查变压器上层油温。正常时一般不超过85℃。

（3）检查变压器的响声。正常时为均匀的嗡嗡声。

（4）检查绝缘套管是否清洁、有无破损裂纹和放电烧伤痕迹。

（5）检查母线及接线端子等连接点的接触是否良好，有无过热现象。

2. 变压器运行巡视检查周期

（1）有人值班的变配电所，每班都应检查变压器一次。

（2）无人值班的变配电所，每周应巡视检查一次。

（3）对于强油循环水冷或风冷变压器，应每小时巡视一次。

（4）负载急剧变化或变压器发生短路故障时，都应进行特殊巡视。

六、变压器的异常运行

1. 变压器声音异常的原因

（1）当启动大容量动力设备时，负载电流变大，使变压器声音加大。

（2）当变压器过负载时，发出很高且沉重的嗡嗡声。

（3）当系统短路或接地时，通过很大的短路电流，变压器会产生很大的噪音。

（4）若变压器带有可控硅整流器或电弧炉等设备时，由于有高次谐波产生，变压器声音也会变大。

2. 绝缘套管闪络和爆炸的原因

（1）套管密封不严，因进水而使绝缘套受潮损坏。

（2）套管的电容芯子制造不良，使内部游离放电。

（3）套管积垢严重或套管上有大的裂纹和碎片。

第五节 高压互感器

互感器又称仪用变压器，分为电压互感器和电流互感器，分别用 TV 和 TA 表示。互感器是一种特殊的变压器。

一、互感器的作用

（1）将电压和电流变换成统一的标准值（如 100 V，5 A），使测量仪表和继电保护小型化和标准化。

（2）将测量仪表、继电器等二次设备与高电压系统隔开，以保证人员的安全。

（3）测量仪表、继电器等二次设备不受一次设备故障电流的冲击，以保证二次设备的安全。

二、电压互感器

电压互感器是利用电磁感应原理工作的，电压互感器容量很小，类似一台小容量变压器，但结构上要求有较高的安全系数，见图 8-12。

1. 电压互感器的分类方式

（1）按相数分：有单相、三相三柱、三相五柱。

（a）电压互感器的接线　　　（b）电压互感器的电路　　　（c）电压互感器实物

图 8-12　电压互感器

（2）按绝缘冷却方式分：有干式、烧注式、油浸式和充气式。

（3）按装置地点分：有户内式和户外式。

（4）按绕组数分：有双绕组和三绕组。

（5）按准确度等级可分为 0.1 级、0.2 级、0.5 级、1 级、3 级。

2. 电压互感器的安装使用

（1）电压互感器的文字符号为 TV（PT）。电压互感器的变比为：$U_1/U_2 = N_1/N_2$

（2）电压互感器二次侧额定电压为 100 V。

（3）当新装或大修后，应对电压互感器的外观进行检查。

（4）电压互感器在运行中二次侧不允许短路。

（5）电压互感器的一次侧、二次侧均应装设隔离开关和熔断器。保护电压互感器的高压熔断器额定电流一般小于或等于 1 A。

（6）电压互感器的铁芯（外壳）和二次侧不带电的一端必须接地。防止一、二次侧击穿时，高压窜入二次侧，危及人身和设备安全。

（7）接入、接出电度表都必须用铜芯绝缘线，不准用铝线。导线不准有接头。电压应采用 1.5 mm² 铜芯绝缘线。

（8）当两台同型号的电压互感器接成 V 形时，必须注意极性正确，否则会导致互感器线圈烧坏。

3. 电压互感器运行中检查的项目

（1）瓷套管是否清洁、完整。绝缘介质有无损坏、裂纹和放电痕迹。

（2）充油电压互感器的油位是否正常，油色是否透明，有无严重的渗、漏油现象。

（3）一次侧引线和二次侧连接部分是否接触良好。

（4）电压互感器有无焦臭味。

（5）运行中的电压互感器若出现套管破裂、严重放电、漏油严重，油标管中看不到油面等现象，都应立即退出运行。

三、电流互感器（见图 8-13、图 8-14）

（1）电流互感器可以将电力系统的一次大电流按一定的变比，变换成二次标准的小电流 5 A（仪表用也有 1 A），供给测量仪表或继电器保护、自动装置用。电流互感器的文字符号为 TA（CT）。

（2）电流互感器一、二次电流之比称为电流互感器的变比：$I_1 = \dfrac{N_2}{N_1} I_2 = K I_2$

图 8-13　电流互感器的工作原理　　　图 8-14　电流互感器实物图

（3）电流互感器的分类

① 按安装地点可分为户内式、户外式及装入式。

② 按安装方法可分为穿墙式和支持式。

③ 按绝缘方式可分为干式、浇注式、油浸式。

④ 按一次绕组匝数可分单匝数式和多匝数式。

⑤ 按准确度等级可分为 0.2 级、0.5 级、1 级、3 级、10 级。

（4）电流互感器的安装使用

① 我国互感器是采用"＋""－"（正、负）极性的标注法。

② 电流互感器在运行中，二次绕组的一端（不带电的负极）及铁芯外壳必须可靠地进行接地保护。

③ 安装电流互感器时，其二次回路严禁设开关或熔断器，运行中二次侧严禁开路。

④ 运行中，即使由于某种原因要拆除二次侧电流表、电能表、继电器时，也必须先将二次侧短接，然后进行拆除。

⑤ 电流互感器运行前应检查外壳及二次侧接地正确、良好，接地线连接牢固可靠。

⑥ 个别电流互感器在运行中损坏需要更换，应选择电压等级与电网额定电压相同、变比相同、准确度相同、极性正确、伏安特性相近（相同）的电流互感器，并试验合格。

⑦ 电流互感器不得与电压互感器二次侧互相连接，以免造成电流互感器二次侧近似开路，出现高电压的危险。

⑧ 接入、接出电能表的导线都必须用铜芯绝缘线，不准用铝线。导线不准有接头。

⑨ 经互感器接入，极性必须正确。电压应采用 1.5 mm^2 铜芯绝缘线；电流应采用 2.5 mm^2 铜芯绝缘线。

（5）电流互感器运行中的检查项目

① 各接头有无过热现象，螺栓有无松动，有无异常气味。

② 瓷套管是否清洁，有无缺损、裂纹和放电现象，声音是否正常。

③ 对于充油电流互感器应检查油位是否正常，有无渗漏现象。

④ 二次线圈有无开路，接地线是否良好，有无松动和断裂现象。

第九章　高压电器

常用的高压电器有高压隔离开关、高压断路器、高压熔断器、高压电容器、高压成套配电装置等。

第一节　高压隔离开关

一、隔离开关的用途和类型

隔离开关是一种没有灭弧装置的开关设备，如图 9-1 所示。隔离开关不能断合负荷电流和短路电流，常需要与断路器配合使用，只有在断路器断开电路之后才能拉、合隔离开关。

图 9-1　高压隔离开关实物

1. 隔离开关的作用

（1）隔离电源

在电气设备停电检修时，用隔离开关将需停电检修的电气设备与电源隔离，有明显可见的断开点，以保证工作人员和设备安全。

（2）改变运行方式

将电气设备由一种工作状态改变为另一种工作状态的操作，称为倒闸操作。例如在双母线接线中，利用母线隔离开关在不中断供电的情况下将供电线路从一组母线切换到另一组母线上。

（3）拉、合无电流或小电流电路

① 拉、合电压互感器与避雷器回路。

② 拉、合励磁电流小于 2 A 的空载变压器。

③ 拉、合电容电流不超过 5 A 的空载线路。

2. 隔离开关的类型

隔离开关的种类较多，一般可按下列几种方法分类：

（1）按安装地点分为户内式和户外式。

（2）按刀闸运动方式分为水平旋转式、垂直旋转式和插入式。

（3）按每相支柱绝缘子数目分为单柱式、双柱式和三柱式。

（4）按操作特点分为单极式和三极式。

（5）按有无接地刀闸分为带接地刀闸和无接地刀闸。

3. 隔离开关的型号

隔离开关型号的含义如图 9-2 所示。

图 9-2 隔离开关型号

（1）户内式隔离开关

GN2—3 系列隔离开关为 10 kV 户内式隔离开关，额定电流一般为 400~3000 A。动触头为铜制刀闸式，合闸将静触头夹在两片刀闸片中间，借助弹簧压力压紧在静触头两侧，以保证它们之间的良好接触。GN2—10 系列隔离开关进行操作时，由操动机构经连杆驱动转动轴 4 旋转，再由转动轴经拉杆绝缘子 2 控制动触头运动，实现分、合闸，如图 9-3 所示。

1. 动触头；2. 拉杆绝缘子；3. 拉杆；4. 转动轴；5. 转动杠杆；6. 支持绝缘子；7. 静触头

图 9-3　GN2—10 隔离开关

（2）户外式隔离开关

户外隔离开关的工作条件比较恶劣，应保证在雨、雪、冰等条件下均能可靠地工作。因此对绝缘的要求比较高，并应具有较高的机械强度和破冰能力。

户外隔离开关的操作机构多为水平面上的旋转操作方式，操作时顺时针方向为合闸，逆时针方向为分闸，在水平面上操作时要求隔离开关合闸状态时动静触头成一条直线，分闸状态时与合闸时成 90°。如图 9-4 所示，GW5—35 隔离开关为 35 kV 户外式隔离开关。

1. 出线座；2. 柱式绝缘子；3. 轴承座；4. 伞齿轮；5. 接地闸刀；6. 主刀闸；7. 接地静触头；8. 导线带

图 9-4　GW5－35 隔离开关

GW5—35 系列隔离开关的两个棒式支柱绝缘子 2 固定在底座上，支柱绝缘子轴线之间的交角为 50°，是 V 形结构。V 形结构比 GW4 型双柱式的隔离开关重量轻、占用空间小。GW5—35 系列隔离开关制成单极形式，借助连杆组成三极联动隔离开关，隔离开关的两个棒式绝缘子由下部的伞齿轮 4 连动。合闸操作时，连杆带动伞齿轮转动，伞齿轮使两个棒式绝缘子以相同速度沿相反方向转动，带动两个主闸刀转动 90°实现合闸；分闸时，操作与上述的合闸动作相反。

二、隔离开关的操作机构

隔离开关采用操作机构进行操作，以保证操作安全、可靠，同时也便于在隔离开关与断路器之间安装防止误操作闭锁装置。隔离开关操作机构有手动操作机构和电动操作机构。

1. 手动操作机构

户内手动操作机构一般为垂直面上操作完成合闸、分闸，户外手动操作机构一般为水平面上操作完成分闸、合闸，并都在操作机构的底座设置有机械定位闭锁销钉，确保隔离开关在合、分闸到位后，将操作手柄固定和上锁。手动操作机构用 CS 表示，适用于额定电流在 3000 A 以下的户内隔离开关。

隔离开关分闸时，三相动触头应在同一平面。带负荷拉、合隔离开关等，会产生强烈的电弧，将人严重烧伤。

2. 电动操作机构

电动操作机构是利用电动机驱动，实现隔离开关的合闸和分闸，如图 9-5 所示。隔离开关电动操作机构的操作功率较大。

（a） （b）

图 9-5 电动操作机构及操作回路图

图 9-5 为电动操作机构及其操作回路图。假设隔离开关处于合闸位置。如果要拉开隔离开关，按一下拉闸按钮 SBT，KM 线圈通电并自锁，KM 主触点闭合，电动机启动旋转，带动蜗杆 1 转动，齿轮 2 顺时针转动，拐臂 7 与齿轮同轴转动并带动拉杆 6 向右移动，拉杆 3 向下移动拉开隔离开关 QS。当齿轮转动半周时，齿轮上的滑动杆 5 拨动限位触点 SL 并使 SL 断开，KM 线圈断电，电动机停转。由于机械转动的惯性，齿轮继续转动一角度，使滑动杆 5 停留在 a 处，滑动杆 4 停留在 b 处，SL 经短暂断开后又重新闭合，隔离开关处于断开后的位置。同理，如果要合上隔离开关，瞬间按一

下合闸按钮 SBC，KM 线圈通电并自锁，电动机启动，齿轮 2 顺时针转动，带动拉杆 3 向上移动，当滑动杆 4 顺时针转动半周停留在 a 处时，隔离开关又处于合闸后状态。

第二节　高压负荷开关

一、高压负荷开关的作用和分类

在开关电器中，按照气体吹动电弧的方向不同，吹动电弧的方法可分为纵向吹动（纵吹）和横向吹动（横吹）两种。

1. 高压负荷开关的作用

高压负荷开关是一种结构比较简单、具有简单灭弧装置的开关设备，用来接通和断开正常的负荷电流，且分闸时具有明显可见的断口，可起隔离开关的作用。

高压负荷开关能通断负荷电流，但不能断开短路电流，通常负荷开关与熔断器配合使用，由熔断器起短路保护作用。具有简单、实用、体积小、经济和便于维护检修的优点。

2. 高压负荷开关的分类

高压负荷开关按其安装地点分为户内式和户外式，按其灭弧方式分为压气式、产气式、真空式和六氟化硫式等。如图 9-6 所示。

图 9-6　高压负荷开关

3. 高压负荷开关的型号

户内负荷开关用 F_N 表示，如 F_{N2}、F_{N3} 等；户外负荷开关用 F_W 表示，如 F_{W5} 型产气负荷开关。高压负荷开关的型号及含义如图 9-7 所示。如 FW5-10 型负荷开关的含意是额定电压为 10 kV 的户外型负荷开关。

图 9-7　高压负荷开关的型号及含义

二、户内式高压负荷开关

图 9-8 为 FN3—10R 型负荷开关的结构图，主要由隔离开关 4 和熔断器 13 两部分组成。隔离开关有工作触头和灭弧触头。负荷开关合闸时，灭弧触头先闭合，然后工作触头再闭合。合闸后，工作触头与灭弧触头同时接通，工作触头与灭弧触头形成并联回路，电流大部分流经工作触头。负荷开关分闸时，工作触头先断开，然后灭弧触头再断开。灭弧装置由具有气压装置的绝缘气缸及喷嘴构成，绝缘气缸为瓷质，内部有活塞，可兼作静触头的上绝缘子。分闸时，传动机构带动活塞在气缸内运动，当灭弧触头断开时，压缩空气经喷嘴喷出吹动电弧，加之断路弹簧具有使电弧迅速拉长的作用，可使电弧迅速熄灭。

1. 框架；2. 上绝缘子；3. 下绝缘子；4. 隔离开关；5. 下触座；6. 灭弧触头；7. 工作静触头；
8. 绝缘拉杆；9. 拐臂；10. 接地螺丝；11. 小拐臂；12. 绝缘拉杆；13. 熔断器

图 9-8　FN3—10R 型负荷开关的结构图

第三节　高压断路器

高压断路器在高压电路中起控制作用，是高压电路中的重要设备之一。

断路器（circuit-breaker）的定义为，能够分合、承载、开断运行回路的正常电流，也能在规定时间内关合、承载及开断规定的过载电流（包括短路电流）的开关设备。一般来讲对地电压高于1 kV的断路器为高压断路器。断路器应有标出基本参数等内容的制造厂铭牌。

一、高压断路器的主要技术参数

1. 额定电压

额定电压是指高压断路器长期运行能承受的正常工作电压，它决定了断路器的绝缘水平。额定电压（U_N）是指其线电压。常用的断路器的额定电压等级为3 kV、10 kV、20 kV、35 kV、60 kV、110 kV等。

2. 最高工作电压

线路供电端的母线电压经常高于额定电压，为保证在此情况下断路器能正常工作，规定了断路器的最高工作电压。最高工作电压为额定电压的1.1~1.15倍。

断路器的绝缘水平与断路器额定电压有关。额定电压为10 kV的断路器可用于6 kV的系统中。

3. 额定电流

额定电流是在规定的环境温度下，断路器长期允许通过的最大工作电流。断路器规定的环境温度为40℃。常用断路器的额定电流等级为200 A、400 A、630 A、1000 A、1250 A、1600 A、2000 A、3150 A。

4. 额定开断电流

额定开断电流是指在额定电压下断路器能够可靠开断的最大电流，它是表明断路器灭弧能力的技术参数。当电压低于额定电压时，开断电流比额定开断电流有所增加。断路器的关合电流是指保证断路器可靠关合，而又不会发生触头熔焊或其他损伤时，断路器允许通过的最大短路电流。

5. 额定关合电流

额定关合电流表明断路器关合电流的能力。在断路器合闸前，如果线路上存在短路故障，则在断路器合闸时将有短路电流通过触头，并会产生巨大的电动力与热量，可能会造成触头的机械损伤或熔焊。额定关合电流是指保证断路器能可靠关合而又不会发生触头熔焊或其他损伤时，断路器所允许接通的最大短路电流。

6. 合闸时间

从发出合闸命令开始至断路器合闸接通电路为止所经过的时间称合闸时间。对快速型断路器一般合闸时间不大于 0.2 s。

7. 分闸时间

从发出分闸命令开始至断路器跳闸断开电路且熄灭电弧为止所经过的时间称分闸时间。分闸时间包含断路器固有分闸时间和电弧熄灭时间。对快速型断路器一般分闸时间不大于 0.06 s。

8. 动稳定电流

指断路器能够承受的不使断路器产生机械变形的最大冲击短路电流。

9. 热稳定电流

指断路器在某规定时间内，允许通过的最大短路电流。

二、高压断路器的作用与型号

高压断路器又称高压开关，它具有完整的灭弧装置和较强的灭弧能力，是高压电路中的重要电器之一。

（1）在正常运行时接通、断开电气设备或电力线路，起到控制作用。断路器的工作状态（断开、闭合）是由操动机构控制的。

（2）在电气设备或电力线路出现故障的情况下，通过继电保护装置的作用使断路器跳闸断开电路，将故障部分切除，确保其他部分正常运行，起到保护作用。

（3）高压断路器的型号表示方法，如图 9-9 所示。例如 ZN4—10/600 型断路器，表示该断路器为户内式真空断路器，设计序号为 4，额定电压为 10 kV，额定电流为 600 A。

图 9-9 断路器的型号含义

三、高压断路器的类型

高压断路器按断路器的安装地点可分为户内式和户外式两种；按断路器的灭弧介质可分为油（多油、少油）断路器、真空断路器、六氟化硫（SF_6）断路器等。

1. 油断路器

采用绝缘油作为灭弧介质的断路器，称为油断路器，它又可分为多油断路器和少油断路器。

（1）多油断路器中的绝缘油除作为灭弧介质使用外，还作为触头断开后触头之间的主绝缘以及带电部分与外壳之间的绝缘。多油断路器具有用油量多、金属耗材量大、易发生火灾或爆炸、体积较大、加工工艺要求不高、耐用、价格较低、受环境影响小等特点，目前多油断路器已很少使用，已逐渐淘汰。

（2）少油断路器中的绝缘油主要作为灭弧介质使用，而带电部分与地之间的绝缘主要采用瓷瓶或其他有机绝缘材料。断路器因用油量少，故称为少油断路器。少油断路器具有耗材少，价格低等优点，但需要定期检修，有引起火灾与爆炸的危险。少油断路器目前虽有使用，但已逐渐被真空断路器和 SF_6 断路器替代。

2. 真空断路器

真空断路器是利用"真空"作绝缘介质和灭弧介质的断路器。这里所谓的"真空"可以理解为气体压力远远低于一个大气压的稀薄气体空间，空间内气体分子极为稀少。真空断路器是将其动、静触头安装在"真空"的密封容器内，这个"真空"的密封容器称为真空灭弧室。真空灭弧室是保证真空断路器工作性能的关键部位。如图9-10所示。

（a）　　　　　　　　　　　　　　　（b）

图9-10　真空断路器

（1）真空断路器的特点

真空断路器具有体积小、重量轻、噪音小、动作快、寿命长、无可燃物、安全可靠和便于维修等突出的优点，广泛应用在 35 kV 及以下的高压配电装置中，已开始逐步取代少油断路器。

（2）真空灭弧室

真空断路器的关键元件是真空灭弧室，一般真空度为 $1.3 \times 10^{-4} \sim 1.3 \times 10^{-2}$ Pa 以上。如图 9-11 所示。

1. 静导电杆；2. 上端盖；3. 屏蔽罩；4. 静触头；5. 动触头；6. 绝缘外壳；7. 密封波纹管；8. 下端盖；9. 动触头杆

图 9-11 真空灭弧室的结构

真空灭弧室的结构像一个大的真空管，它是一个真空的密闭容器。真空灭弧室的绝缘外壳主要用玻璃或陶瓷材料制作。玻璃材料制成的真空灭弧室的外壳具有容易加工、具有一定的机械强度、易于与金属封接、透明性好等优点。玻璃真空灭弧室的主要缺点是承受冲击的机械强度差。

陶瓷真空灭弧室瓷外壳材料多用高氧化铝陶瓷，它的机械强度远大于玻璃，但与金属密封端盖的装配焊接工艺较复杂。

图 9-11 中波纹管 7 是真空灭弧室的重要部件，它的一端与动触头杆 9 焊接，另一端与下端盖 8 焊接，因此要求它既要保证动触头能做直线运动，同时又不能破坏灭弧室的真空度。波纹管通常采用 0.12~0.14 mm 的铬镍钛不锈钢材料经液压或者机械滚压焊接成形，以保证其密封性。真空断路器每次分、合闸时，波纹管都有一次伸缩变形，是易损坏的部件。通常它的寿命决定了断路器的寿命。

触头材料对真空断路器的灭弧性能影响很大，通常要求它具有导电好、耐弧性好、含气量低、导热好、机械强度高和加工方便等特点。小电流真空灭弧室一般采用圆盘形触头。10 kV 真空断路器动静触头之间的断开距离一般为 10~15 mm。

图 9-11 中的真空断路器常用的触头材料是铜铬合金、铜合金等。静导电杆 1 焊接在上端盖 2 上，上端盖与绝缘外壳 6 之间密封。动触头杆与波纹管一端焊接，波纹管另一端与下端盖焊接，下端盖与绝缘外壳封闭，以保证真空灭弧室的密封性。断路器动触头杆在波纹管允许的压缩变形范围内运动，而不破坏灭弧室真空。屏蔽罩 3 是包围在触头周围、用金属材料制成的圆筒，它的主要作用是吸附电弧燃烧时释放出的金

属蒸汽，提高弧隙的击穿电压，并防止弧隙的金属喷溅到绝缘外壳内壁上，导致降低外壳的绝缘强度。

（3）真空断路器的灭弧原理

真空灭弧室是保证真空断路器工作性能的关键部位。真空灭弧室中的触头断开过程中，依靠触头产生的金属蒸汽使触头间产生电弧。当电流接近零值时，电弧熄灭。一般情况下，电弧熄灭后，弧隙中残存的带电质点继续向外扩散，在电流过零值后很短时间（几微秒）内弧隙便没有多少金属蒸气，立刻恢复到原有的"真空"状态，使触头之间的介质击穿电压迅速恢复，达到触头间介质击穿电压大于触头间恢复电压的条件，使电弧彻底熄灭。

（4）真空断路器的优缺点

真空断路器的主要优点：

① 真空断路器体积小，重量轻。

② 触头开距小，动作速度快，燃弧时间短，使用寿命长。

③ 灭弧性能好，可进行频繁操作。

④ 操作噪声小，运行中对工作环境无不良影响。

⑤ 真空灭弧室的运行维护简单，无火灾及爆炸危险。

真空断路器的主要缺点：

① 分断过程中速度太快易产生操作过电压。

② 不便于测量其真空度，只能靠高压试验来间接检测其真空灭弧室情况。

③ 开断电压不是很高。

3. 六氟化硫断路器

六氟化硫（SF_6）断路器是采用具有优质绝缘性能和灭弧性能的 SF_6 气体作为灭弧介质的断路器（一般在 20℃时为 0.50 MPa 左右），具有灭弧性能强、开断电流大等独特的优点。SF_6 断路器在 35 kV 及以上高电压系统中广泛使用，如图 9-12 所示。

图 9-12　六氟化硫断路器

（1）SF₆断路器气体的性质

① SF₆气体是一种无色、无味、无毒、不可燃的气体。因此，检修周期长、检修工作量小、不存在燃烧和爆炸的危险。目前使用的某些SF₆断路器的检修年限可达20年以上。SF₆负荷开关装设的气体密度计可随时监测开关本体内充入的SF₆气体压力。

② SF₆气体绝缘性和灭弧能力强，它的绝缘强度是空气的2.33倍，灭弧能力是空气的100倍。因此，SF₆断路器的结构简单、外形尺寸小、占地面积少。

③ SF₆气体在电弧高温作用下会分解为低氟化物，但在电弧过零值后又很快再结合成SF₆气体，所以SF₆气体在断路器内多次灭弧后仍能保持其稳定性能。因此SF₆断路器可多次动作后不用检修，目前某些SF₆断路器检修年限可达20年以上。

④ SF₆气体化学性质虽然稳定，但是与水分或其他成分的杂质混合后，在电弧的作用下会分解为低氟化合物和低氟氧化物，其中某些低氟化合物和低氟氧化物有严重的腐蚀性和毒性，不仅会腐蚀断路器内部结构部件，而且会威胁人员的安全。因此SF₆断路器要有压力监视系统和净化系统。另外如果SF₆气体含水量过大，会造成水分凝结、浸润绝缘部件表面，从而使绝缘强度下降、引起设备故障。

⑤ SF₆断路器应该设有气体检漏设备和气体回收装置。断路器内的SF₆气体严禁向大气排放，必须使用SF₆气体回收装置，避免污染环境。

（2）SF₆断路器的结构

SF₆断路器在结构上可分为支柱式和罐式两种。罐式SF₆断路器的特点是设备重心低、结构稳固、抗震性能好、可以加装电流互感器。罐式SF₆断路器适用于多地震、污染严重地区的变电所。如图9-13所示为LN2—10型六氟化硫断路器结构示意图。

1. 线圈；2. 弧触指；3. 环形电极；4. 动触头；5. 助吹装置；6. 分闸弹簧；7. 自封阀盖；8. 推杆；9. 上接线座；
10. 静触指；11. 下接线座；12. 吸附器；13. 主轴；14. 分闸缓冲；15. 主拐臂；16. 拐臂；17. 合闸缓冲

图9-13 LN2—10型六氟化硫断路器结构示意图

　　LN2—10 型六氟化硫断路器的基本结构为：断路器三极装于一个底箱上，内部相通，箱内有一个三相连动轴，通过三个用于变向的主拐臂、三个绝缘拉杆操动导电杆，每极为上下两绝缘筒构成断口和对地的外绝缘，内绝缘则用 SF_6 气体。箱体有两个自封阀，一个供充放气用，另一个安装电接点真空压力表，用于观察灭弧室内 SF_6 气体的压力。

　　机械转动部分包括主轴 13、拐臂 16、推杆 8、主拐臂 15、分闸缓冲 14、合闸缓冲 17 以及分闸弹簧 6。分闸时，在分闸弹簧 6 的作用下，主轴 13 做顺时针转动，通过主拐臂 15 使动触头 4 向下运动。直到主拐臂 15 上的滚子撞上分闸缓冲 14 为止。合闸时，在弹簧机构操动下，推杆 8 使主轴 13 做逆时针转动，从而动触头 4 向上运动，直到同一滚子撞上合闸缓冲 17 为止。导电回路由上接线座 9、弧触指 2、静触指 10、动触头 4 和导向杆下接线座 11 组成。

　　（3）SF_6 断路器的灭弧原理

　　以旋转纵吹式和压气式相结合的灭弧方式为例说明，当电弧从弧触指转移到环形电极上时，电弧电流通过环形电极流过线圈产生磁场，磁场与电弧电流相互作用使电弧旋转，同时加热气体，压力升高，并在喷口形成高效气流，将电弧冷却，当介质恢复足够时，电弧在电流过零时熄灭。

　　（4）SF_6 断路器的特点

　　① 断开口耐压高、开断电流大，灭弧时间短。

　　② 开断次数多，检修周期长。

　　③ 操作时噪声小，使用寿命长。

　　④ 在电弧作用下，SF_6 气体分解的低氟化合物气体有毒。

　　⑤ SF_6 气体在高温下与铜、钨金属生成粉状氟化物，碰到人体皮肤可能引起过敏。

　　⑥ SF_6 气体泄漏时会沉积在低洼处，对人有窒息作用。

　　（5）SF_6 断路器故障气体外逸时的安全措施

　　① 人员迅速撤离现场并立即投入全部通风装置。

　　② 在事故发生后 15 min 以内，人员不准进入室内；在 15 min 以后、4 h 以内，任何人员进入室内都必须穿防护衣、戴手套及防毒面具；4 h 以后进入室内进行清扫时仍需采用上述安全措施。

　　③ 若出现故障时有人被外逸气体伤害，应立即清洗后送医院诊治。

　　（6）断路器的操作机构

　　断路器的操作机构是控制断路器跳闸、合闸和维持合闸状态的设备。另外还具有连锁、防跳跃等功能。

　　对操作机构的要求：

① 具有足够的操作功。为保证断路器具有足够的合闸速度，操作机构必须具有足够大的操作功。

② 具有较高的可靠性。断路器工作的可靠性，在很大程度上由断路器操作机构来决定。因此，要求操作机构具有动作快、不拒动、不误动等安全可靠的特点。

③ 具有自由脱扣装置。自由脱扣机构装置是保证在合闸过程中，若继电保护装置动作需要跳闸时，能使断路器立即跳闸，而不受合闸机构位置状态的限制。

④ 动作要迅速。

（7）操作机构的分类和型号

断路器操作机构，一般按合闸能源取得方式的不同进行分类，常用的操作机构有电磁操作机构、弹簧储能操作机构和液压操作机构。操作机构的型号如图9-14所示。

图9-14　断路器操作机构型号的表示方法

① 电磁操作机构

电磁操作机构是用直流螺管电磁力合闸的操作机构。其优点是结构简单、价格较低、加工工艺要求低、可靠性高。缺点是所需合闸功率大，要配备大容量的直流合闸电源，机构笨重、耗材多。电磁操动机构逐渐被弹簧储能等新型操作机构代替。当使用电磁操动机构时，日常维护工作应同时检查接触器工作熔丝和合闸线圈直流回路的熔丝。

② 弹簧储能操作机构

弹簧储能操作机构简称为弹簧机构，它是利用合闸弹簧的张力合闸的操作机构。合闸前利用电动机或人力使合闸弹簧拉伸储能。合闸时合闸弹簧收缩释放已储存的能量将断路器合闸。其优点是只需要小容量的合闸电源，且电源要求不高。缺点是操作机构的结构复杂、加工工艺高、安装调试困难。

弹簧储能操作机构的工作原理：

操动机构为弹簧储能操作机构，断路器框架内装有合闸单元，由一个或数个脱扣线圈组成的分闸单元，辅助开关，指示装置等部件；前方设有合、分按钮，手动储能操作孔，弹簧储能状态指示牌，合分指示牌等。如图9-15、图9-16所示。

1. 储能到位切换用微动开关；2. 销；3. 限位杆；4. 滑块；5. 拐臂；6. 储能传动轮；7. 储能轴；8. 滚轮；
9. 储能保持掣子；10. 合闸弹簧；11. 手动储能蜗杆；12. 合闸线圈；13. 手动储能传动蜗轮；
14. 电机传动链轮；15. 电机输出轴；16. 储能电机；17. 连锁传动弯板；18. 传动链条；19. 储能保持轴；
20. 闭锁电磁铁；21. 拐臂；22. 凸轮；23. 储能传动链轮；24. 连板；25. 储能指示牌

图 9-15　弹簧储能操作机构

26. 上支架；27. 上出线座；28. 真空灭弧室；29. 绝缘筒；30. 下支架；31. 下出线座；32. 碟簧；
33. 绝缘拉杆；34. 传动拐臂；35. 分闸弹簧；36. 传动连板；37. 主轴传动拐臂；38. 合闸保持掣子；
39. 连板；40. 分闸线圈；41. 半轴；42. 手动分闸顶杆；43. 凸轮；44. 分合指示牌连板

图 9-16　弹簧储能操作机构

　　a. 储能。断路器合闸所需能量由合闸弹簧储能提供。储能既可由外部电源驱动电机完成，也可以使用储能手柄手动完成。储能操作由固定在框架上的储能电机 16 进行，或者将储能手柄插入手动储能孔中逆时针摇动进行。电动储能时由电机输出轴 15 带动链轮传动系统 14、23、18。

手动储能时通过涡轮 13、蜗杆 11 带动链轮传动系统。链轮 23 转动时，销 2 推动轮 6 上的滑块 4，使储能轴 7 跟随转动并通过拐臂 5 和 21 拉伸弹簧进行储能。到达储能位置时，框架上的限位杆 3 压下滑块 4 使储能轴与链轮传动系统脱开，储能保持掣子 9 顶住滚轮 8 保持储能位置，同时储能轴上连板 24 带动储能指示牌 25 翻转显示"已储能"标记并切换辅助开关切断储能电机供电电源，此时断路器处于合闸准备状态。

b. 合闸在合闸操作的过程中，不论用手按下"合闸"按钮或远方操作使合闸电磁铁动作，均可使储能保持轴 19 传动，使掣子 9 松开滚轮 8，合闸弹簧收缩同时通过拐臂 5、21 使储能轴 7 和轴上的凸轮 22 转动，凸轮又驱动连杆机构（34、36、37、38、39）带动绝缘拉杆 33 和动触头进入合闸位置，并压缩触头弹簧 32，保持触头所需压力。合闸动作完成后合闸保持掣子 38 与半轴 41 保持合闸位置，同时储能指示牌、储能辅助开关复位电机供电回路接通。若外接电源也接通，则再次进入储能状态，连杆 44 拉动合 / 分指示牌，显示出现"合"的标志，传动连杆拉动主辅助开关切换。

c. 分闸可按"分闸"按钮，也可靠接通外部电源使分闸脱扣电磁铁或过流脱扣电磁铁动作使合闸保持掣子 38 与半轴 41 解锁而实现分闸操作。由触头弹簧和分闸弹簧 35 储存的能量使存的能量使灭弧室 28 动静触头分离。在分闸过程后段，由液压缓冲器吸收分闸过程剩余能量并限定分闸位置。由连杆 44 拉动合 / 分指示牌显示"分"标记，同时拉动计数器，实现计数器计数，由传动连杆拉动主辅助开关切换。

③ 液压操作机构

液压操作机构是利用液压油为传递介质，依靠高压油传递能量进行分合闸的操作机构。液压操作机构的优点是体积小、操作功大、动作平稳、无噪音、速度快、不需要大功率的合闸电源。液压操作机构的缺点是结构复杂、加工工艺要求高、动作速度受温度影响大、价格昂贵、运行维护工作量大。

四、断路器的运行与维护

1. 高压断路器的运行与维护

（1）对运行中的断路器，一般要求断路器的金属外壳应有明显的接地标志。

（2）对断路器运行维护中，新设备投入运行后应相对缩短巡视周期。

（3）对断路器运行维护中，雷雨季节雷电活动后，应进行特殊巡视检查。

（4）投入运行的断路器已有运行编号后，还必须标注断路器名称。

（5）在冲击短路电流最大值到达之前，熔断、切断电路的熔断器称为限流式熔断器。

（6）高分断能力高压断路器，具有开断短路电流的能力。

2. 真空断路器的运行与维护

（1）检查开关柜内应干燥清洁、绝缘瓷瓶无裂纹损坏、无放电痕迹。

（2）检查断路器有无声响，外部有无明显的放电现象。

（3）检查断路器所在回路的电流和电压是否正常。

（4）检查断路器的合（分）闸信号灯指示、操作机构的合（分）闸机械指示器指示、弹簧操作机构的储能指示、手车位置指示是否正确，操作方式选择开关的所在位置是否正确，柜内照明是否正常。

（5）检查连接部位应无过热现象。

（6）真空断路器每年应进行一次维护检修和交流工频耐压试验。

3. 六氟化硫断路器的运行与维护

（1）检查 SF$_6$ 气体压力是否正常。

（2）检查六氟化硫断路器有无响声，绝缘子有无裂纹损坏、放电现象。

（3）检查断路器所在回路的电流和电压是否正常。

（4）检查连接部位应无过热现象。

（5）新装断路器投入运行前，应检测六氟化硫气体的含水量和漏气率，运行中每年应检测一次。

第四节　高压熔断器

高压熔断器是一种短路保护电器。高压熔断器一般由熔断管、熔体、灭弧填充物、绝缘支撑物及指示器组成，如图 9-17 所示。

一、高压熔断器的作用和类型

1. 高压熔断器的作用

高压熔断器是当过载电流或短路电流流过时，利用熔体本身产生的热量而熔断，从而断开电路，达到保护电气设备的目的。由于熔体熔断时要产生电弧，所以熔断器的结构要考虑电弧熄灭的问题。在 3~35 kV 小容量装置中，熔断器可用于保护线路、变压器、电动机及电压互感器等。

图 9-17 高压熔断器

2. 高压熔断器的类型

按安装地点可分为户内式和户外式；按动作特性可分为固定式和自动跌落式；按工作特性可分为有限流作用和无限流作用。在冲击短路电流到达之前能切断短路电流的熔断器称为限流式熔断器，否则称非限流式熔断器。

3. 高压熔断器的型号

高压熔断器型号的表示方法如图 9-18 所示。

图 9-18 高压熔断器型号的表示方法

二、高压熔断器的技术参数

（1）额定电压：熔断器长期能承受的正常工作电压。

（2）额定电流：熔断器载流部分能长期允许通过的最大工作电流。

（3）熔体的额定电流：熔体允许长期通过而不熔断的最大电流。

三、户内式高压熔断器

户内高压熔断器 RN1 和 RN2 型熔断器的外形如图 9-19 所示。

RN1 系列熔断器为限流式有填料高压熔断器，瓷质熔管 1 的两端焊有金属管帽 2，黄铜罩的端部有熔断指示器 4，构成密封的熔断器熔管。熔管的陶瓷芯上绕有工作熔体和指示熔体，熔体两端焊接在管盖上，管内填充满石英砂之后再焊上管盖密封。

1. 熔管；2. 金属管帽；3. 弹性触座；4. 熔断指示器；5. 接线端子；6. 绝缘端子；7. 底座

图 9-19　RN1 型熔断器

1. 金属管帽；2. 熔管；3. 工作熔体；4. 指示熔体；5. 锡球；6. 石英砂；7. 熔断指示器

图 9-20　熔断器的内部结构

熔断器的内部结构如图 9-20 所示，熔体用银、铜和康铜等合金材料制成细丝状，熔体中间焊有可降低熔点的小锡球，利用冶金效应降低熔丝熔点。指示熔丝为一根由合金材料制成的细丝。熔体的熔断指示器在熔管的一端，正常运行时指示熔体拉紧熔断指示器。工作熔体熔断时也使指示熔体熔断，红指示器被弹簧推出，显示熔断器已熔断。当熔断器保护的电路发生短路时，熔体熔化后形成电弧，电弧与周围石英砂紧密接触，根据电弧与固体介质接触加速灭弧的原理，电弧能够在短路电流达到瞬时最大值之前熄灭，从而起到限制短路电流的作用。

RN2 型高压熔断器是电压互感器回路中作短路保护的专用熔断器。RN2 型与 RN1型熔断器结构大体相同。RN2 系列熔断器件是绕在陶管芯上的熔丝，由三级不同截面的康铜丝组成。采用不同截面组合是为了限制灭弧时产生的过电压幅值。

四、户外式高压熔断器

1. 跌落式熔断器的结构

跌落式熔断器是一种常见的户外式高压熔断器，具有短路保护作用，同时兼作隔离开关，被广泛应用于 10 kV 配电线路和配电变压器中，如图 9-21 所示。

2. 跌落式熔断器的工作原理

RW—10 系列熔断器的熔管 6 由环氧玻璃钢或层卷纸板组成，其内壁衬以红钢纸或桑皮做成消弧管。熔体 7 又称熔丝，熔丝安装在消弧管内。熔丝的一端固定在熔管下端，另一端拉紧上面的压板，维持熔断器的通路状态。熔断器安装时，熔管的轴线与铅垂线成 25°±5° 倾斜角度，以保证熔丝熔断时熔管能顺利跌落。

当熔丝熔断时，熔丝对压板的拉紧力消失，上触头从抵舌上滑脱，熔断器靠自身重力绕轴跌落。熔断器熔断跌落的同时，电弧使熔管内的消弧管分解生成大量气体，熔管内的压力剧增后从熔管两端冲出，冲出的气流纵向吹动电弧使其熄灭。熔管内衬消弧管可避免电弧与熔管直接接触，以免电弧高温烧毁熔管。

1. 上接线端子；2. 上静触头；3. 上动端子；4. 管帽；5. 操作环；6. 熔管；7. 熔丝；
8. 下动触头；9. 下静触头；10. 下接线端子；11. 绝缘瓷瓶；12. 固定安装板

图 9-21　RW—10 型熔断器外形结构

3. 跌落式熔断器的安装要求

（1）安装前检查熔丝管应无裂纹、变形，瓷绝缘应完好，连接点及触头应干净、清洁。

（2）安装时应将熔体拉紧，否则容易引起触头发热。

（3）熔断器安装应牢固可靠，不能有任何的晃动或摇晃现象。

（4）熔丝管与地面垂线夹角为 15°~30°，以保证熔体熔断时熔管能依靠自身重量迅速跌落。

（5）熔断器应安装在离地面垂直距离户内不小于 3 m，户外不小于 4.5 m，若安装在配电变压器上方，应与配电变压器的最外轮廓边界保持 0.5 m 以上的水平距离，以防万一熔管掉落引发其他事故。

（6）熔管的长度应调整适中，要求合闸后鸭嘴舌头能扣住触头长度的三分之二以上，以免在运行中发生误跌落，熔管亦不可顶死鸭嘴，以防止熔体熔断后熔管不能及时跌落。

4. 跌落式熔断器的操作

（1）操作时由两人进行，一人监护，一人操作，使用电压等级相匹配的绝缘棒，且必须戴绝缘手套，穿绝缘靴，戴防护眼镜。

（2）操作时应果断迅速，拉、合熔管时要用力适度。合闸后要仔细检查鸭嘴舌头，要能紧紧扣住舌头长度三分之二以上。

（3）拉闸操作时，应先拉开中间相，再拉下风的边相，最后拉开上风的边相，合闸时的操作顺序与拉闸顺序相反。

五、高压熔断器的使用

装、卸高压熔断器时，应带护目镜和绝缘手套，必要时使用绝缘夹钳，并站在绝缘垫或绝缘台上。

在冲击短路电流最大值到达之前熔断，切断电路的熔断器称为限流式熔断器。

短路产生的冲击电流会产生很大的电动力，其大小可以用来校验电器设备在发生短路时的动态稳定性。

高压熔断器熔丝熔断后，撞击器使负荷开关（高压交流接触器）跳闸，可防止由于缺相运行而造成电气设备损坏。

第五节　高压电容器

高压电容器是电力系统的无功设备，有并联电容器、串联电容器等，主要作用是补偿无功功率，提高功率因数，如图 9-22 所示。

图 9-22　高压电容器

　　单相电容器应根据其额定电压和线路的额定电压确定接线方式，电容器额定电压与线路线电压相符时采用三角形接线，电容器额定电压与线路相电压相符时采用星形接线。为了取得良好的补偿效果，应将电容器分成若干组分别接向电容器母线。每组电容器应能分别控制、电容器应有合格的放电装置。

一、高压电容器的用途与型号

1. 并联补偿电容器的作用

（1）提高设备的出力。

（2）降低功率损耗和电能损失。

（3）提高设备的利用效率，提高功率因数。

2. 电容器的型号

电容器型号的含义如图 9-23 所示。

图 9-23　电容器型号的含义

二、高压电容器的结构

它主要由出线瓷套管、电容元件组和外壳等组成。电容器外壳用薄钢板密封焊接而成，出线瓷套管焊在外壳上。外壳内的电容元件组（又称芯子）由若干个电容元件连接而成。电容器的电容元件是用电容器纸、膜纸复合或纯薄膜作介质，用铝铂作极板卷制而成的。为适应各种电压等级电容器耐压的要求，电容元件可接成串联。图9-24 为电容器实物。

图9-24 电容器实物

三、高压电容器的运行

1. 高压电容器运行的一般要求

（1）电容器应有标出基本参数等内容的铭牌。

（2）电容器金属外壳应有明显接地标志，其外壳应与金属架构共同接地。

（3）电容器周围环境无易燃、易爆危险，无剧烈冲击和震动。

（4）电容器应有温度测量设备，例如安装温度计或贴示温蜡片。

（5）电容器应有合格的放电设备。

（6）电容器可以在 1.1 倍额定电压下，1.3 倍额定电流下长期运行。

2. 高压电容器运行的注意事项

（1）变电所正常全部停电操作时，应先拉开高压电容器的断路器，再拉开其他线路的断路器；变电所送电时操作顺序与此相反。在事故全站无电时，必须将高压电容器的断路器断开。

（2）高压电容器的熔断器熔断时，在未查明原因之前，不可恢复送电。

（3）高压电容器禁止在带电荷时合闸送电。如高压电容器再次合闸，应在其断电电源 3 min 后进行。

（4）高压电容器的电压超过电容器额定电压的 1.1 倍或电容器电流超过其额定电

流的 1.3 倍时，应退出运行。

（5）新装电容器组投运前，应检查电容器的额定电压是否与电网电压相符；应对电容器连接的元器件进行试验并确认合格；应检查放电电阻的阻值和容量是否符合规程要求。

（6）电容器室温度超出 ±40℃范围时，高压电容器亦应退出运行。

（7）当高压电容器发生爆炸、喷油或起火、瓷套管发生严重放电闪络、接头严重过热或熔化、电容器内部或放电设备有严重异常响声以及电容器外壳有异形膨胀时，应退出运行。

3. 电容器的故障处理

当发现电容器有下列情况之一时，应立即切断电源进行拆除或更换：

（1）电容器外壳膨胀或漏油。

（2）套管破裂或闪络放电。

（3）电容器内部有明显异声，三相电流指示不稳定并且偏差较大。

（4）外壳温度超过 55℃，60℃时黄色示温蜡片脱落。

第六节　高压成套配电装置

成套配电装置是由制造厂生产、成套供应的设备。高压开关柜主要是按一定的方案，将高压开关设备、保护电器、测量仪表、母线（铜、铝排）组装在一起的设备。每一个主电路方案对应几个辅助方案，主要用来受电、分配、进行控制、计量、功率因数补偿（电容补偿）经开关将电能转换。成套配电装置一般分为高压开关柜、低压配电屏和 SF₆ 全封闭组合电器三种。高压开关柜按安装方式分为固定式和手车式；按用途分为断路器柜、隔离开关柜、高压电容器柜、电能计量柜等。

一、高压开关柜

1. 固定式高压开关柜

XGN2—10（X——箱式，G——固定式安装，N——户内式，2——设计序号，10——额定电压）型固定式高压开关柜的外形如图 9-25 所示。

XGN2—10 型开关柜是一种防护型固定式金属封闭高压开关设备，广泛运用于 3~10 kV 系统中。开关柜为金属封闭箱型结构，柜体骨架由角钢焊接而成，柜内用钢板分隔成断路器室、母线室、电缆室、继电器室，并可通过门面上的观察窗和照明灯观察柜内各主要元件的运行情况。根据柜体布置，仪表室可安装继电器，门上可装设信号继电器、指示仪表、信号灯，转换开关安装于操作小室。后部为母线室。下部为电缆室，用户可方便地进行接线。前面为断路器室，方便了开关柜的检修。采用环形网供电所使用的高压开关柜习惯上称为环网柜。环网柜的高压母线截面积，应根据本变电所负荷电流和穿越电流之和进行选择。

（a）外形

母线室　压力释放通道　仪表室

组合开关室

手动操作及联锁机构

主开关室　电磁或弹簧机构

电线室

接地母线

2 650 mm

1 100 mm　1 200 mm

（b）结构

图 9-25　XGN2—10 型固定式

2. 手车式高压开关柜

KYN1—10（K——金属铠装开关设备，Y——移开式，N——户内式，1——设计序号，10——额定电压）型金属铠装移开式高压开关柜的外形如图 9-26 所示。

（a）外形

（b）结构

图 9-26　金属铠装移开式高压开关柜

KYN1—10 型手车式开关柜的基本结构用薄钢板弯制焊接而成，由前柜、后柜、继电器仪表室及手车四部分组成，各室之间以接地的金属隔板隔开。手车采用可摇的推进机构，使手车的推进、拉出轻便、灵活，同时设有准确可靠的手车定位装置，手车面板即柜门。手车面板上设有紧急分闸按钮，作为手车从工作位置拉出或断路器二次控制回路失电时分断断路器之用。KYN28—10 型高压开关柜小车室内的主回路触头盒遮挡帘板具有保护小车室内工作人员安全的作用。

为满足各种用户的控制要求，手车又分为断路器手车、隔离开关手车、电压互感器手车、所用变手车等。继电器仪表室经减震器固定在柜体上，前门可装设仪表、信号灯、信号继电器、操作开关等，内门和继电器室活动板上可装电度表或继电器，二次电缆可沿手车室侧壁自底部引至仪表继电器室。

手车式开关柜的开关断路器，手车在接地开关合闸位置时不可以自由移动。手车与柜体之间、手车与一次隔离触头活门之间、断路器与接地开关之间以及柜后上、下门之间均设有机械闭锁装置，同时具有"五防"功能。

高压开关柜的常见故障为传感器的损坏，其原因为内部高压电容击穿。高压开关柜巡视检查项目包括开关柜的闭锁装置所在位置是否正确。

二、SF₆全封闭组合电器

（1）SF₆全封闭组合电器（简称GIS）是将断路器、隔离开关、接地开关、电流互感器、电压互感器、避雷器、母线、进出线套管或电缆终端等元件组合封闭在接地的金属壳体内，并充一定压力的SF₆气体作为绝缘介质和灭弧介质。如图9-27所示。

（a）10 kV共箱封闭组合电器　　　　　　　　（b）20 kV封闭组合电器

图9-27　全封闭组合电器外形图

（2）SF₆全封闭组合电器由各个独立的标准元件组成，各元件间都可以通过法兰连接起来，具有积木式的特点。对于不同的电气主接线，可以采用各种元件组成不同形式的装置。一般情况下，为便于支撑和检修以及使装置的结构紧凑，对屋内式全封闭组成电器，若选择水平布置的断路器，一般母线筒布置在下面，断路器布置在最上面；若断路器选用垂直断口时，断路器一般落地布置在侧面。屋外式全封闭组合电器，断路器一般布置在下部，母线布置在上部。

（3）SF₆全封闭组合电器的主要特点：

① 全新设计的小型化GIS，结构紧凑，占地面积和空间小。

② 运行可靠性高，检修周期长，维护工作量少。

③ GIS外壳采用金属材料，无线电等干扰因素小。

④ 环境适应性强，适用于环境条件恶劣（如严重污秽、多水雾、冰雹地区等）地区，高海拔和多地震地区以及用地紧张的闹市区和土石方开挖困难的山区水电站。

⑤ 土建和安装工作量小，GIS可实现整间隔运输，建设速度快。

⑥ 金属耗量大，价格较贵。

⑦ 需要专门的SF₆检漏仪，加强运行中的监视。

三、高压真空接触器和高压电动机

1. 高压真空接触器

CKG-12 型交流高压真空接触器适用于交流 50 Hz、额定电压 6~12 kV、额定电流 160~630 A 的馈电网络，供远距离接通和分断电路，以及频繁启动和停止交流电动机之用，并适宜与各种保护装置配合，组装成隔爆型电磁启动器。真空接触器主要由真空灭弧室和操作机构组成。交流高压真空接触器利用真空开关管熄灭电弧。见图9-28。

图 9-28　交流高压真空接触器实物

真空灭弧室具有通过正常工作电流和频繁切断工作电流时可靠、灭弧两个作用。但不能切断过负荷电流和短路电流。

交流高压真空接触器广泛应用于海运等电气设备的控制。交流真空接触器与熔断器组合电器拓展了接触器的使用空间。

交流高压真空接触器适用于交流系统中需要频繁操作的场所。交流高压真空接触器由分闸弹簧实现分闸。交流高压真空接触器采用机械自保持方式时，自保持过程中不需要控制电源实现自保持。

2. 高压电动机

高压电动机是指额定电压在 1000 V 以上的电动机。常使用的是 6000 V 和10000 V 电压，由于国外的电网不同，也有 3300 V 和 6600 V 的电压等级。高压电机的产生是由于电机功率与电压和电流的乘积成正比，因此低压电机功率增大到一定程度（如 300 kW/380 V），电流受到导线的允许承受能力的限制就难以做大，或成本过高。需要通过提高电压实现大功率输出。高压电机的优点是功率大，承受冲击能力强；缺点是惯性大，启动和制动都困难。

高压电动机供电网一般是中心点非直接接地的系统。高压电动机发生单相接地故障后，不一定要立即将其切除。高压电动机采用纵差动保护。一相绕组的匝间短路属于高压电动机的故障。

对于电动机而言，频率降低将使其转速下降，导致电动机功率降低，将影响所带动的机械设备的出力，并影响电动机的寿命。运行过程中容易发生过负荷和需要防止启动或自启动时间过长的电动机应装过负荷保护。

四、高压成套配电装置的运行检查

（1）母线和各接触点是否有过热现象。

（2）注油设备的油位、油色是否正常，有无渗、漏油等现象。

（3）开关柜中有无异常响声、气味和放电现象。

（4）各种仪表、信号指示灯、高压带电显示器、指示牌等指示是否正确，继电保护压板位置是否正确。

（5）接地或接零装置的连接线有无松脱和断线。

（6）手车、断路器、接地刀闸等连锁装置是否正常可靠。

第七节　箱式变电站

箱式变电站就是将高压开关设备、配电变压器和低压配电装置等，按接线要求安装在同一个箱体内。箱式变电站具有占地面积小、外形美观、受环境因素影响小等特点，特别适用于城市居民住宅小区、车站、港口、机场、公园等人口密集地区。箱式变配电站所使用的变压器一般采用 S11 型及以上的节能变压器。

（a）欧式　　　　　　　　　　　　（b）美式

图 9-29　成套变电站外形图

成套变电站可分为欧式变电站和美式变电站，如图 9-29 所示。欧式变电站一般采用"目"字形布置，接线较为方便；美式变电站一般采用"品"字形布置，结构较为紧凑。目前国内众多厂家吸收了欧式和美式变电站的优点，生产出了一系列适合国情的国产成套变电站。

一、YB 系列预装式变电站

YBM、YBP（Y——预装式，B——变电站，M——目字形，P——品字形）预装式变电站是将高压电器设备、变压器、低压电器设备等组合成紧凑型成套配电装置，用于城市高层建筑、城乡建筑、居民小区、高新技术开发区、中小型工厂、矿山油田以及临时施工用电等场所，作为配电系统中接受和分配电能之用。其外形如图 9-30 所示。组合式（美式）箱变因变压器与箱变外壳为一个整体，因此调整变压器容量（增容或减容）比较困难。

图 9-30　预装式变电站外形图

该系列预装式变电站吸收了美式箱变、欧式箱变两大派别的优点，适合于我国的国情特点，采用了新材料新工艺及先进的元器件和高低压自动化技术，其中高压（10 kV）侧能满足电力部门对于配电网自动化的要求，低压（0.4 kV）侧能满足小区物业管理智能化的要求。该系列预装式变电站由高压配电装置、变压器及低压配电装置连接而成，分成高压室、变压器室和低压室三个功能隔室。高压侧一次供电系统，可布置成环网供电、终端供电、双电源供电等多种供电方式，还可装设高压计量元件，满足高压计量的要求。

高压室结构紧凑，并具有全面防误操作连锁功能。变压器室可选择 S7、S9 等以及其他低损耗油浸式变压器和干式变压器。变压器室在用户有要求时，可设有轨道方便地从变压器室两侧大门进出。采用自然通风和强迫通风两种方式，使通风冷却效果良好。变压器室和低压室均有通风道，排风扇有温控装置，按整定温度能自动启动和关闭，保证变压器满负荷运行。

低压室根据用户要求可采用面板或柜装式结构组成用户所需要的供电方案：有动力配电、照明配电、无功功率补偿、电能计量和电能测量等多种功能，满足用户的不同要求，并方便用户的供电管理和提高供电质量。箱体结构能防止雨水和污物进入并采用特种钢板或铝合金板制作，经防腐处理，具有长期户外使用的条件，能防腐、防水、防尘，使用寿命长，外形美观。

由于 YBM、YBP 系列预装式变电站具有成套性强、体积小、结构紧凑、运行安全可靠、维护方便、可移动等特点，与常规土建式变电站相比，同容量的箱式变电站占地面积仅为常规变电站的 1/10~1/5，大大减少了设计工作量和施工量，减少了建设费用，既可用于环网配电系统，又可用于双电源或放射式终端配电系统，因此成为城乡变电站建设和改造的新型成套设备。

二、GYB 型系列预装式变电站

GYB 型系列预装式变电站是一种将高压开关设备、变压器、低压开关设备组装成一体的预装式成套产品。它可作为城市建筑生活小区，中小型工厂、市政设施、矿山油田、车站码头及一切施工临时用电的配电设备，具有成套性强，多功能，多用途，运行安全、可靠，结构紧凑，安装调试方便，占地面积小，投资少，造型美观，能与周围环境的色彩协调一致等优点。其外形如图 9-31 所示。其结构主要采用薄钢板经弯制焊接而成，体积小，重量轻，保温隔热。由高压室、变压器室、低压室三部分组成，高压室为双重门结构，高压室内侧门具有机械闭锁装置：当负荷开关在断开的状态下，高压室内侧门方能开启，同时也只有把高压室内侧门关闭后方能合上负荷开关，以防带电误入高压室。高压室及变压器室有双面通风窗和排风扇，在高温时作通风换气用，以 WTZ—288 型电接点压力式温度计控制和调节风扇启动和停止，可用专用钥匙将上、下限接点指针调至要求值，并用 LS2主令开关作为手动和自动控制。

图 9-31　GY 系列预装式变电站外形图

第十章　电力线路

第一节　电力线路概述

一、高压、低压的定义

按 GB/T 2900.50《电工术语发电、输电及配电通用术语》定义：低［电］压用于配电的交流系统中 1000 V 及其以下的电压等级，高［电］压通常指超过低压的电压等级，特定情况下指电力系统中输电的电压等级。国标是采用 IEC60038 定义，但没有标明电压是相电压还是线电压。

二、电力线路与电力电缆

电力线路是电力网的主要组成部分，其作用是输送和分配电能。

根据 GB26860 的定义，电力线路通常按线电压高低分，有低压线路和高压线路，低压线路指 1 kV 以下的电力线路，高压线路指 1 kV 及以上电压的电力线路。这是按 IEC 标准划分的。

我国的电力线路建设是世界上最发达的国家之一。我国不同时期的电力线路分类不尽相同，电力线路一般可分为输电线路（又称送电线路）和配电线路，目前习惯这样分类，如图 10-1 所示。

图 10-1　高压电力线路

架设在发电厂升压变电所与区域变电所之间的线路以及区域变电所与区域变电所之间的线路，是用于输送电能的，称为输电线路，输电线路输送容量大，送电距离远，线路电压等级高，是电力网的骨干网架。一般电压等级为 220 kV 的线路称为高压输电线路，330 kV、500 kV 称为超高压输电线路，750 kV、1000 kV 及以上称为特高压输电线路。

上述输电线路均指交流输电，还有 ±800 kV、±750 kV、±1000 kV 特高压直流输电线路。

从区域变电所到用户变电所或城乡电力变压器之间的线路，是用于分配电能的，称为配电线路，配电线路又可分为高压配电线路（电压为 35 kV、66 kV、110 kV）、中压配电线路（电压为 10 kV、20 kV）和低压配电线路（电压为 220/380 V）。

所谓高压、超高压、特高压并无本质区别（随着电压增高，绝缘要求、安全要求会不同），只是不同时期叫法不同，比如 220 kV 线路的设计、施工、验收都是根据输电线路标准实施，但如果是用户专线，在电力网中的地位是配电线路，其分解也是约定俗成的，并无明确规定，本书主要介绍 10 kV 及以下线路。

电力线路按架设方式分为架空电力线路和电力电缆线路。由于架空电力线路与电力电缆线路相比，具有结构简单、造价低、建设速度快、输送容量大、施工和运行维护方便等显著优点，因此除特殊情况外，电力线路一般均采用架空电力线路。目前我国的输电线路基本是架空电力线路，配电线路特别是农村配电线路也基本以架空电力线路为主。但在城市中心地带、居民密集的地方，高层建筑、工厂厂区内部及一些特殊的场所，考虑到安全、城市美观以及受地面位置的限制，配电线路逐渐采用电力电缆线路。

电力线路的基本要求：供电安全可靠、操作方便、运行灵活、经济、有利于发展。

（1）保证线路架设质量，加强运行维护，提高对用户供电的可靠性。

（2）要求电力线路设计线损在允许的波动范围内，向用户提供质量合格的电压。

（3）在线路运行时要减少线路损耗，提高输电效率，降低输电成本。

（4）架空线路由于长期置于露天运行，线路的各元件除受正常的电气负荷和机械荷载作用外，还受到风、雨、冰、雪、大气污染、雷电等自然和人为外破条件的作用，要求线路各元件应有足够的机械和电气强度。

第二节 架空线路

一、架空电力线路的结构及其作用

架空电力线路的结构主要包括杆塔及其基础、导线、绝缘子、拉线、横担、金具、防雷设施及接地装置等，如图10-2所示。

图 10-2 电力线路的结构

1. 杆塔

（1）杆塔的作用

杆塔的作用主要是支持导线、地线、绝缘子和金具，保证导线与地线之间、导线与导线之间、导线与地面或交叉跨越物之间所需的距离。

（2）杆塔的种类

按材料分有木杆、钢筋混凝土杆（水泥杆或混凝土杆）、金属杆塔等。

① 木杆

木杆的优点是绝缘性能好、质量小、运输及施工方便；缺点是机械强度低、易腐朽、使用年限短、维护工作量大，现在不采用。

② 钢筋混凝土杆

钢筋混凝土杆俗称水泥杆、混凝土杆，是由钢筋和混凝土在离心滚杆机内浇制而成。其优点是结实耐用，使用年限长，维护简单，运行费用低，节约钢材，造价低，施工期短。缺点是比较笨重、运输困难，因此对较高的钢筋混凝土杆，均采用分段制造，现场进行组装，这样可将每段电杆重量限制在 500~1000 kg 以下。

目前生产的钢筋混凝土电杆（非预应力、预应力电杆），有等径环形截面和拔梢环形截面两种。等径电杆的直径分别为 Φ300 mm、Φ400 mm、Φ450 mm，杆段长度通常有 4.5 m、6.0 m、9.0 m 三种。

钢筋混凝土杆使用最多的是锥形杆，也称拔梢杆，锥度一般为 1/75。（锥度是指圆锥的底面直径与锥体高度之比，即上、下两底圆的直径差与锥台高度之比值）

杆段规格系列较多。低压架空电力线路通常采用锥形杆，梢径一般为 150 mm，杆高 8~10 m；10 kV 架空电力线路大部分也采用锥形杆，梢径一般为 190 mm 和 230 mm，杆高有 10 m、11 m、12 m、13 m、15 m 等几种。

线路运行中，预应力钢筋混凝土杆不允许有裂纹。

钢筋混凝土杆又分普通型和预应力型两种。预应力杆在制造过程中对钢筋施以张力，浇灌混凝土后钢筋内仍保留拉应力，使混凝土受压。预应力钢筋混凝土杆能充分发挥高强度钢材的作用，比普通钢筋混凝土杆可节约钢材 40% 左右，同时水泥用量减少，电杆的重量也减轻了。它的抗裂性能好，延长了电杆的使用寿命。

③ 金属杆塔

金属杆塔有角钢铁塔、钢管杆和钢管塔等。其优点是机械强度高、搬运组装方便、使用年限长。缺点：角钢塔占地大，耗用钢材多，投资大，维修中需要做防腐处理；除锈及刷漆工作量大，钢管杆塔占地小，强度高，适合城区使用。

（3）杆塔基础

杆塔基础是指架空电力线路杆塔地面以下部分的设施。杆塔基础的作用是保证杆塔稳定，它将杆塔固定于地下，以保证杆塔不发生倾斜或倒塌，防止杆塔因承受导线、冰、风、断线张力等的荷重和其他外力作用而产生的上拔、下压或倾覆。杆塔基础一般分为混凝土电杆基础和铁塔基础。

混凝土电杆基础一般采用底盘、卡盘、拉盘（俗称三盘）基础，如图 10-3 所示。电杆底盘基础的作用是防止电杆下沉，拉盘基础的作用是锚固拉线。

(a) 底盘基础   (b) 卡盘基础   (c) 拉盘基础

图 10-3 杆塔基础

铁塔的基础形式一般根据铁塔类型、塔位地形、地质及施工条件等实际情况确定。根据铁塔根开大小不同，大体可分为宽基和窄基两种。宽基是将铁塔的每根主材（每条腿）分别安置在一个独立的基础上，这种基础稳定性较好，但占地面积较大，常被用在郊区和旷野地区。窄基塔是将铁塔的四根主材（四条腿）均安置在一个共用基础上。这种基础出土占地面积较小，但为了满足抗倾覆能力要求，基础在地下部分较深、较大，常被用在市区配电线路上或地形较窄地段。

对于杆塔基础，除根据杆塔荷载及现场的地质条件确定其合理、经济的形式和埋深外，还要考虑水流对基础的冲刷作用和基土的冻胀影响。基础的埋深必须在冻土层深度以下，且不应小于 0.6 m，在地面应留有 300 mm 高的防沉土台。

电杆基础的埋设深度，应满足倾覆稳定的要求。单回路的配电线路，电杆埋设深度宜采用表 10-1 所列数值。

表 10-1　电杆埋设深度

杆高 /m	8.0	9.0	10.0	11.0	12.0	13.0	15.0	18.0
埋深 /m	1.5	1.6	1.7	1.8	1.9	2.0	2.3	2.6~3.0

（4）杆塔的分类

架空线路按用途分有直线杆塔（中间杆塔）、耐张杆塔（承力杆塔）、转角杆塔、终端杆塔和跨越杆塔等。

① 直线杆塔

位于线路直线段，在架空线路中的数量最多，约占杆塔总数的 80% 左右。在正常运行情况下，直线杆塔一般不承受顺线路方向的张力，而是仅承受导线、绝缘子、金具、覆冰等的重量和风力。只有在电杆两侧挡距相差悬殊或一侧发生断线时，直线杆塔才承受相邻两挡导线的不平衡张力。直线杆塔用符号 Z 表示，如图 10-4 所示。

图 10-4　直线杆塔　　　　图 10-5　耐张杆塔

② 耐张杆塔

耐张杆塔又称承力杆塔，主要用于线路分段处。在正常情况下，耐张杆塔除了承受与直线杆塔相同的荷载外，还承受导线的不平衡张力。架空线路中的耐张杆塔用于限制线路发生断线、倒杆事故时波及的范围。在断线情况下，耐张杆还要承受断线张力，并能将线路断线、倒杆事故控制在一个耐张段内，耐张杆塔用符号 N 表示，如图10-5所示。

③ 转角杆塔

转角杆塔主要用于线路转角处，线路转向内角的补角称为线路转角。转角杆塔除承受导线等的垂直荷载和风压力外，还承受导线的转角合力，由于转角杆塔两侧导线拉力不在一条直线上，一般用拉线来平衡转角处的不平衡张力，转角杆塔用符号 J 表示，如图10-6所示。

图 10-6　转角杆塔　　　　　　　　　　　　　图 10-7　终端杆塔

④ 终端杆塔

终端杆塔位于线路首、末段端。发电厂或变电站出线的第一基杆塔是终端杆塔，线路最末端一基杆塔也是终端杆塔，它是一种能承受单侧导线等的垂直荷载和风压力，以及单侧导线张力的杆塔，终端杆塔用符号 D 表示，如图10-7所示。

2. 导线的材料、结构与种类

电力线路的导线用来传导电流，输送电能。它是电力线路的主体，其作用是传输电能。由于导线要承受自重、风、雪、冰等荷载以及受到周围气体的侵蚀，因此导线应有良好的电气性能、足够的机械强度以及抗腐蚀能力，同时尽可能质轻且价廉。

（1）导线材料

导线的材料有铜、铝、钢、铝合金等。其中铜的导电率高、机械强度高、抗氧化抗腐蚀能力强，是比较理想的导线材料，但由于铜的蕴藏量相对较少，且用途广泛，价格昂贵，故一般不采用铜导线。铝的导电率次于铜，密度小，也有一定的抗氧化抗腐蚀能力，且价格也较低，故广泛应用于架空线路中。但由于铝的机械强度低，不适应大跨度架设，因此普遍采用钢芯铝绞线或钢芯铝合金绞线，可以提高导线的机械强度。

（2）裸导线结构

裸导线的结构总的可以分为三类：单股导线、多股绞线和复合材料多股绞线。单股导线由于制造工艺上的原因，当截面增大时，机械强度下降，因此单股导线截面一般都在 10 mm² 以下，目前广为使用最大到 6 mm²。多股绞线由多股细导线绞合而成，多层绞线相邻层的绞向相反，防止放线时打卷扭花，其优点是机械强度较高、柔韧、适于弯曲，且由于股线表面氧化电阻率增加，使电流沿股线流动，集肤效应较小，电阻较相同截面单股导线略有减小。复合材料多股绞线是指两种材料的多股绞线，常见的是钢芯铝绞线，其线芯部位由钢线绞合而成，外部再绞合铝线，综合了钢的机械强度和铝的导电性能，成为目前广泛应用的导线。钢芯铝绞线的结构如图 10-8 所示。

图 10-8　钢芯铝绞线结构图

（3）导线种类

① 导线的型号

导线型号由导线的材料、结构和载流截面积组成，见表 10-2。

表 10-2　导线型号

拼音	T	L	J	H	G	B	F
含义	铜	铝	多股绞线或加强型	合金	钢	包	防腐

② 导线的种类

铜绞线 TJ；铝绞线 LJ；钢芯铝绞线 LGJ；防腐型钢芯铝绞线 LGJF；铝包钢绞线 LBGJ。例如 LGJ-300/50 表示钢芯铝绞线，标称截面为铝 300 mm²、钢 50 mm²，如图 10-9 所示。

图 10-9　钢芯铝绞线

图 10-10　高压线路的绝缘子

　　架空电力线路一般都采用多股裸导线，但近几年来城区内的 10 kV 架空配电线路逐步改用架空绝缘导线。运行证明其优点较多，线路故障明显降低，一定程度上解决了线路与树木间的矛盾，降低了维护工作量，线路的安全可靠性明显提高。架空绝缘导线按绝缘材料可分为聚氯乙烯绝缘线、聚乙烯绝缘线和交链聚乙烯绝缘线。合金绞线（LHJ）常用于 110 kV 及以上的输电线路上。

　　3. 绝缘子

　　绝缘子（俗称瓷瓶）是用来固定导线，并使导线与杆塔之间保持绝缘状态。绝缘子是一种隔电部件，其作用是使导线与导线之间以及导线与大地之间绝缘、支持悬吊导线，并固定于杆塔的横担之上。它是由硬质陶瓷或玻璃、塑料制成的。如图 10-10所示。常用的绝缘子有针式绝缘子、瓷横担绝缘子、柱式绝缘子、棒式绝缘子、悬式绝缘子（复合绝缘子）。

　　（1）针式绝缘子

　　针式绝缘子主要用于直线杆塔或角度较小的转角杆塔上，也有在耐张杆塔上用以固定导线跳线。导线采用扎线绑扎，使其固定在针式绝缘子项部的槽中。针式绝缘子为内胶装结构，制造简易、价格便宜，但承受导线张力不大，耐雷水平不高。针式绝缘子主要用于 35 kV 以下的线路，如图 10-11 所示。

图 10-11　针式绝缘子

图 10-12　瓷横担绝缘子

（2）瓷横担绝缘子

瓷横担绝缘子为外浇装结构实心瓷体，其一端装有金属附件。一般用于 10 kV 配电线路直线杆，导线的固定是用扎线将其绑扎在瓷横担绝缘子另一端的瓷槽内。瓷横担绝缘的实心结构使其不易老化、击穿，自洁性能良好，抗污闪能力强，因此在 10 kV 配电线路上应用非常广泛，如图 10-12 所示。

（3）柱式绝缘子

柱式绝缘子的用途与针式绝缘子大致相同。但由于柱式绝缘子是外胶装结构，温度聚变等原因不会使绝缘子内部击穿、爆裂，并且浅槽裙边使其自洁性能良好，抗污闪能力要比针式绝缘子强。如图 10-13 所示。

（a）柱式　　　　（b）棒式　　　（c）复合　　　　（d）悬式

图 10-13　几种绝缘子

（4）棒式绝缘子

棒式绝缘子为外胶装结构的实心磁体，可以代替悬式绝缘子串或蝶式绝缘子用于架空配电线路的耐张杆塔、终端杆塔或分支杆塔，作为耐张绝缘子使用。但由于棒式绝缘子在运行过程中容易由于震动等原因而断裂，一般只能用在一些应力比较小的承力杆上，且不宜用于跨越公路、铁路、航道或市中心区域等重要地区的线路。如图10-13 所示。

（5）悬式绝缘子

悬式绝缘子具有良好的电气性能和较高的机械强度，按防污性能分为普通型和防污型两种，按制造材料又分为瓷悬式、钢化玻璃、复合。悬式绝缘子在 35 kV 及以上架空线路采用。通常把它们组装成绝缘子串使用，每串绝缘子的数目与额定电压有关。如图 10-13 所示。

4. 横担

横担定位在电杆上，用来支持绝缘子和导线等，并使导线间满足规定的距离。一般情况下，直线杆横担和杆顶支架装在受电侧，分支终端杆的单横担应装在拉线侧，两层横担的转角杆，电源侧作上层，受电侧作下层。横担按材质的不同可分为铁横担和瓷横担。架空线路杆塔的横担上下倾斜、左右偏歪不应大于横担长度的 2%。

5. 金具

线路金具是指连接和组合线路上各类装置，以传递机械、电气负荷以及起到某种防护作用的金属附件。如图 10-14。

金具在架空线路中主要起支撑、固定、连接、接续、调节及保护作用。金具必须有足够的机械强度，并能满足耐腐蚀的要求。

图 10-14　线路金具

6. 拉线

（1）拉线的作用

拉线的作用是为了在架设导线后能平衡杆塔所承受的导线张力和水平风力，以防止杆塔倾倒，影响安全、正常供电。拉线应根据杆塔的受力情况装设。拉线与杆塔的夹角宜采用 45°，若受地形限制，可适当减小，但不应小于 30°。钢筋混凝土杆的拉线，不宜装设拉线绝缘子。如拉线从导线之间穿过，应装设拉线绝缘子。在断拉线的情况下，拉线绝缘子距地面不应小于 2.5 m。

（2）拉线形式

拉线按其作用可分为张力拉线（如转角、耐张、终端、分支杆塔拉线等）和风力拉线（如在土质松软的线路上设置拉线，增加电杆稳定性）两种；按拉线的形式，又可分为普通拉线、水平拉线、弓形拉线、共同拉线和 V 形拉线等。

① 普通拉线。普通拉线用于线路的转角、耐张、终端、分支杆塔等处，起平衡拉力的作用。普通拉线的详图如图 10-15 所示。

（单位：mm）

1. 拉线抱箍；2. 延长环；3. 楔形线夹；4. 钢绞线；5. UT 形线夹；6. 拉线棒；7. 地锚拉环；8. 拉盘

图 10-15　普通拉线

② 水平拉线。当电杆离道路太近，不能就地装设拉线时，需在路的另一侧立一基拉线杆。跨越道路的水平拉线，对路面中心的垂直距离不应小于 6 m；拉线柱的倾斜角采用 10°～20°。水平拉线的详图如图 10-16 所示。

（单位：mm）

1. 钢筋混凝土杆；2. 钢筋混凝土拉线柱；3、4. 拉线抱箍；5. 延长环；6. 楔形线夹；
7. 钢绞线；8. UT 形线夹；9. 拉线棒；10. 地锚拉环；11. 拉盘；12. 底盘

图 10-16　水平拉线

③ 弓形拉线。因地形限制不能装设拉线时，可以采用弓形拉线，在电杆中部加装自拉横担，在其上下加装拉线，以防电杆弯曲。弓形拉线的详图如图 10-17 所示。

1. 拉线抱箍；2. 钢绞线；3. 自身拉横担；4. 拉线绝缘子；5. 拉线棒；6. 拉线盘；
7. 连板；8. 销螺栓；9. 接螺栓；10. T 形线夹；11. 楔形线夹

图 10-17　弓形拉线

④ 共同拉线。因地形限制不能装设拉线时，可将拉线固定在相邻电杆上，以平衡拉力。

⑤ V 形拉线。当电杆较高、横担较多、导线多回时，常在拉力的合力点上、下两处各装设一条拉线，其下部则合为一条，构成 V 形。

（3）拉线的选用

10 kV 及以下架空配电线路的拉线，当强度要求较低时，采用多股直径为 4 mm 的镀锌铁线制作，镀锌铁线不少于 3 股。当强度要求超过 9 股时，宜采用镀锌钢绞线。拉线的选用与导线的线径及杆型等相关。拉线的选用见表 10-3。

表 10-3　拉线的选用配合表

导线规格	杆型		
	直线杆、30°以下转角杆拉线	45°以下转角杆拉线	45°~90°转角杆、终端杆、分支杆拉线
LGJ-35、LJ-70 及以下	GJ-35	GJ-35	GJ-35
LGJ-50、LJ-120	GJ-35	GJ-50	GJ-50
LGJ-70、LJ-150、JKLYJ-70~120	GJ-35	GJ-70	GJ-70

续　表

导线规格	杆型		
	直线杆、30°以下转角杆拉线	45°以下转角杆拉线	45°~90°转角杆、终端杆、分支杆拉线
LGJ-95~185、LJ-185、JKLYJ-150	GJ-50	GJ-70	GJ-100
JKLYJ-240	GJ-70	GJ-100	GJ-100

二、架空电力线路的技术要求

1. 导线截面的选择

架空导线的选择应使所选导线具有足够的导电能力与机械强度，能满足线路的技术、经济要求，确保能安全、经济、可靠地传输电能。

（1）按经济电流密度选择导线截面

电流密度是指单位导线截面所通过的电流值，其单位是 A/mm^2。经济电流密度是指通过技术和经济的比较而得出的最合理的电流密度，见表 10-4。

表 10-4　经济电流密度　　　　　　　　　　单位：A/mm^2

导线材质	年最大负荷利用小时 T/h		
	3000 以下	3000~5000	5000 以上
铜线	3.00	2.5	1.75
铝线	1.65	1.15	0.90

（2）按发热条件选择导线截面（允许载流量）

当导线通过电流时会产生电能损耗，使导线发热，温度上升。如果导线温升过高，将使导线连接处加速氧化，接触电阻增加。接触电阻的增大又使连接处温升更高，形成恶性循环，造成导线烧断事故。各种类型的绝缘导线，其容许工作温度为 65℃。铝及钢芯铝绞线在正常情况下运行的最高温度不得超过 70℃。事故情况下不得超过 90℃。刚好使导线的稳定温度达到电缆最高允许温度时的载流量，称为允许载流量。表 10-5 为裸铜线、铝及钢芯铝绞线的允许载流量。

（3）按允许电压损失选择导线截面

按允许电压损失选择导线截面应满足条件：线路电压损失≤允许电压损失。

（4）按机械强度求选择导线截面

表 10-5　裸铜线、铝及钢芯铝绞线的允许载流量（环境温度 ±25℃，最高允许温度 +70℃）

铜绞线（TJ 型）			铝绞线（LJ 型）			钢芯铝绞线（LGJ 型）	
导线截面积 /mm²	载流量 /A		导线截面积 /mm²	载流量 /A		导线截面积 /mm²	屋外载流量 /A
	屋内	屋外		屋内	屋外		
4	50	25	10	75	55	35	170
6	70	35	16	105	85	50	220
10	95	60	25	135	110	70	275
16	130	100	35	170	135	90	335
25	180	140	50	215	170	120	380
35	220	175	70	265	215	150	445
50	270	220	95	325	260	185	515
70	340	280	120	375	310	240	610
95	415	340	150	440	370	300	700
120	485	405	185	500	425	400	800
150	570	480	240	610	——	IGJQ-300	690
185	645	550	300	680	——	IGJQ-400	825
240	770	650	400	830	——	IGJQ-500	945
300	890	——	500	980	——	IGJQ-600	1050
400	1085	——	625	1140	——	IGJJ-300	705
——	——	——	——	——	——	IGJJ-400	850

　　导线应有一定的抗拉强度，在大风、覆冰等不利气象条件下不会造成断线事故。架空线路满足机械强度的最小允许截面积见表 10-6。

表 10-6　架空线路最小允许截面积　　　　　　　　　单位：mm²

导线种类	35 kV 线路	10 kV 线路		1 kV 及以下线路
		居民区	非居民区	
铜绞线	35	35	25	25
铝绞线	35	25	25	25
钢芯铝绞线	35	16	16	直径 4 mm

2. 导线的排列、挡距与线间距离

（1）导线的排列

10~35 kV 架空线路的导线，一般采用三角排列或水平排列，多回线路同杆架设的导线，一般采用三角、水平混合排列或垂直排列。

电压不同的线路同杆架设时，电压较高的线路应架设在上面，电压较低的线路应架设在下面。

（2）架空线路的挡距

同一线路上相邻两根电杆之间的水平距离称为架空线路的挡距（或跨距）。架空配电线路的挡距按表 10-7 所列数值要求。

表 10-7　架空配电线路的挡距　　　　　　　　　　　　　　　单位：m

线路架设地区	线路电压	
	10 kV 高压	低压
城镇	40~50	40~50
郊区	60~100	40~60

35 kV 架空线路耐张段的长度不宜大于 5 km，10 kV 及以下架空线路的耐张段的长度不宜大于 2 km。

（3）架空线路的线间距离

① 架空线路不同相线之间的水平距离要求见表 10-8。

表 10-8　架空线路的线间距离　　　　　　　　　　　　　　　单位：m

架空线路电压	挡距						
	40 及以下	50	60	70	80	90	100
10 kV 高压	0.6	0.65	0.7	0.75	0.85	0.9	1.0
低压	0.3	0.4	0.45	——	——	——	——

② 同杆架设的双回线路或高、低压同杆架设的线路横担间的垂直距离见表 10-9。

表 10-9　同杆架设的线路横担间的垂直距离　　　　　　　　　单位：m

电压等级	直线杆	分支或转角杆
10 kV 高压与 10 kV	0.8	0.45/0.60
10 kV 高压与低压	1.20	1.0
低压与低压	0.6	0.30

③ 10 kV 及以下线路与 35 kV 线路同杆架设时，导线间的垂直距离不应小于 2.0 m；35 kV 双回或多回线路的不同回路、不同相导线间的距离不应小于 3.0 m。

④ 高压配电线路每相的过引线、引下线与邻相的过引线、引下线或导线之间的净空距离不应小于 0.3 m；高压配电线路的导线与拉线、电杆或构架间的净空距离不应小于 0.2 m；高压引下线与低压线间的距离不宜小于 0.2 m。

3. 导线的弧垂及对地交叉跨越

（1）弧垂

弧垂是相邻两杆塔导线悬挂点连线的中点对导线铅垂线的距离。弧垂的大小直接关系到线路的安全运行，弧垂过小，容易断线或断股；弧垂过大，则可能影响对地限距，在风力作用下容易混线短路。

（2）架空线路对地及交叉跨越允许距离

① 导线与地面或水面的距离，在最大计算弧垂情况下，不应小于表 10-8 所列数值。

② 导线与山坡、峭壁、岩石之间的净空距离，在最大计算风偏情况下，不应小于表 10-9 所列数值。

③ 导线与建筑物的垂直距离。在最大计算弧垂情况下，导线与建筑物的垂直距离：35 kV 线路不应小于 4.0 m，3~10 kV 线路不应小于 3.0 m，3 kV 以下线路不应小于 2.5 m。

3~35 kV 架空电力线路不应跨越屋顶为可燃材料做成的建筑物，更不能跨越具有可燃物和爆炸物的建筑物。

表 10-10　导线与地面或水面的最小距离　　　单位：m

线路经过地区	线路电压		
	35 kV	3~10 kV	3 kV 以下
居民区	7.0	6.5	6.0
非居民区	6.0	5.5	5.0
不能通航及不能浮运的河、湖的冬季冰面	6.0	5.0	5.0
不能通航及不能浮运的河、湖的最高水位	3.0	3.0	3.0
交通困难地区	5.0	4.5	4.0

表 10-11　导线与山坡、峭壁、岩石之间的最小距离　　　单位：m

线路经过地区	线路电压		
	35 kV	3~10 kV	3 kV 以下
步行可以到达的山坡	5.0	4.5	3.0
步行不能到达的山坡、峭壁、岩石	3.0	1.5	1.0

④ 架空电力线路边导线与建筑物的距离。在最大风偏情况下，架空电力线路边导线与建筑物的距离：35 kV 线路不应小于 3.0 m，3~10 kV 线路不应小于 1.5 m，3 kV 以下线路不应小于 1.0 m。

⑤ 架空电力线路导线与树木的距离。架空电力线路导线与树木之间的最小垂直距离：35 kV 线路不应小于 4.0 m，10 kV 及以下线路不应小于 3.0 m。架空电力线路通过果林、经济作物以及城市灌木林、不应砍伐通道，在最大计算弧垂情况下导线至树梢的距离：35 kV 线路不应小于 3.0 m，10 kV 及以下线路不应小于 1.5 m。

⑥ 架空电力线路跨越架空弱电线路时，其交叉角对于一级弱电线路，不应小于 45°，对于二级弱电线路，不应小于 30°。

三、架空电力线路的运行维护

1. 线路维护检修的标准项目和周期

线路维护、检修的标准项目和周期见表 10-12 的要求，但还要按照设备的实际运行状况确定。

表 10-12　线路维护检修的标准项目和周期

序号	项目	检修周期	备注
1	绝缘子清扫　① 定期清扫　　　　　② 污秽区清扫	每年一次每年两次	根据线路的污秽情况，采取防污措施，可适当延长或缩短周期
2	镀锌铁塔坚固螺栓	每 5 年一次	新线路投入运行一年后需紧一次
3	混凝土电杆各部坚固螺栓	每 5 年一次	新线路投入运行一年后需紧一次
4	铁塔刷油	每 3~5 年一次	根据铁塔表层状况决定
5	金属基础防腐处理		根据检查结果决定
6	杆塔倾斜扶正		根据日常巡视测量结果决定
7	混凝土杆内排水	每年一次	结冻前进行（不结冻地区一般不进行）

序号	项目	检修周期	备注
8	并沟线夹紧固螺栓	每年一次	结合检修进行
9	防护区内砍伐树、竹	每年至少一次	根据巡视结果决定
10	巡线道路、桥的修补	每年一次	根据巡视结果决定

2. 线路维护工作的主要内容

（1）清扫绝缘子，提高绝缘水平。

（2）加固杆塔和拉线基础，增加稳定性。

（3）混凝土电杆损坏修补和加固，提高电杆强度。

（4）杆塔倾斜和挠曲调整，以防挠曲或倾斜过大造成倒杆、断杆。

（5）混凝土电杆铁构件及铁塔刷漆、喷锌处理，以防锈蚀。

（6）金属基础和拉线棒地下部分抽样检查，及时做好锈蚀处理。

（7）导线、避雷线烧伤、断股检查，及时修复。

（8）补加杆塔材料和部件，尽快恢复线路原有状态。

（9）做好线路保护区清障工作，确保线路安全运行。

（10）进行运行线路测试工作，掌握运行线路的情况。

（11）向沿线群众广泛深入地宣传《电力法》及《电力设施保护条例》，使其家喻户晓，从而能自觉保护电力线路及设备。

3. 架空电力线路巡视项目

巡视架空电力线路是掌握线路运行状况，及时发现设备缺陷，防止事故发生的重要手段。线路巡视一般可分为定期巡视、夜间巡视和特殊巡视等。

（1）杆塔巡视检查

① 杆塔是否倾斜、弯曲、下沉、上拔，杆塔基周围土壤有无挖掘或沉陷。

② 电杆有无裂缝、酥松、露筋、冻鼓，杆塔构件、横担、金具有无变形、锈蚀、丢失，螺栓、销子有无松动。

③ 杆塔上有无鸟巢或其他异物。

④ 电杆有无杆号等明显标志，各种标示牌是否齐全、完备。

（2）绝缘子巡视检查

① 绝缘子有无破损、裂纹，有无闪络放电现象，表面是否严重脏污。

② 绝缘子有无歪斜，紧固螺丝是否松动，扎线有无松、断。

③ 瓷横担有无倾斜。

（3）导线巡视检查

① 三相导线弧垂是否一致，过引线与杆塔、构件及其他过引线的距离是否符合要求。

② 裸导线有无断股、烧伤、锈蚀，连接处有无接触不良、过热现象。

③ 绝缘导线外皮有无磨损、变形、龟裂等，绝缘护罩扣是否紧密。沿线树枝有无剐蹭绝缘导线的现象。

（4）避雷设备巡视检查

① 避雷器绝缘裙有无损伤、闪络痕迹，表面是否脏污。

② 避雷器是否牢固，金具有无锈蚀。

③ 引线连接是否良好，上下压线有无开焊、脱落，触点有无锈蚀。

（5）接地装置的巡视检查

① 接地引下线有无断股、损伤，接地线夹是否丢失。

② 接头接触是否良好，接地体有无外露和严重腐蚀。

（6）拉线巡视检查

① 拉线有无锈蚀、松弛、断股。

② 拉线棒有无偏斜、损坏。

③ 水平拉线对地距离是否符合要求。

④ 拉线基础周围土壤有无挖掘或沉陷。

四、架空电力线路的常见故障及预防措施

1. 常见的故障

（1）导线损伤、断股、断裂。

（2）倒杆。

（3）导线接头发热。

（4）导线对被跨越物放电事故。

（5）单相接地故障。

（6）两相短路事故。

（7）三相短路事故。

（8）断线、缺相故障。

2. 预防措施

（1）对绝缘子采取防污措施。

（2）对线路及其他设备采取防雷保护措施。

（3）对线路及其他设备采取防风、防寒、防暑、防汛、防潮、防火等措施。

（4）对线路及其他设备定期进行绝缘预防性实验。

第三节　电力电缆线路

电力电缆是一种传输和分配电能的线路。常用于城市、工矿企业及过江海的水下供电。

一、电力电缆线路特点

1. 电缆线路的优点

（1）不占用地上空间。电缆在地下敷设不占用地上空间，一般不受地上建筑物等的影响。

（2）供电可靠性高。电缆不易受雷电、风害、鸟害、挂冰等外界因素的影响，供电可靠性高。

（3）发生触电事故的可能性小。电缆常敷设于地下，当发生故障时一般只会造成跳闸，不会伤害人畜。

（4）分布电容较大。电缆的结构相当于一个电容器，无功输出非常大。

（5）维护工作量少。电缆维护工作量少，节省运行费用。

2. 电缆线路的缺点

（1）投资费用大。同样的导线截面积，电缆的输送容量比架空线路小，但其综合投资费用为相同输送容量架空线路的几倍。

（2）引出分支线路比较困难。电缆线路如需分支供电，则需增添一定的设备才能达到分支的目的，如分支箱或 T 形接头等。

（3）故障测寻比较困难。电缆线路在地下，故障点无法看到，必须使用专用仪器进行测量。

（4）电缆头制作工艺要求高。为保证电缆线路的绝缘强度和密封保护的要求，电缆头制作工艺要求较高，费用也比较高。

二、电力电缆的基本结构和类型

电力电缆是外包绝缘层的绞合导线，有的还包有金属外皮并加以接地。绝缘层起到相间绝缘和对地绝缘的作用。为了保护绝缘和防止高电场对外产生辐射干扰通信等，又必须有金属护层。为防止外力损坏还必须有铠装和护套等。

1. 电力电缆的基本结构

电力电缆由线芯（导体）、绝缘层、屏蔽层和保护层四部分组成，如图 10-18 所示。

1. 导体；2. 纸绝缘；3. 铅包皮；4. 麻衬；5. 钢带铠甲；6. 麻被

图 10-18　扇形三芯电缆

（1）线芯

线芯是电缆的导电部分，是用来输送电能的，是电缆的主要部分。目前电力电缆的线芯都采用铜和铝。铜比铝导电性能好、机械性能高，但铜比铝价格高。线芯按数目可分为单芯、双芯、三芯、四芯和五芯。线芯按截面形状又可分为圆形、半圆形和扇形。根据电缆的不同品种与规格，线芯可以制成实体，也可以制成绞合线芯，绞合线芯由圆单线和成型单线绞合而成。

（2）绝缘层

电力电缆中绝缘层是将线芯与大地以及不同相的线芯间在电气上彼此隔离，是电缆结构中不可缺少的组成部分。绝缘层材料要求选用耐压强度高、介质损耗低、耐电晕性能好、化学性能稳定、耐低温、耐热性能好、机械加工性能好、使用寿命长、价格便宜的材料。通常采用绝缘油、油浸纸、聚氯乙烯、交联聚乙烯等绝缘材料。

（3）屏蔽层

6 kV 及以上的电缆一般都有导体屏蔽层和绝缘屏蔽层。导体屏蔽层的作用是消除导体表面因不光滑（多股导线绞合产生的尖端）所引起的导体表面电场强度的增加，使绝缘层和电缆导体有较好的接触。同样，为了使绝缘层和金属护套有较好接触，一般在绝缘层外表面均包有外屏蔽层。油纸电缆的导体屏蔽材料一般用金属化纸带或半导电纸带。绝缘屏蔽层一般采用半导电纸带。塑料、橡皮绝缘电缆的导体或绝缘的屏蔽材料分别为半导电塑料和半导电橡皮。对于无金属护套的塑料、橡胶电缆，在绝缘屏蔽外还包有屏蔽铜带或铜丝。

（4）保护层

电缆保护层的作用是保护电缆免受外界杂质和水分的侵入，以及防止外力直接损坏电缆。电力电缆的铠装和护套是用来保护电缆，防止外力损坏的。保护层材料的密封性和防腐性必须良好，并且有一定的机械强度。

2. 常用电力电缆的种类及适用范围

一般电缆按结构和绝缘材料的不同进行分类。

（1）不滴漏油浸纸带绝缘型电缆

不滴漏油浸纸带绝缘型电缆的三线芯的电场在同一屏蔽内，电场的叠加使电缆内部的电场分布极不均匀，电缆绝缘层的绝缘性能不能充分利用，因此这种结构的电缆只能用在 10 kV 及以下的电压等级，如图 10-19 所示。

1. 线芯；2. 线芯绝缘；3. 填料；4. 带（统包）绝缘；5. 内护套；6. 内衬层；7. 铠装层；8. 外被层（外护套）

图 10-19　不滴漏油浸纸带绝缘型电缆结构图

（2）不滴漏油浸纸绝缘分相型电缆

不滴漏油浸纸绝缘分相型电缆的结构使内部电场分布均匀和气隙减少，绝缘性能比带绝缘型结构好，因此适用于 20~35 kV 电压等级，个别可使用在 66 kV 电压等级上，如图 10-20 所示。

（3）橡塑电缆

① 交联聚乙烯绝缘电缆

交联聚乙烯绝缘电缆容许温升高，允许载流量较大，耐热性能好，适宜于高落差和垂直敷设，介电性能优良，但抗电晕、游离放电性能差。接头工艺虽较严格，但对技工的工艺技术水平要求不高，因此便于推广，是一种比较理想的电缆。其基本结构如图 10-21 所示。

1. 线芯；2. 线芯屏蔽；3. 线芯纸绝缘；4. 绝缘屏蔽；5. 铅护套；

6. 内垫层及填料；7. 铠装层；8. 外被层（或外护套）

图 10-20　不滴漏油浸纸绝缘分相铅包电缆结构图

1. 线芯；2. 线芯屏蔽；3. 交联聚乙烯绝缘；4. 绝缘屏蔽；5. 保护带；6. 铜丝屏蔽；

7. 螺旋铜带；8. 塑料带；9. 中心填芯；10. 填料；11. 内护主套；12. 铠装层；13. 外护层

图 10-21　交联聚乙烯绝缘电缆结构图

② 聚氯乙烯绝缘电缆

聚氯乙烯绝缘电缆化学稳定性高，安装工艺简单，材料来源充足，能适应高落差敷设，敷设维护简单方便。但因其绝缘强度低 、耐热性能差、介质损耗大，并且在燃烧时会释放氯气，对人体有害且对设备有严重的腐蚀作用，所以一般只在 6 kV 及以下电压等级中应用。其基本结构如图 10-22 所示。

1. 线芯；2. 聚氯乙烯绝缘；3. 聚氯乙烯内护套；4. 铠装层；5. 填料；6. 聚氯乙烯外护套

图 10-22　聚氯乙烯绝缘电缆结构图

③ 橡胶绝缘电缆

橡胶绝缘电缆的柔软性好，易弯曲，有较好的耐寒性能、电气性能、机械性能和化学稳定性，对于气体、潮气、水的渗透性较好。但耐电晕、臭氧、热、油的性能较差。橡胶绝缘电缆一般只用在 138 kV 以下的电力电缆线路中。适宜作海底电缆或在矿井和船舶上敷设使用。

其基本结构如图 10-23 所示。

1. 线芯；2. 线芯屏蔽层；3. 橡皮绝缘层；4. 半导电屏蔽层；

5. 铜带屏蔽层；6. 填料；7. 橡皮布带；8. 聚氯乙烯外护套

图 10-23　橡胶绝缘电缆结构图

3. 电力电缆的型号

我国电缆产品的型号由大写的汉语拼音字母和阿拉伯数字组成。字母表示电缆的类别、绝缘材料、导体材料、内护层材料、特征，数字表示铠装层和外被层类型。电力电缆的外护层：充油电缆的外护层由 3 位数字组成，按加强层、凯装层、外护层的顺序表示；其他电缆的外护层由两位数字组成，按铠装层、外护层的顺序表示，见表 10-13 及表 10-14。

表 10-13　电缆产品型号中的字母含义

类别、特征	绝缘	导体	内护层	其他特征
电力电缆（省略） K- 控制 C- 船用 P- 信号 B- 绝缘电线 ZR- 阻燃	Z- 纸 X- 橡胶 V-PVC Y-PE YJ-XLYE	T- 铜芯（省略） L- 铝芯	Q- 铅包 L- 铝包 Y-PE V-PVC	D- 不滴漏 F- 分相金属套 P- 屏蔽 CY- 充油

表 10-14　外护层代号的数字含义

代号	加强层	铠装层	外被层或外护套
0		无	
1	径向铜带	连锁钢带	纤维外被
2	径向不锈钢带	双钢带	聚氯乙烯外护套
3	径、纵向铜带	细圆钢丝	聚乙烯外护套

代号	加强层	铠装层	外被层或外护套
4	径、纵向不锈钢带	粗圆钢丝	
5		皱纹钢带	
6		双铝带或铝合金带	

一般一条电缆的规格除标明型号外，还应说明电缆的芯数、截面、工作电压和长度，如 ZQ_{22}—3×70—10—300，表示铜芯、纸绝缘、铅包、双钢带铠装、聚氯乙烯外护套，3 芯、截面积为 70 mm^2，电压为 10 kV，长度为 300 m 的电力电缆。

三、电力电缆的选择

当电缆导体中流过电流时就会发热，如果在某一状态下的发热量等于散热量时，电缆导体就有一个稳定温度。刚好使导线的稳定温度达到电缆最高允许温度时的载流量，称为允许载流量或安全载流量，在实际运用中的载流量有三类：一是长期工作条件下的允许载流量，二是短时间允许通过的电流，三是短路时允许通过的电流。

1. 电缆长期允许的载流量

当电缆导体温度等于电缆最高长期工作温度，而电缆中的发热与散热达到平衡时的负载电流，称为电缆长期允许载流量。当电缆埋设环境的温度不同、土壤热阻系数不同时，电缆的载流量要校正，应乘以校正系数。当电缆直接埋地多根并列敷设时，电缆的载流量也应校正，应乘以校正系数，见表 10-15、表 10-16、表 10-17。

电缆导体的长期允许工作温度不应超过规定值，见表 10-18。

表 10-15 环境温度变化时载流量的校正系数

导体工作温度 /℃	环境温度 /℃								
	5	10	15	20	25	30	35	40	45
80	1.17	1.13	1.09	1.04	1.0	0.954	0.905	0.853	0.798
65	1.22	1.17	1.12	1.06	1.0	0.953	0.865	0.791	0.707
60	1.25	1.20	1.13	1.07	1.0	0.925	0.845	0.756	0.655
50	1.34	1.26	1.18	1.09	1.0	0.895	0.775	0.633	0.447

表 10-16　土壤热阻系数不同时载流的校正系数

导体截面 /mm²	土壤热阻系数 / (℃·cm·W⁻¹)				
	60	80	120	160	200
2.5~16	1.06	1.0	0.9	0.83	0.77
25~95	1.08	1.0	0.88	0.80	0.73
120~240	1.09	1.0	0.86	0.78	0.71

表 10-17　电缆直接埋地多根并列敷设时载流量的校正系数

净距 /mm	并列数											
	1	2	3	4	5	6	7	8	9	10	11	12
100	1.00	0.90	0.85	0.80	0.78	0.75	0.73	0.72	0.71	0.70	0.70	0.69
200	1.00	0.92	0.87	0.84	0.82	0.81	0.80	0.79	0.79	0.78	0.78	0.77
300	1.00	0.93	0.90	0.87	0.86	0.85	0.85	0.84	0.84	0.83	0.83	0.83

表 10-18　电缆导体长期允许工作温度　　　　　　　　　单位：℃

电缆种类	电压				
	3 kV 及以下	6 kV	10 kV	20~35 kV	110~330 kV
天然橡皮绝缘	65	65	——	——	——
黏性纸绝缘	80	65	60	50	——
聚氯乙烯绝缘	65	65	——	——	——
聚乙烯绝缘	——	70	70	——	——
交联聚乙烯绝缘	90	90	90	80	——
充油纸绝缘	——	——	——	75	75

2. 电缆允许的短路电流

电缆线路如发生短路故障，电缆导体中通过的电流可能达到其长期允许载流量的几倍或几十倍。但短路时间很短，一般只有几秒钟或更短时间。虽然短路时间短暂，但短路电流所产生的热量会使导体温度升高，损坏绝缘，因此规定了电缆短路时导体的最高允许温度。

（1）电缆线路中无中间接头时，电缆短路时导体的最高允许温度见表 10-19 的规定。

（2）当电缆线路中有中间接头时，锡焊接头最高允许温度为 120℃，压接接头最高允许温度为 150℃。电、气焊接头与无接头时相同。

表 10-19　常用电力电缆的最高允许温度

电缆类型	电压 /kV	最高允许温度 /℃	
		额定负荷时	短路时
黏性浸渍纸绝缘	1~3	80	250
	6	65	
	10	60	
	35	50	175
不滴流纸绝缘	1~6	80	250
	10	65	
	35	62	175
交联聚乙烯绝缘	≤10	90	250
	>10	80	
聚氯乙烯绝缘		70	160
自容式充油	63~500	75	160

四、电缆的敷设

电力电缆常用的敷设方法有直埋法、穿管、电缆沟敷设、电缆桥架、隧道内敷设过江或海底敷设等。

1. 直埋敷设

直埋电缆的深度不得低于 0.7 m。敷设前沿线路挖沟，沟深 0.8~1.1 m，沟底面宽度视敷设电缆的根数而定，一般不得小于 0.5 m。在沟内底部均匀垫 10 mm 厚的软土或砂，中心敷设电缆，将电缆放入沟内（电缆埋深 0.7 m），电缆两侧和上部再铺软土或黄沙，上部的软土或黄沙厚度不得小于 10 cm，并应加盖板保护。盖板可采用混凝土板或砖块。直埋电缆在填土后直至与地面齐平。必须按规定设置标志桩。两根以上电缆敷设时，电缆间要留有足够的距离，不得小于 100 mm，且电缆间不能交叉叠放。

2. 电缆沟敷设

电缆隧道和电缆沟应采取防水措施，其底部排水沟的坡度不应小于 0.5%，并应设集水坑，积水可经集水坑用泵排出。当有条件时，积水可直接排入下水道。

电缆沟盖板宜采用钢筋混凝土盖板或钢盖板。钢筋混凝土盖板的重量不宜超过

50 kg，钢盖板的重量不宜超过 30 kg。电缆沟应考虑分段排水、防火等问题。

3. 穿管敷设

当电缆引入或引出建筑物，穿过楼板、墙壁，与道路、铁路等交叉时，需进行穿保护管敷设。穿管敷设时保护管内径应不小于电缆外径的 1.5 倍。

4. 排管敷设

在排管中敷设可以使电缆避免机械损伤，一般有 10 根左右电缆同时敷设时才采用排管敷设，排管上部距地面不得小于 0.7 m 架空敷设。

5. 隧道敷设

电缆隧道具有敷设、检修、更换电缆方便、能容纳大量电缆等显著优点，但缺点是投资大、耗用材料多。

6. 架空敷设

可沿墙、梁、柱用支架、吊架进行架空敷设。

五、电力电缆的运行维护

1. 电力电缆投入运行

（1）新装电缆线路须经过验收检查合格，并办理验收手续方可投入运行。

（2）停电超过一个星期但不满一个月的电缆，重新投入运行前，应摇测绝缘电阻值，与上次试验记录比较（换算到同一温度下）不得降低 30%，否则须做直流耐压试验。电缆停电超过一个月但不满一年的，则必须做直流耐压试验，试验电压可为预防性试验电压的一半。例如油浸纸绝缘电缆，试验电压为额定电压的 2.5 倍，时间为 1 min；停电时间超过试验周期的，必须做标准预防性试验。

（3）重做电缆头的电缆，投入运行前必须核对相位，摇测绝缘电阻，并做耐压试验，全部合格后才允许恢复运行。

2. 电力电缆巡视检查

电力电缆投入运行后，巡视检查是及时发现和消除隐患、避免引发事故的有效措施。

（1）日常巡视检查的周期

有人值班的变（配）电所，每班应检查一次，无人值班的变（配）电所，每周至少检查一次。遇有特殊情况，则根据需要做特殊巡视。

（2）日常巡视检查的内容

① 观察电缆线路的电流表，看实际电流是否超出了电缆允许载流量。

② 观察电缆终端头的连接点有无过热变色。

③ 油浸纸绝缘电力电缆及终端头有无渗、漏油现象。

④ 并联使用的电缆有无因负荷分配不均匀而导致某根电缆过热。

⑤ 有无打火、放电声响及异常气味。

⑥ 终端头接地线有无异常。

六、电力电缆常见故障及处理

1. 电力电缆常见故障

电力电缆线路常见的故障有接地故障、两相短路和三相短路、断线、闪络故障等。

2. 电力电缆故障判断

使用绝缘摇表测量绝缘电阻来判断故障情况。

（1）如电缆某一芯或数芯对地击穿，绝缘电阻低于 $100\,\mathrm{k}\Omega$ 时为低阻接地故障。

（2）当摇测电缆一芯或几芯对地绝缘电阻，或芯与芯之间绝缘电阻低于正常值很多，但高于 $100\,\mathrm{k}\Omega$ 时，为高电阻接地故障。

（3）当摇测电缆一芯或几芯对地绝缘电阻较高或正常时，应进行导体连续性试验，检查是否有断线，若有即为断线故障。

（4）当摇测电缆有一芯或几芯导体不连续，且经电阻接地时，为断线并接地故障。

第十一章 继电保护与二次回路

在电力系统运行中，外界因素（如雷击、鸟害等）、内部因素（绝缘老化、损坏等）以及人为的操作不当等，都可能引起各种故障及不正常运行的状态出现。故障主要包括各种类型的短路和断线，如三相短路、两相短路、单相接地短路、两相接地短路、电动机以及变压器绕组间的匝间短路、单相断线、两相断线等。不正常运行状态是指电力系统中电气元件的正常工作遭到破坏，但没有发生故障的运行状态，如过负荷、过电压、频率降低、系统振荡等。故障或不正常运行状态若不及时、正确地处理，都可能引发事故。事故是指对用户少送电或停止送电，电能质量降低到不能允许的程度，造成人身伤亡及电气设备损坏等。

继电保护装置是反映电力系统中各种电气设备故障和不正常运行状态的自动装置，当电力系统发生故障或危及其安全运行的事故时，它们能及时发出报警信号，或直接发出跳闸命令以终止故障或事故。

第一节 继电保护任务及基本要求

一、继电保护的任务

（1）当电力系统中某电气元件发生故障时，保护装置能自动、迅速、有选择地将故障元件从电力系统中切除，避免故障元件继续遭到破坏，使非故障元件迅速恢复正常运行，将事故尽可能限制在最小范围内。

（2）当电力系统运行中出现不正常运行状况时，保护装置能自动发出报警信号，运行人员可迅速处理，在无人值班的变电所，保护装置可作用于减负荷或延时跳闸，避免事故发生。

二、继电保护的基本要求

电气设备或线路发生短路时，会产生很大的短路电流，使电网电压下降，电气设备烧坏，严重时电力系统的稳定运行会被破坏，甚至引起电网瓦解。为了能正确、快速地切除故障，使电力系统以最快的速度恢复正常运行，要求继电保护具有足够的可靠性、选择性、速动性和灵敏性。

1. 可靠性

可靠性是指发生了属于它该动作的故障，它能可靠动作，即不发生拒绝动作（拒动）；而在不该动作时，它能可靠不动，即不发生错误动作（误动）。

2. 选择性

选择性是指电力系统发生故障时，保护装置仅将故障元件切除，而非故障元件仍能正常运行，以尽量缩小停电范围的一种性能。

以图 11-1 为例，当 K_1 短路时，应该由距故障点最近的保护 1、2 动作，跳开 1 QF、2 QF，这样既切除了故障线路，又使停电范围最小，因此我们说此时保护 1、2 动作是有选择性的动作，也就是满足了选择性的要求。

图 11-1　保护动作的选择性说明

同理当 K_2 短路时，保护 5、6 动作，跳开 5 QF、6 QF；当 K_3 短路时，保护 7、8 动作，跳开 7 QF、8 QF，都是有选择性的动作。若当 K_3 短路时，7 QF 拒动，保护 5 动作，跳开 5 QF 将故障切除，那么此时停电范围扩大了。但是如果保护 5 不动作跳闸，那么故障线路就无法切除，因此，此时保护 5 的动作也是有选择性动作，只不过是保护 5 做了保护 7 的远后备保护而已。

3. 速动性

速动性是指保护快速切除故障的性能。故障切除时间包括继电保护动作时间和断路器的跳闸时间。

一般的快速保护动作时间为 0.06~0.12 s，最快的可达 0.01~0.04 s。

一般的断路器的动作时间为 0.06~0.15 s，最快的可达 0.02~0.06 s。

当系统发生故障时，快速切除故障可以提高系统并列运行的稳定性、减少用户在低电压下的工作时间，减少故障元件的损坏程度，避免故障进一步扩大。

4. 灵敏性

灵敏性是指继电保护对其保护范围内故障的反应能力,即要求保护装置在其保护范围内,不论短路点的位置、短路类型以及运行方式如何,对被保护设备在发生故障和不正常运行时,都能灵敏的反应。

三、继电保护装置的分类

继电保护装置按其被保护对象、保护原理、反应故障的类型、保护所起的作用,有不同的分类方法。

1. **按被保护的对象分类**

分为电力线路保护、发电机保护、变压器保护、电容器保护、电抗器保护、电动机保护和母线保护等。

2. **按保护原理分类**

分为电流保护、电压保护、距离保护、差动保护、方向保护和零序保护等。

3. **按保护所反应故障类型分类**

分为相间短路保护、接地故障保护、匝间短路保护、断线保护、失步保护、失磁保护及过励磁保护等。

4. **按保护所起的作用分类**

分为主保护、后备保护和辅助保护等。

主保护是指满足系统稳定性和设备安全要求,能以最快的速度有选择地切除被保护元件故障的保护。

后备保护是指当主保护或断路器拒动时用来切除故障的保护。后备保护又可分为远后备保护和近后备保护两种。

远后备保护是指当主保护或断路器拒动时,由相邻电力设备或线路的保护来实现的后备保护。

近后备保护是指当主保护拒动时,由本电力设备或线路的另一套保护来实现的后备保护。

辅助保护是为补充主保护和后备保护的性能或当主保护和后备保护退出运行时而增设的简单保护。

四、常用继电器介绍

继电器是一种在其输入物理量(电气量或非电气量)达到规定值时,其电气输出电路被接通和分断的自动装置。继电器常用接点有动合接点和动断接点。动合接点是指继电器不动作时处于断开状态的接点；动断接点是指继电器不动作时处于闭合状态的接点。下面介绍几种常用的继电器。

1. 电磁式电流继电器（文字符号 KA）

反应电流增大到某一整定值及以上时，动合（断）接点由断开（闭合）状态到闭合（断开）状态的继电器叫电流继电器。其中整定值即为动作基准。能使继电器动合接点由断开状态到闭合状态的最小电流称为动作电流。能使继电器动合接点由闭合状态到断开状态的最大电流称为返回电流。继电器的返回电流除以动作电流，叫作返回系数，电流继电器的返回系数要求在 0.85~0.9 之间。

2. 电压继电器（文字符号 KV）

电压继电器分为过电压继电器和低电压继电器两种。电压继电器接在电压互感器的二次侧，因此可以反映电力系统故障或异常运行时的电压异常变化。

过电压继电器是反应电压增大到某一整定值及以上动合接点时由断开状态到闭合状态的继电器。其动作电压为使继电器动合接点由断开状态到闭合状态的最小电压，其返回电压为使继电器动合接点由闭合状态到断开状态的最大电压，其返回系数为返回电压除以动作电压。而常用的电压继电器是低电压继电器，是反应电压下降到某一整定值及以下时动断接点由断开状态到闭合状态的继电器。其动作电压为使继电器动断接点由断开状态到闭合状态的最大电压，其返回电压为使继电器动断接点由闭合状态到断开状态的最小电压，其返回系数为返回电压除以动作电压。

3. 时间继电器（文字符号 KT）

时间继电器在继电保护中用作时间元件，用于建立保护所需要的动作延时，具有延时动合接点，只有达到预先整定的时间延时，其延时动合触点才闭合，接通电路。因此对时间继电器的要求是动作时间必须准确。

4. 中间继电器（文字符号 KM）

在继电保护装置中，中间继电器用于增加触点数量和触点容量，具有动合接点和动断接点。可使接点瞬时或带有不大的延时动作以满足保护的需要。

5. 信号继电器（文字符号 KS）

保护动作后发出信号的继电器叫信号继电器。信号继电器所发信号不应随电气量的消失而消失，要有机械或电气自保持，直至相关事宜处置完毕再手动恢复信号掉牌装置。

第二节 变压器保护

一、电力变压器的故障和异常运行状态

变压器的故障分为内部故障（油箱内）和外部故障（油箱外）两种。油箱内故障有变压器内部绕组匝间或层间绝缘损坏造成的相间短路、匝间短路和直接接地系统侧绕组的接地短路。油箱外故障有外部绝缘套管及引出线上的多相短路、单相接地短路。

变压器异常运行状态主要包括：保护范围外部（保护区外）短路引起的过电流，电动机自启动等原因所引起的过负荷，油浸变压器油箱漏油造成的油面降低等。

二、变压器保护装置

1. 电流速断保护

容量在 10 000 kVA 以下的变压器、当过电流保护动作时间大于 0.5 s 时，用户 3~10 kV 配电变压器的继电保护，应装设电流速断保护。

2. 差动保护

容量在 10 000 kVA 及以上，或容量在 6 300 kVA 及以上并列运行的变压器或用户中的重要变压器，容量在 2 000 kVA 及以上当采用电流速断保护。灵敏度不能满足要求时，应装设电流差动保护。用于反应变压器绕组，套管及引出线上的多相短路，直接接地系统侧绕组，套管及引出线上的接地短路和绕组匝间短路。

3. 过电流保护（包括低电压启动的过电流、复压启动的过电流保护）

防止保护范围外部故障引起的过电流并作为变压器保护范围内部故障的后备保护。

4. 过负荷保护

用于反应 400 kVA 及以上变压器的过负荷。

5. 接地（零序）保护

用于反应中性点直接接地变压器高压侧绕组接地短路故障，以及高压侧系统的接地短路故障，作为变压器主保护及相邻元件接地故障的后备保护。

6. 瓦斯保护

油浸式变压器容量在 800 kVA 及以上，室内装设的容量在 400 kVA 及以上的油浸变压器应装设瓦斯保护，用于反应变压器油箱内故障和油面降低。

三、变压器电流速断保护

对于中、小容量变压器，可以装设单独的电流速断保护，作为变压器防止相间短路故障的主保护。动作无延时，只能利用动作电流保证保护的选择性，因此，动作电流整定按躲过变压器负荷侧母线短路电流，一般应大于变压器额定电流 3~5 倍以躲过变压器空载投入时的励磁涌流，显然电流速断保护动作电流数值较大，只能保护变压器一部分绕组（高压侧）的相间短路故障。所以都按不完全星形的两相两继电器接线方式构成。由于电流继电器的触点容量小，不能直接闭合断路器的跳闸线圈 YT 回路，必须经过中间继电器。电流速断保护的接线方式如图 11-2 所示。

1、2. 电流继电器；3. 中间继电器；4. 信号继电器；5. 连接片

图 11-2　电流速断保护的接线原理

四、变压器差动保护

对于容量较大的变压器，应装设电流差动保护。因为变压器过电流保护具有一定的时限，动作不够迅速，而变压器速断保护虽然动作迅速，但动作电流整定较大，对于轻微的内部故障不能反应，而且在变压器内部，靠近二次出线处还存在死区，即速断保护不起作用。

变压器差动保护的动作原理如图 11-3 所示。图中（a）表示变压器保护范围外部故障时的电流分布图，（b）表示变压器保护范围内部发生故障时的电流分布图。从图中可见，当变压器保护范围外部发生故障时，流入继电器的电流是变压器一、二次侧的两个电流之差。如果适当选择一、二次侧变流器，使变压器流过穿越性电流时，在一、二次变流器的副边出现接近相等的电流，则流入继电器的电流 I_1-I_{II} 接近于零，继电器不动作。

当变压器保护范围内部发生故障时，可能有两种情况，一种情况是变压器只一侧加有电源，流入继电器的电流仅为 I_1，如果故障电流足够大，则电流 I_1 足以使差动继电器动作。

另一种情况，若变压器两侧都有电源，则有两个流动方向相反的电流流入变压器，从图 11-3（b）可见，这两个电流通过变流器后，流入差动继电器时方向相同，两个电流相加，足以使继电器动作。

（a）外部故障　　　　　　　　　（b）内部故障

图 11-3　变压器差动保护的原理图

电力变压器差动保护的动作电流按躲过二次回路断线、变压器空载投运时激磁涌流和互感器二次不平衡电流、防止由此出现误动作来整定。变压器差动保护从原理上能够保证选择性，即实现内部故障时动作，外部故障时不动作，所以动作时间整定为 0 s。

电力系统中，变压器通常采用 Y，d11 接线方式，由于三角形侧的电流比星形侧的同一相电流在相位上超前 30°，如果两侧电流互感器都按通常接成星形接线，即使两侧电流互感器次电流的数值相等，在差动保护回路中也会出现不平衡电流。为了消除此不平衡电流可采用相位补偿法，即将变压器星形侧的电流互感器的二次侧接成三角形接线，而将变压器三角形侧的电流互感器二次侧接成星形接线，从而将电流互感器二次侧的电流相位校正过来，即将引入差动继电器的电流校正为同相位，同时，二次绕组将三角形接线的电流互感器变比调整为原来的 $\sqrt{3}$ 倍。如图 11-4 所示。

微机型变压器差动保护，可以通过软件计算实现相位校正。

图 11-4 Y，d11 接线变压器差动保护的接线图

五、变压器过电流保护

变压器相间短路的后备保护反映了变压器区外故障引起的变压器过电流，并作为变压器差动保护、电流速断保护和瓦斯保护的后备保护。作为后备保护，其动作时限与相邻元件后备保护配合，按阶梯原则整定；其灵敏度按近后备和远后备两种情况校验。

根据变压器容量及短路电流水平，常用的变压器相间短路的后备保护有过电流保护、低电压启动的过电流保护、复合电压启动的过电流保护、负序过电流保护、阻抗保护等。

1. 过电流保护

变压器过电流保护与线路定时限过电流保护原理相同，装设在变压器电源侧，由电流元件和时间元件构成，保护动作后切除变压器。电流元件的动作电流按躲过变压器可能出现的最大负荷电流整定。

2. 低电压启动的过电流保护

低电压启动的过电流保护由电流元件、电压元件、时间元件等构成，变压器低电压启动的过电流保护原理框图如图 11-5 所示。电流元件接在变压器电源侧电流互感器 TA 二次侧，分别反应三相电流增大时的动作；电压元件接在降压变压器低压侧母线电压互感器 TV 二次侧，分别反应三相线电压降低时的动作。当同时有电流元件和电压元件动作时，经过与门 Y 启动时间电路 T1，延时跳开变压器两侧断路器 1 QF 和 2 QF。

低电压启动的过电流保护是在定时限过电流保护的基础上增加了低电压启动条件。

由于采用了低电压元件，可以保证最大负荷时保护不动作，电流元件的动作可以按照躲过变压器额定电流整定，显然数值比定时限过电流保护的动作电流小，因此提高了保护的灵敏度。低电压元件动作电压整定，按照躲过正常运行母线可能出现的最低工作电压，并在外部故障切除后电动机自启动过程中必须返回。

如果一次主接线采用母线分段接线，作为变压器相间短路的后备保护，应该带有两段时限，以较短时限跳开分段断路器，缩小故障的影响范围；以较长时限跳开变压器各侧断路器。

（a）接线示意图　　　　　　　　（b）原理框图

图 11-5　低电压启动的过电流保护原理图

3. 复合电压启动的过电流保护

如果将图 11-5 所示的三个低电压元件改为负序电压元件和单个低电压元件，可构成复合电压启动的过电流保护。复合电压启动的过电流保护与低电压启动的过电流保护比较，可以简化保护接线，并提高不对称短路时保护的灵敏度。

六、变压器接地（零序）保护

变压器接地保护也称为变压器零序保护，用于中性点直接接地的系统中，作为变压器高压侧绕组及引出线接地短路、变压器相邻元件接地短路的后备保护。根据变压器中性点接地运行方式不同，接地保护设置也有区别。

1. 中性点直接接地运行的变压器接地保护

中性点直接接地运行的变压器，其接地保护通常采用两段式零序电流保护，保护原理框图如图 11-6 所示。变压器中性点通过接地刀闸 QS 接地，当变压器星形侧绕组以及连接元件发生接地短路时，零序电流流过变压器中性点，保护零序电流取自变压器中性点电流互感器二次侧。

两段式零序电流保护包括零序电流Ⅰ段和零序电流Ⅱ段，其中零序电流Ⅰ段与相邻元件零序电流Ⅰ段或Ⅱ段配合整定；零序电流Ⅱ段与相邻元件零序电流后备段配合整定。保护的每段均设置两个时限，其中以较短时限 t_1 或 t_3 跳开母联断路器 QF，以缩小故障影响范围，以较长时限 t_2 或 t_4 跳开变压器两侧断路器 1 QF 和 2 QF。例如，如果接地故障发生在母线Ⅰ连接的元件上，当 QF 跳闸后，故障已经被隔离，保护返回，不再切除变压器，母线Ⅰ连接部分可以继续运行。

图 11-6　变压器两段式零序电流保护原理框图

2. 中性点可能接地或不接地运行的变压器接地保护

中性点可能接地或不接地运行的变压器接地保护由零序过电流保护和零序过电压保护构成。其中零序过电流保护仍然设置为两段式零序电流保护，作为当变压器中性点接地运行时的保护方式。零序过电压保护作为变压器中性点不接地运行时的保护方式。例如，中性点有放电间隙的分级绝缘变压器接地保护原理框图如图 11-7 所示，两段式零序电流保护部分可参见图 11-6。

图 11-7　中性点有放电间隙的分级绝缘变压器接地保护原理框图

图 11-7 中的零序过电压保护由零序电压元件和时间元件组成，其动作电压整定原

则为：躲过系统中有接地中性点情况下发生单相接地短路时，保护安装处可能出现最大零序电压。其动作时限不需要与其他保护配合，只考虑躲过接地故障的暂态过程即可，一般整定为 0.3~0.5 s。

如果变压器中性点接地运行，QS 合闸，发生单相接地短路时，中性点出现零序电流，两段式零序电流保护起动，动作情况如图 11-6。如果变压器中性点不接地运行，QS 打开，当发生单相接地短路时，若放电间隙击穿，则间隙零序电流保护动作，瞬时经或门出口；若放电间隙未击穿，当系统内所有中性点接地运行的变压器都退出后，零序过电压保护动作，经或门出口。

七、过负荷保护

变压器过负荷通常是三相对称的，因此过负荷保护只接一相电流，经过延时发出信号。对于双绕组变压器，过负荷保护装在电源侧。对于单侧电源三绕组降压变压器，如果三侧容量相同，过负荷保护装在电源侧；如果三侧容量不相同，过负荷保护分别装在电源侧和容量较小一侧。对于双侧电源三绕组降压变压器或联络变压器，过负荷保护分别装在三侧。

八、变压器瓦斯保护

在油浸式变压器油箱内发生故障时，短路电流产生的电弧使变压器油和绝缘材料分解，产生大量气体（含有瓦斯成分），从油箱向油枕流动，能反映这种气流与油流动作的保护称为瓦斯保护。瓦斯保护的主要元件为气体继电器，也称瓦斯继电器。继电器整定好后，将它安装在变压器油箱和油枕之间的连接管道中，并要注意使气体继电器上的箭头指向油枕的一侧，否则气体继电器将失效。通常轻瓦斯动作后发信号，重瓦斯动作后跳开变压器各侧断路器。

瓦斯保护的原理接线如图 11-8 所示，气体继电器 1 上触点为轻瓦斯保护，动作后发出延时信号。继电器的下触点为重瓦斯保护，动作后经信号继电器 2 启动出口中间继电器 3，跳开变压器两侧的断路器。由于重瓦斯反应油流根据流速的大小而动作，而油流的流速在故障过程中往往很不稳定，所以重瓦斯动作后必须有自保持回路，以保证断路器能可靠跳闸，为了防止变压器在换油或进行气体继电器试验时误动作，可通过连接片将重瓦斯暂时接到信号回路运行。

图 11-8　瓦斯保护的原理接线图

第三节　电力线路保护

电力用户 6~10 kV 线路的继电保护，一般配置瞬时电流速断和过电流保护，或加限时电流速断保护。

一、瞬时电流速断保护

瞬时电流速断保护反应线路出现故障时电流增大动作，并且没有动作延时，所以必须保证只有在被保护线路上发生短路时才动作，例如图 11-9 的保护 1 必须只反应线路 L_1 上的短路，而对 L_1 以外的短路故障均不应动作，这就是保护的选择性要求，瞬时电流速断保护是通过对动作电流的合理整定来保证选择性的。

瞬时电流速断保护是按躲过本线路末端最大短路电流来整定计算。因此，在靠近线路末端附近发生短路故障时，短路电流达不到动作值，电流速断保护不会启动。在本线路上，电流速断保护保护不到的区域称为死区。在电流速断保护死区内发生短路事故时，一般由过电流保护动作跳闸，因此过电流保护是电流速断保护的后备保护。

$$I^{\mathrm{I}}_{\mathrm{DZ.1}} = K_{\mathrm{k}} I^{(3)}_{\mathrm{k.B.max}}$$

式中，$I^{\mathrm{I}}_{\mathrm{DZ.1}}$——线路 L_1 的瞬时电流速断保护一次动作电流；

K_{k}——瞬时电流速断保护的可靠系数，取 1.2~1.3；

$I_k^{(3)}{}_{B.max}$——系统最大运行方式下，在线路 L_1 末端（母线）发生三相短路时流过保护 1（即线路 L_1）的短路电流。

图 11-9　电力线路三级串供示意图

二、过电流保护

电力线路过电流保护的动作电流按躲过最大负荷电流整定，动作时间的整定采取阶梯原则，即位于电源的上一级保护的动作时间要比下一级保护时间长。这个时间上的差别，称为时限阶段差，考虑到作为后面相邻区段的后备保护，当后面相邻区段发生事故时，如果该相邻区段本身的继电保护因故拒动，才由本区段过电流保护动作跳闸，因此需设置 $\Delta_t = 0.5\,s$ 的时限阶段差。过电流保护的动作时间一般在 $1.0 \sim 1.2\,s$。

三、限时电流速断保护

由于电流速断保护具有可靠的选择性和速动性，因此多用作线路或电气设备的主要保护。电流速断保护的缺点是具有末端死区，不能保护全线路。过电流保护能保护全线路，但达不到速动性的要求，这时可以加一套限时电流速断保护。对于高压电力线路，限时电流速断保护的动作时间一般取 $0.5\,s$，动作电流按下式整定：

$$I_{DZ} = K_k I'_{DZ}$$

式中，I_{DZ}——限时电流速断保护动作电流；

K_k——可靠系数，取 $1.1 \sim 1.15$；

I'_{DZ}——相邻线路的电流速断保护动作电流。

四、三段式电流保护

电流速断、限时电流速断和定时限过电流保护都是随反应电流增大而动作的保护装置。电流速断保护能快速切除线路首端故障，但不能保护本线路全长，限时电流速断不能保护到下一级线路的末端，过电流保护能保护本线路及下一级线路全长但动作时间较长。为保证快速而有选择地切除故障，把这三种保护组合构成三段式电流保护。

也可采用电流速断和过电流保护，或限时电流速断和定时限过电流保护构成两段式电流保护。电流速断称为第Ⅰ段，限时电流速断为第Ⅱ段，过电流为第Ⅲ段。

图 11-10　三段过流保护装置及其动作时限的配合

近后备：线路 X-1 本身的主保护为速断保护和带时限速断保护，而第三段过流保护对本线路的主保护起后备作用，故称近后备。

远后备：当线路 X-2 的保护或开关拒动时，线路 X-1 的过流保护均可起后备作用，由于 X-1 的过流保护是对相邻的下一级线路 X-2 的保护起后备作用，故称远后备。

五、低电压保护和电流方向保护

除了限时电流速断保护外，35 kV 及以上的电力线路有时还设置低电压保护。因为电力线路发生短路事故时，母线电压不正常，会下降，三相电压可能不平衡，可通过低电压继电器来反映该现象，以达到快速跳闸的目的。

图 11-11　低电压保护

对于两侧都有电源，而且能同时供电的电力线路，例如两侧都有电源的环网线路，通常都设置方向继电器，用以判别电流方向，将事故停电范围限制在最小区域内。这类保护称为方向保护，例如方向过电流保护，或方向电流速断保护等。

图 11-12　两侧都有电源的电力线路示意图

当 D_1 点发生短路时，流过保护 2 的电流是由线路指向母线，保护 2 不应动作；而流过保护 3 的电流是由母线指向线路，保护 3 应该动作。这种功率的方向在图中用实箭头标出。当 D_2 点发生短路时，流过保护 2 的电流是母线指向线路，保护 2 应动；而流过保护 3 的电流是由线路指向母线，保护 3 不应动。

图 11-13　电流方向保护原理图

图 11-13 中，电流方向是通过功率方向继电器 KP 测定的，如果正向短路电流流过保护，则功率方向继电器接点接通，如果是区内故障，则电流继电器启动，在功率方向继电器和电流继电器二者都动作的情况下发保护动作信号，使断路器跳闸。如果是反向短路，则即使电流继电器因流过反向电流而动作，但功率方向继电器不动作，保护被闭锁。

第四节　高压电动机保护

一、高压电动机的故障和异常运行状态

高压电动机通常指 3~10 kV 供电电压的电动机，运行中可能发生的主要故障有电动机定子绕组的相间短路故障（包括供电电缆相间短路故障）、单相接地短路以及一相绕组的匝间短路。电动机最常见的异常运行状态有：启动时间过长、一相熔断器熔丝或三相不平衡、堵转、过负荷引起的过电流、供电电压过低或过高。

定子绕组的相间短路是电动机最严重的故障，将引起电动机本身绕组绝缘严重损坏、铁芯烧伤，同时，将造成供电电网电压的降低，影响或破坏其他用户的正常工作。

因此要求尽快切除故障电动机。

高压电动机的供电网络一般是中性点非直接接地系统，高压电动机发生单相接地故障时，如果接地电流大于10 A，将造成电动机定子铁芯烧损，另外单相接地故障还可能发展成匝间短路或相间短路。因此，视接地电流的大小可切除故障电动机或发出报警信号。

二、高压电动机的保护配置

2000 kW以下的高压电动机，装设电流速断保护，保护宜采用两相式并动作于跳闸。对单相接地电流大于5 A时的电动机，应装设反应单相接地故障的零序电流保护，单相接地电流为10 A及以上时保护装置动作于跳闸；10 A以下时，保护装置可动作于跳闸也可动作于信号。运行过程中易发生过负荷和需要防止启动或自启动时间过长的电动机应装设过负荷保护、反应电压降低的低电压保护和同步电动机的失步保护等。

2000 kW及以上大容量的高压电机，普遍采用纵差动保护代替电流速断保护。2000 kW以下的电动机，如果电流速断保护灵敏度不能满足要求时，也可采用电流纵差动保护代替电流速断保护。电动机纵差动保护的工作原理与变压器纵差动保护相似。

高压电动机常用的电流保护为电流速断保护（或电流差动保护）和过负荷保护。其接线方式与变压器保护类似，也可以采用差接线，只需一只过电流继电器。

高压电动机的过负荷保护根据需要可动作于跳闸或作用于信号。有时可同时设置两套过负荷保护，一套保护动作于跳闸，另一套保护动作于信号。

第五节　3~10 kV高压电力电容器组保护

一、高压电力电容器常见故障类型及异常运行

（1）电容器组与断路器之间连线短路。

（2）单台电容器内部极间短路。

（3）电容器组多台电容器故障。

（4）电容器过负荷。

（5）母线电压升高。

（6）电容器组失压。

二、高压电容器组保护配置

中小容量的高压电容器组普遍采用电流速断或延时电流速断作为相间短路保护。如为电流速断保护，动作电流可取电容器组额定电流的 2~2.5 倍，动作时间为 0 s；如为延时电流速断保护，动作电流可取电容器组额定电流的 1.5~2 倍，动作时限可取 0.2 s，以便避开电容器的合闸涌流。

第六节　电力系统自动装置

为了保障电力系统安全经济运行、提高供电可靠性、保证电能质量，电力系统自动装置是必不可少的。电力系统自动装置可分为自动调节装置和自动操作装置。

自动调节装置一般是为了保证电能质量、消除系统异常运行状态等，而对某些电量实施自动的调节，例如电力系统频率自动调节等。自动操作装置的作用对象往往是某些断路器，自动操作的目的是提高电力系统的供电可靠性和保证电力系统安全运行，例如备用电源自动投入装置、线路自动重合闸装置、低频减载装置等。

一、自动重合闸

由于发生事故，继电保护动作断路器自动跳闸后，能使断路器自动合闸的装置称为自动重合闸装置。运行经验证明，电力系统中有不少短路事故都是瞬时性的，特别是架空线路由于落雷引起的短路，或者因刮风或鸟类碰撞引起导线舞动造成的短路，在继电保护动作、断路器跳闸切断电源后，故障点的电弧很快熄灭，绝缘会自动恢复。这时如能将断路器自动重新投入，电力线路将继续保持正常供电。自动重合闸所实现的就是这一功能。

对于电力电缆专线供电的馈线，由于没有上述两种情况，因此不采用自动重合闸。

二、备用电源自动投入装置

1. 备用电源自动投入的作用

备用电源自动投入装置是当工作电源因故障自动跳闸后，自动、迅速地将备用电源投入的一种自动装置，简称备自投装置。备用电源自动投入装置动作时，通过备用线路断路器或备用变压器断路器实现备用电源的自动投入。

在变电站，备用电源自动投入装置可保证在工作电源出现故障退出后能够继续获得电源，使变电站正常供电，显然有效地提高了供电的可靠性。

2. 对备用电源自动投入装置的基本要求

针对一次系统的接线，备自投的一次接线方案不同，但都必须满足一些基本要求。对备自投装置的基本要求可归纳如下。

（1）应保证工作电源断开后，备用电源才能投入。

这一要求的目的是防止将备用电源投入到故障设备上，造成备自投装置动作失败，甚至扩大故障，加重设备损坏。

（2）工作母线不论任何原因造成的电压消失，备用电源均应投入。

工作母线失压的原因包括供电电源故障、供电变压器故障、母线故障、出线故障没有断开、断路器误跳闸等，这些情况造成工作母线失压时，备自投装置均应动作。但当备用电源无电压时备自投装置不应动作。

（3）备用电源只能投入一次。

备自投装置动作，如果合闸于持续性故障，则备用电源或备用设备的继电保护会加速将备用电源或备用设备断开。此时若再投入备用电源，不但不会成功，而且会使备用电源或备用设备、系统再次遭受故障冲击，可能造成扩大事故、损坏设备等严重后果。

（4）备用电源投于故障设备时，继电保护应加速动作。

（5）电压互感器二次断线时装置不应动作。

工作母线失压时备自投装置均应动作，而备自投装置是通过电压互感器测量母线电压的。当电压互感器二次断线时，备自投装置感受为母线失压，但此时实际母线电压正常，因此备自投装置不应动作。

另外，备自投装置动作时间应该以负荷停电时间尽可能短为原则，以减少电动机的自启动时间。但故障点应有一定的恢复绝缘时间，以保证装置的动作成功。

3. 备用电源自动投入的一次接线方案

备用电源自动投入的一次接线方案形式多样，按照备用方式可以分为明备用和暗备用。明备用指正常情况下有明显断开的备用电源、备用设备或备用线路；暗备用指正常情况下没有断开的备用电源或备用设备，而是工作在分段母线状态，靠分段断路器取得相互备用。

根据我国变电站一次主接线情况，备用电源自动投入的主要次接线方案有以下几种。

（1）低压母线分段备自投接线

低压母线分段备自投一次接线如图 11-14 所示。正常运行时，母线分段断路器 3QF 断开，断路器 1QF、2QF 闭合，母线分段运行，1 号电源和 2 号电源互为备用，是暗备用方式。可以称 1 号电源为 I 段母线的主供电源、II 段母线的备用电源；2 号电源为 II 段母线的主供电源、I 段母线的备用电源。因此，备自投装置的动作过程可以描述为：主供电源失电或供电变压器故障跳闸时，跳开主供电源断路器，在确认断路器跳开后，判断备用电源正常运行，闭合分段断路器。具体可以分为以下两种情况：

I 段母线任何原因失电（如 1 号电源失电或变压器 T_1 故障）时，跳开 1QF，确认进线无电流，在判断 II 段母线正常运行时闭合 3QF。

I 段母线任何原因失电（如 2 号电源失电或变压器 T_2 故障）时，跳开 2QF，确认进线无电流，在判断 I 段母线正常运行时闭合 3QF。

图 11-14　低压母线分段备自投一次接线

（2）变压器备自投接线

变压器备自投一次接线如图 11-15 所示。图 11-15（a）中 T_1 和 T_2 为工作变压器、T_0 为备用变压器，是明备用方式。正常运行时，I 段母线和 II 段母线分别通过变压器 T_1 和 T_2 获得电源，即 1QF 和 2QF 合闸，3QF 和 4QF 合闸，5QF、6QF 和 7QF 断开；当 I 段（或 II 段）母线因任何原因失电时，断路器 2QF 和 1QF（或 4QF 和 3QF）跳闸，若母线进线无电流、备用母线有电压，5QF、6QF（或 5QF、7QF）合闸，投入备用变压器 T_0，恢复对 I 段母线（或 II 段母线）负荷的供电。

图 11-15（b）中 T_1 为工作变压器、T_2 为备用变压器，是明备用方式。正常运行时，通过工作变压器 T_1 给负荷母线供电；当 T_1 出现故障退出后，投入备用变压器 T_2。

（a）T_0 同时为 T_1 和 T_2 的备用　　（b）T_2 为 T_1 的备用

图 11-15　变压器备自投一次接线

（3）进线备自投接线

进线备自投一次接线如图 11-16 所示。图 11-16（a）为单母线不分段接线，断路器 1 QF 和 2 QF 一个合闸（作为工作线路），另一个断开（作为备用线路），显然是明备用方式。例如线路 1 工作、线路 2 备用时，则 1 QF 处于合闸状态、2 QF 处于断开状态。当母线因各种原因失压时，1 QF 跳开，检测工作线路无电流、备用线路有电压，则合闸 2 QF，恢复对母线连接负荷供电。

（a）单母线不分段　　　　　　　　　　（b）母线分段

图 11-16　进线备自投一次接线

图 11-16（b）为母线分段接线，有三种运行方式：

方式一：线路 1 工作带Ⅰ段和Ⅱ段母线负荷，1 QF 和 3 QF 处于合闸状态，线路 2 备用、2 QF 处于断开状态，是明备用方式。

方式二：线路 2 工作带Ⅰ段和Ⅱ段母线负荷，2 QF 和 3 QF 处于合闸状态，线路 1 备用、1 QF 处于断开状态，是明备用方式。

方式三：线路 1 和线路 2 都工作，分别带Ⅰ段和Ⅱ段母线负荷，1 QF 和 2 QF 处于合闸状态、3 QF 处于断开状态，即母线工作在分段状态，是暗备用方式，当任一母线失去电源时，通过合闸分段断路器从另一供电线路取得电源。

第七节　二次回路基本知识

电力系统的二次回路是个非常复杂的系统。为便于设计、制造、安装、调试及运行维护，通常在图纸上使用图形符号及文字符号按一定规则连接来对二次回路进行描述。这类图纸我们称之为二次回路接线图。

一、二次回路图的分类

按图纸的作用，二次回路的图纸可分为原理图和安装图。原理图是体现二次回路工作原理的图纸，按其表现形式又可分为归总式原理图和展开式原理图。安装图按其作用又分为屏面布置图和安装接线图。

1. 二次回路原理图

（1）归总式原理图

图 11-17 为三段式电流保护的归总式原理图。图中各元件均以完整的图形符号表示，有交流和直流回路，图中所示的接线是广泛应用于中性点不接地或非直接接地系统电力线路的两相不完全星形接线。接于 A 相的阶段式电流保护由继电器 1 KA、KM、1 KS 组成 I 段，由 3 KA、1 KT、2 KS 组成 II 段，由 5 KA、2 KT、3 KS 组成

图 11-17　阶段式电流保护归总式原理图接线图

Ⅲ段。接于 C 相的阶段式电流保护由继电器 2KA、KM、1KS 组成 I 段，由 4KA、1KT、2KS 组成 Ⅱ段，由 6KA、2KT、3KS 组成 Ⅲ段。为使保护接线简单，节省继电器，A 相与 C 相共用其中的中间继电器、信号继电器及时间继电器。

从图 11-17 可以看出，归总式原理图的特点是将二次回路的工作原理以整体的形式在图纸中表示出来，例如相互连接的电流回路、电压回路、直流回路等，都综合在一起。因此，这种接线图的特点是能够使读图者对整个二次回路的构成以及动作过程都有一个明确的整体概念。它的主要优点是便于阅读，能表示动作原理，有整体概念；其缺点是对二次回路的细节表示不够，不能表示各元件之间接线的实际位置，未反映各元件的内部接线及端子编号、回路编号等，不便于现场的维护与调试，对于较复杂的二次回路读图比较困难。所以还要有展开式原理图和安装图。

（2）展开式原理图

展开式原理图是以电气回路为基础，将继电器和各元件的线圈、触点按保护动作顺序，自左而右、自上而下绘制的接线图，简称展开图，如图 11-18 所示。

展开图的特点是分别绘制保护的交流电流回路、交流电压回路、直流回路及信号回路。各继电器的线圈和触点也分开，分别画在它们各自所属的回路中，并且属于同一个继电器或元件的所有部件都注明同样的符号。所有继电器元件的图形符号按国家标准统一编制。绘制展开图时应遵守下列规则：

① 回路的排列次序，一般先是交流电流、交流电压回路，后是直流回路及信号回路。

② 每个回路内，各行的排列顺序，对交流回路按 a、b、c 相序排列，直流回路按保护的动作顺序自上而下排列。

图 11-18　阶段式电流保护展开图接线图

③ 每一行中各元件（继电器的线圈、触点等）按实际顺序绘制。以图11-17为例说明原理图绘制成图11-18的展开图。首先画交流电流回路，交流电从电流互感器TAa出来，经电流继电器1 KA、3 KA、5 KA的线圈流到中线形成回路，同理从TAc流出的交流经2 KA、4 KA、6 KA流到中线形成回路。其次，画直流回路，将属于同一回路的各元件的触点、线圈等按直流电流经过的顺序连接起来。如"+KM""-1 KA-KM-""-KM"等。这样就形成了展开图的各行，各行按动作先后顺序由上而下垂直排列，形成直流回路展开图，为便于阅读，在展开图各回路的右侧还常加上一个文字说明表，以说明各行的性质或作用，如"电流速断""跳闸回路"等，最后绘制信号回路，过程同上。

阅读展开图时，先交流后直流再信号，自上而下，从左到右，层次分明。展开图对于现场安装、调试、查线都很方便，在生产中应用广泛。

2. 二次回路安装图

（1）屏面布置图

屏面布置图是加工制造屏柜和安装屏柜上设备的依据。上面每个元件的排列、布置，是根据运行操作的合理性，并考虑维护运行和施工方便来确定的，因此应按一定比例进行绘制，并标注尺寸。

（2）安装接线图

安装接线图是以屏面布置图为基础，以原理图为依据绘制而成的。它标明了屏柜上各个元件的代表符号、顺序号，以及每个元件引出端子之间的连接情况，它是一种指导屏柜上配线工作的图纸。为了配线方便，在安装接线图中对各元件和端子排都采用相对编号法进行编号，用以说明这些元件间的相互连接关系。（图11-19）

图 11-19 二次安装接线图

二、二次回路图的读图方法

二次回路图的逻辑性很强，在绘制时应遵循一定的规律，读图时如能按此规律就很容易读懂。读图前首先要弄懂该图纸所绘继电保护的功能及动作原理、图纸上所标符号的含义，然后按照先交流、后直流，先上后下，先左后右的顺序读图。对交流部分，要先看电源，再看所接元件。对直流元件，要先看线圈，再查接点，每一个接点的作用都要查清。如有多张图纸时，有些元件的线圈与接点可能分布在不同的图纸上，不能疏漏。

三、二次回路的编号

1. 编号的作用

二次设备数量多，相互之间连接复杂。要将这些二次设备连接起来就需要数量庞大的二次连线或二次电缆，如何才能表示每根二次线与二次设备间的相互关系呢？有效的方法是编号，按二次连接线的性质、用途和走向为每一根线按一定规律分配一个唯一的编号，就可以把二次线区分开来。按线的性质、用途进行编号叫回路编号法；按线的走向、设备端子进行编号叫相对编号法。

2. 回路编号法

（1）回路编号的原则

凡是各设备间要用控制电缆经端子排进行联系的，都要按回路原则进行编号。某些在屏顶上的设备与屏内设备的连接，也要经过端子排，此时屏顶设备可看作屏外设备，在其连接线上同样按回路编号原则给予相应的标号。换句话说，就是不在一起（一面屏或一个箱内）的二次设备之间的连接线就应使用回路编号。

（2）回路编号的作用

在二次回路图里面，用得最多的就是展开式原理图，在展开式原理图中的回路编号和安装接线图端子排上电缆芯的编号是一一对应的，这样看到端子排上的一个编号就可以在展开图上找到对应这一编号的回路；同样，看到展开图上的某一回路，就可以根据这一编号找到其连接在端子排上的各个点，从而为二次回路的检修、维护提供极大的方便。典型的展开式原理图如图11-20所示。

图11-20　展开式原理图

（3）回路编号的基本方法

① 由3位或3位以下的数字组成，需要标明回路的相别或某些主要特征时，可在

数字编号的前面（或后面）增注文字或字母符号。

② 按等电位的原则标注，即在电气回路中，连在一点上的所有导线均标以相同的回路编号。

③ 电气设备的触点、线圈、电阻、电容等元件所间隔的线段，即视为不同的线段，一般给予不同的标号；当两段线路经过动断接点相连，虽然平时都是等电位，但一旦接点断开，就变为不等电位，所以经动断触点相连的两段线路也要给予不同编号。对于在接线图中不经过端子而在屏内直接连接的回路，可不编号。

（4）直流回路编号细则

① 对于不同用途的直流回路，使用不同的数字范围，如控制和保护用 001~099 及 100~599，励磁回路用 601~699。

② 控制和保护回路使用的数字标号，按熔断器所属的回路进行分组，每一百个数分为一组，如 101~199、201~299、301~399……其中每段里面先按正极性回路（编为奇数）编号，如 101、103、133……再按负极性回路（偶数）编号，如 100、102、104……展式原理图 11-21 中的 1、3、5、7、33 即是按规则编制的回路编号。

图 11-21 过流保护的展开式原理图

③ 信号回路的数字标号，按事故、位置、预告、指挥信号进行分组，按数字大小进行排列。

④ 开关设备、控制回路的数字标号组，应按开关设备的数字序号进行选取。例如有 3 个控制开关 1KK、2KK、3KK，则 1KK 对应的控制回路数字标号选 101~199，2KK 所对应的选 201~299，3KK 所对应的选 301~399。对分相操作的断路器，其不同相别的控制回路通常在数字组后加小写的英文字母来区别，如 107a、335b 等。

⑤ 正极回路的线段按奇数编号，负极回路的线段按偶数编号。每经过回路的主要压降元（部）件（如线圈、绕组、电阻等）后，即行改变其极性，其奇偶顺序即随之

改变。对不能标明极性或其极性在工作中改变的线段，可任选奇数或偶数。

对于某些特定的主要回路通常给予专用的标号组。例如正电源为 101、201，负电源为 102、202，合闸回路中的绿灯回路为 105、205、305、405。

（5）交流回路编号细则

① 对于不同用途的交流回路，使用不同的数字组，在数字组前加大写的英文字母来区别其相别。例如电流回路用 400～599，电压回路用 600～799，电流回路的数字标号一般以十位数字为一组，如 A401～409、B401～409、C401～409……A591～599、B591～599。

② 电流互感器和电压互感器的回路，均需在分配给它们的数字标号范围内，自互感器引出端开始，按顺序编号，例如 1TA 的回路标号用 411～419，2TV 的回路标号用 621～629 等。

③ 某些特定的交流回路给予专用的标号组。如用"A310"标示 110 kV 母线电流差动保护 A 相电流公共回路；"B3201"标示 220 kVⅠ 母线电流差动保护 B 相电流公共回路；"C700"标示绝缘检查电压表的 C 相电压公共回路。

3. 相对编号法

相对编号法常用于安装接线图中，供制造、施工及运行维护人员使用。当甲、乙两个设备需要互相连接时，在甲设备的接线端子上写上乙设备的编号及具体接线端子的标号，而在乙设备的接线端子上写上甲设备的编号及具体接线端子的标号，这种相互对应编号的方法称为相对编号法。如图 11-22 用相对编号标示的二次安装接线图，其中以罗马数字和阿拉伯数字组合为设备编号。

（1）相对编号的作用

回路编号可以将不同安装位置的二次设备通过编号连接起来，对于同一屏内或同一箱内的二次设备，相隔距离近，相互之间的连线多，回路多，采用回路编号很难避免重号，而且不便于查线和施工，这时就只有使用相对编号：先把本屏或本箱内的所有设备顺序编号，再对每一设备的每一个接线端子进行编号，然后在需要接线的接线端子旁写上对端接线端子编号，以此来表示每一根连线。

（2）相对编号的组成

一个相对编号就代表一个接线端子，一对相对编号就代表一根连接线，对于一面屏、一个箱子，接线端子数百个，每个接线端子都得编号，编号要不重复、好查找，就必须统一格式，常用的是"设备编号"—"接线端子号"格式。

① 设备编号一种是以罗马数字和阿拉伯数字组合的编号，多用于屏（箱）内设备数量较多的安装图，如中央信号继电器屏、高压开关柜、断路器机构箱等。罗马数字表示安装单位编号，阿拉伯数字表示设备顺序号，在该编号下边，通常还有该设备

的文字符号和参数型号。例如一面屏上安装有两条线路保护，我们把用于第一条线路保护的二次设备按从上到下顺序编为Ⅰ1、Ⅰ2、Ⅰ3……端子排编为1，把用于第二条线路保护的二次设备按从上到下的顺序编为Ⅱ1、Ⅱ2，端子排编为Ⅱ。为对应展开图，在设备编号下方标注有与展开图相一致的设备文字符号，有时还应注明设备型号，如图11-22所示。这种编号方式的优点是便于查找设备，缺点是不够直观。

图 11-22 二次安装接线图

② 另一种是直接编设备文字符号（与展开图相一致的设备文字符号）。用于屏（箱）内设备数量较少的安装图，微机保护将大量的设备都集成在保护箱里了，整面微机保护屏上除保护箱外就只有空气开关、按钮、压板和端子排了，所以现在的微机保护屏大都采用这种编号方式。例如保护装置就编为 1 n、2 n、11 n，空气开关就编为 1 K、2 K、31 K，连接片编为 1 LP、2 LP、21 LP 等，按钮就编为 1 SA、2 FA、11 FA，属于 1 n 装置的端子排就编为 1 D，属于 11 n 装置的端子排就编为 11 D 等，如图 11–22 所示。

4. 设备接线端子编号

每个设备在出厂时对其接线端子都有明确编号，在绘制安装接线图时就应将这些编号按其排列关系、相对位置表达出来，以求得图纸和实物的对应。对于端子排，通常按从左到右从上到下的顺序用阿拉伯数字顺序编号。如图 11–17 中的"11/YA"接线端子编号就是按照电压互感器出厂时的字母标号进行编号，图 11–22 中的"1In/LFX-913"接线端子从上到下的顺序编号、"11D"端子排从上到下的顺序编号。

把设备编号和接线端子编号加在一起，每一个接线端子就有了唯一的相对编号。如接线端子 I1-a、I5-1、11n7、1K-3、1LP-2、11FA-1，端子号 I-1、I-13、11D6、11D37。每一对相对编号就唯一对应一根二次接线，如 11D9 和 11n10、I4-1 和 I-1。

5. 控制电缆的编号

在一个变电所或发电厂里，二次回路的控制电缆也有相当数量，为方便识别，需要对每一根电缆进行唯一编号，并将编号悬挂于电缆根部。电缆编号由打头字母和横杠加上三位阿拉伯数字构成，如 1 Y-123、2 SYH-112、3 E-181A……打头字母表征电缆的归属：如"Y"就表示该电缆归属于 110 kV 线路间隔单元，若有几个线路间隔单元，就以 1 Y、2 Y、3 Y 进行区分；"E"表示 220 kV 线路间隔单元；"2UYH"表示该电缆归属于 35 kV Ⅱ段电压互感器间隔。阿拉伯数字表征电缆走向，如 121~125 表示该电缆是从控制室到 110 kV 配电装置的，180~189 表示该电缆是连接本台配电装置（TA、刀闸辅助触点）和另一台配电装置（端子箱）的，130~149 表示该电缆是连接控制室内各个屏柜的。有时还在阿拉伯数字后面加上英文字母表示相别。

为方便安装和维护，在电缆牌和安装接线图上，不仅要注明电缆编号，还要在其后标注电缆规格和电缆详细走向，如图 11–22 所示。

6. 小母线编号

在保护屏顶，大都安装有一排小母线，为方便取用交流电压和直流电源，对这些小母线，我们也要用标号来识别。标号一般由英文字母表示，前面可加上表明母线性质的"+""–""~"号，后面可以加上表征相别的英文字母。如 +KMI 表示 I 段直流控制母线正极，1YMa 表示 I 段电压小母线 A 相，-XM 表示直流信号母线负极。

第八节　变电所操作电源

操作电源在变电所中是一个独立的电源。即使变电所发生短路事故，母线电压降到零，操作电源也不允许出现中断，仍应保证具有足够的电压和足够的容量。变电所断路器控制、继电保护、自动装置和信号设备所使用的电源称为操作电源。对操作电源的基本要求是要有足够的可靠性。保证在正常运行和事故状态下二次设备正常工作。

操作电源可分为两大类：对于接线方式较为简单的小容量变电所，常常采用交流操作电源；对于较为重要、容量较大的变电所，一般采用由蓄电池供电的直流操作电源。

一、交流操作电源

1. 变流器供给操作电源

当电气设备发生短路事故时，可以利用短路电流经变流器供给操作回路作为跳闸操作电源。图 11-23 即为 GL 系列过电流继电器去分流跳闸的连接图。正常时，跳闸线圈 YT 与过电流继电器的动断触点和动合触点形成并联分流电路。当被保护区域发生短路故障时，过电流继电器 GL 启动，动合触点合上，动断触点打开，于是变流器的二次线圈与继电器 GL 的电流线圈和跳闸线圈组成串联回路，变流器二次回路流过的电流使开关跳闸。这种只适用于 10 kV 及以下容量不大的变电所，只有在发生短路事故时或者在负荷电流较大时，变流器中才会有足够的二次电流作为继电保护跳闸之用。

图 11-23　变流器供给操作电源举例

2. 交流电压供给操作电源

上面介绍的电流互感器供给操作电源，只是用作事故跳闸时的跳闸电流。如果要合闸操作，则必须具有交流或直流操作电源。例如采用弹簧操作机构操作断路器合闸时，必须先采用交流电源或直流电源，作为弹簧的储能电源。如果没有储能所需电源，则须手动储能，十分不便。

二、硅整流电容储能直流电源

正常运行时，由硅整流装置将所用交流电源变成直流电源，作为操作电源同时向储能电容充电。当整流装置电源发生短路故障时，会引起交流电源电压下降，经整流后输出的直流电压常常不能满足继电保护装置动作的需要，这时利用电容器蓄能来补偿是一个比较简单可行的解决办法。电容器所蓄能量应满足继电保护装置和断路器跳闸线圈动作时所需的能量。

硅整流加储能电容作为直流操作电源，如果维护不当，例如电容失效，则有可能出现断路器拒动，酿成重大电气事故，甚至引起电气火灾。因此采用硅整流加储能电容作为直流操作电源的变电所，特别需要加强对这一系统的监视。如发现异常应及时查清原因，进行整改，以保证操作电源供电的可靠性。由于其可靠性不够高，仅能用于容量较小的变电所中。

三、铅酸蓄电池直流电源

铅酸蓄电池以稀硫酸为电解液，属于酸性储蓄池，它能把电能转变为化学能储存起来，使用时再把化学能转变为电能释放出来。变化的过程是可逆的。当蓄电池由于放电而出现电压和容量不足时，可以用适当的反向电流通入蓄电池，使蓄电池重新充电，将电能转化为化学能储存起来。蓄电池的充电放电过程，可以重复循环，所以蓄电池又称为二次电池。

一般的铅酸蓄电池，以前在变电所被广泛使用，但需要专用蓄电池室和调酸室，由于有氢气发生，对防爆、防火、通风、隔热要求高，现已被免维护电池取代。

四、镉镍蓄电池直流电源

镉镍蓄电池与铅酸蓄电池一样，能将电能以化学能的形式储存起来，属碱性电池的一种。镉镍蓄电池由塑料外壳、正负极板、隔膜、顶盖、气塞帽以及电解液等组成。与铅酸蓄电池比较，镉镍蓄电池放电电压平稳、体积小、寿命长、机械强度高，维护方便，占地面积小，但是价格昂贵，有其局限性。

第十二章 特殊防护、应急处置

第一节 电气防火防爆

一、电气火灾与爆炸的原因

1. 电气设备过热

电气设备在运行中，电流的热量、电火花和电弧等都是导致电气火灾的直接原因。电气设备过热主要是由电流产生的热量造成的。

导体的电阻虽然很小，但其电阻总是客观存在的。因此，电流通过导体时要消耗一定的电能，这部分电能转化为热能，使导体温度升高并加热其周围的其他材料。

对于电动机和变压器等带有铁磁材料的电气设备，除电流通过导体产生的热量外，还有在铁磁材料中产生的热量，这部分热量是由于铁磁材料的涡流损耗和磁滞损耗造成的。因此，这类电气设备的铁芯也是一个热源。

当电气设备的绝缘质量降低时，通过绝缘材料的泄漏电流增加，可能导致绝缘材料温度升高。

由上可知，电气设备运行时总是要发热，但是，设计规范、施工正确以及运行正常的电气设备，其最高温度和其与周围环境温度之差（即最高温升）都不会超过某一允许范围。例如裸导线和塑料绝缘线的最高温度一般不超过70℃；橡胶绝缘线的最高温度一般不得超过65℃；变压器的上层油温不得超过85℃；电力电容器外壳温度不得超过65℃；电动机定子绕组的最高温度，对应于所采用的A级、E级和B级绝缘材料分别为95℃、105℃和110℃；定子铁芯分别是100℃、115℃、120℃等。这就是说，电气设备正常的发热是允许的，但当电气设备的正常运行遭到破坏时，发热量增加，温度升高，在一定条件下，可能引起火灾。

引起火灾的条件有可燃物（具备一定数量的可燃物）、助燃物（有足够数量的氧化剂）和着火源（危险的温度）（具备一定数量的点火源），且这三个条件要同时具备。

引起电气设备过热的不正常运行大体包括以下几种情况：

（1）短路

① 发生短路时，线路中的电流增加为正常时的几倍甚至几十倍，而产生的热量又与电流的平方成正比，使得温度急剧上升，大大超过允许范围，从而破坏设备的绝缘。如果温度达到可燃物的自燃点，即引起燃烧，则可能会导致火灾。电路处于短路状态时，会因为电路中的电流过大而损坏电源、烧毁导线，甚至造成火灾等严重事故。

② 当电气设备的绝缘老化变质，或受到高温、潮湿、腐蚀的作用而失去绝缘能力时，即可能引起短路。

③ 绝缘导线直接缠绕、钩挂在铁钉或铁丝上时，由于磨损和铁锈腐蚀，很容易使绝缘破坏而形成短路。

④ 由于设备安装不当或工作疏忽，可能使电气设备的绝缘受到机械损伤而形成短路。

⑤ 电力线路由于受到大风、大雪、覆冰等恶劣天气的影响，及雷击等过电压的作用，电力线路设备的绝缘可能遭到击穿而形成短路。

⑥ 在安装和检修工作中，由于接线和操作的错误，也可能造成短路事故。

（2）过载

过载是指线路中的电流大于线路的计算电流或允许载流量。过载会引起电气设备发热，造成过载的原因大体上有以下两种情况：

① 设计时选用的线路或设备不合理，以致在额定负载下产生过热。由于导线截面积和设备选择不合理引起发热，并因长期超过设备允许的温度而过热，会引起火灾。

② 使用不合理，线路或设备的负载超过额定值。导线截面选择过小，当电流较大时也会因发热而引发火灾，或者连续使用时间过长，超过线路或设备的设计能力，由此造成过热。

（3）接触不良

接触部分是电路中的薄弱环节，是发生过热的一个重点部位。导线接头连接不牢、活动触头接触不良、铜铝接头电解腐蚀都会导致过热。

（4）铁芯发热

变压器、电动机等设备的铁芯如果绝缘损坏或承受长时间过电压，涡流损耗和磁滞损耗将增加，从而使设备过热。

（5）散热不良

各种电气设备在设计和安装时都会采取一定的散热或通风措施，如果这些措施受到限制和破坏，就会造成设备过热。

此外，电炉等直接利用电流产生的热量进行工作的电气设备，工作温度都比较高，如安置或使用不当，均可能引起火灾。

2. 电火花和电弧

（1）电火花是电极间的击穿放电，电弧是大量的电火花汇集而成的。电弧电流的本质是离子导电。

一般电火花的温度都很高，特别是电弧，温度可高达6000℃。因此，电火花和电弧不仅能引起可燃物燃烧，还能使金属熔化、飞溅，构成危险的火源。在有爆炸危险的场所，电火花和电弧更是引起火灾和爆炸的一个十分危险的因素。

（2）在生产和生活中，电火花是经常见到的。电火花大体包括工作火花和事故火花两类。

① 工作火花是指电气设备正常工作时或正常操作过程中产生的火花。如直流电机电刷与整流子滑动接触处产生的火花、交流电机电刷与滑环滑动接触处电刷后方产生的微小火花、开关或接触器分合时产生的火花、插销拔出或插入时产生的火花等。

② 事故火花是线路或设备发生故障时出现的火花。如发生短路或接地时出现的火花、绝缘损坏时出现的闪光、导线连接松脱时出现的火花、保险丝熔断时出现的火花、过电压放电火花、静电火花、感应电火花以及修理工作中因错误操作引起的火花等。

此外电动机转子和定子发生摩擦（扫膛）或风扇与其他部件相碰也都会产生火花，这是由碰撞引起的机械性的火花。

还应当指出，灯泡破碎时，炽热的灯丝有类似火花的危险作用。

（3）电气设备本身，除多油断路器可能爆炸，电力变压器、电力电容器、充油套管等充油设备可能爆裂外，一般不会出现爆炸事故。但以下情况可能引起空间爆炸：

① 周围空间有爆炸性混合物（粉尘等），在危险温度或电火花作用下引起空间爆炸。

② 充油设备的绝缘油在电弧作用下分解和汽化，喷出大量油雾和可燃气体，引起空间爆炸。

③ 发电机氢冷装置漏气、酸性蓄电池排出氢气等，形成爆炸性混合物，引起空间爆炸。

二、电气防火和防爆措施

引起电气火灾与爆炸的原因很多。除设备缺陷、安装不当等设计和施工方面的原因外，电流产生的热量和火花或电弧是直接原因。电气防火、防爆措施是综合性的措施，对于防止电气火灾和爆炸也是有效的。

1. 消除或减少爆炸混合物

消除或减少爆炸性混合物包括采取封闭式作业，防止爆炸性混合物泄漏；清理现场积尘、防止爆炸性混合物积累；设计正压室，防止爆炸性混合物侵入有引燃源的区域；采取开放式作业或通风措施，稀释爆炸性混合物；在危险空间充填惰性气体或不活泼气体，防止形成爆炸性混合物；安装报警装置，当混合物中危险物品的浓度达到其爆炸下限的 10% 时报警。在易燃易爆的场所，电气设备应选用防爆型的。

2. 隔离和间距

危险性大的设备应分室安装，并在隔墙上采取封堵措施。电动机隔墙传动、照明灯隔玻璃窗照明等都属于隔离措施。10 kV 及 10 kV 以下的变、配电室不得设在爆炸危险环境的正上方或正下方。室内充油设备油量 60 kg 以下者允许安装在两侧有隔板的间隔内；油量 60~600 kg 者必须安装在单独的防爆隔墙的间隔内；油量 600 kg 以上者必须安装在单独的防爆间隔内。变、配电室与爆炸危险环境或火灾危险环境毗连时，隔墙应用非燃性材料制成；孔洞、沟道应用阻燃性材料严密堵塞；门、窗应开向无爆炸或火灾危险的场所。

电气装置，特别是高压、充油的电气装置应与爆炸危险区域保持规定的安全距离。变、配电站不应设在容易沉积可燃粉尘或可燃纤维的地方。

3. 消除引燃源

主要包括以下措施：

（1）按爆炸危险环境的特征和危险物的级别、组别选用电气设备和设计电气线路。

（2）保持电气设备和电气线路安全运行。安全运行包括电流、电压、温升和温度不超过允许范围，绝缘良好、连接和接触良好、整体完好无损、清洁、标志清晰等。

爆炸危险环境电气设备的最高表面温度不得超过表 12-1 和表 12-2 所列数值。

表 12-1　气体、蒸气危险环境电气设备最高表面温度

组别	T1	T2	T3	T4	T5	T6
最高表面温度 /℃	450	300	200	135	100	85

表 12-2　粉尘、纤维危险环境电气设备最高表面温度

组别	电气设备或零部件温度极限值			
	无过负荷可能的设备		有过负荷可能的设备	
	粉尘极限温度 /℃	纤维极限温度 /℃	粉尘极限温度 /℃	纤维极限温度 /℃
T11	215	175	190	150
T12	160	120	140	100
T13	110	70	100	60

在爆炸危险环境应尽量少用携带式设备和移动式设备。一般情况下不应进行电气测量工作。

在易燃、易爆、有静电发生的场所作业，工作人员不可以发放和使用化纤的防护用品。

4. 爆炸危险环境接地和接零

（1）接地、接零实施范围

除生产上有特殊要求的以外，一般环境不要求接地（或接零）的部分仍应接地（或接零）。例如，在不良导电地面处，交流 380 V 及其以下、直流 440 V 及其以下的电气设备正常时不带电的金属外壳，交流 127 V 及其以下、直流 110 V 及其以下的电气设备正常时不带电的金属外壳，还有安装在已接地金属结构上的电气设备，以及敷设有金属包皮且两端已接地的电缆用的金属构架均应接地（或接零）。

（2）整体性连接

在爆炸危险环境，必须将所有设备的金属部分、金属管道以及建筑物的金属结构全部接地（或接零）并连接成连续整体，以保持电流途径不中断。接地（或接零）干线宜在爆炸危险环境的不同方向且不少于两处与接地体相连，连接要牢固，以提高可靠性。

（3）保护导线

单相设备的工作零线应与保护零线分开，相线和工作零线均应装有短路保护元件，并装设双极开关同时操作相线和工作零线。1 区和 10 区的所有电气设备和 2 区除照明灯具以外，其他电气设备应使用专门接地（或接零）线，而金属管线、电缆的金属包皮等只能作为辅助接地（或接零）。除输送爆炸危险物质的管道以外，2 区的照明器具和 20 区的所有电气设备，允许利用连接可靠的金属管线或金属桁架作为接地（或接零）线。保护导线的最小截面，铜导体不得小于 4 mm²，钢导体不得小于 6 mm²。

（4）保护方式

在不接地配电网中，必须装设一相接地时或严重漏电时能自动切断电源的保护装置或能发出声、光双重信号的报警装置。在变压器中性点直接接地的配电网中，为了提高可靠性，缩短短路故障持续时间，系统单相短路电流应当大一些。其最小单相短路电流不得小于该段线路熔断器额定电流的 5 倍或低压断路器瞬时（或短延时）动作电流脱扣器整定电流的 1.5 倍。

三、爆炸性粉尘环境的电力设计规定

（1）爆炸性粉尘环境的电力设计，宜将电气设备和线路，特别是正常运行时能发

生火花的电气设备，布置在爆炸性粉尘环境以外。当需设在爆炸性粉尘环境内时，应布置在爆炸危险性较小的地点。在爆炸性粉尘环境内，不宜采用携带式电气设备。

（2）爆炸性粉尘环境内的电气设备和线路，应符合周围环境内化学的、机械的、热的、霉菌以及风沙等不同环境条件对电气设备的要求。

（3）在爆炸性粉尘环境内，电气设备最高允许表面温度应符合规定。

（4）在爆炸性粉尘环境内，采用非防爆型电气设备进行隔墙机械传动时，应符合下列要求：

① 安装电气设备的房间，应采用非可燃物的实体墙与爆炸性粉尘环境隔开。

② 应采用通过隔墙由填料函密封或有同等效果密封措施的传动轴传动。

③ 安装电气设备房间的出口，应通向非爆炸和无火灾危险的环境；当安装电气设备的房间必须与爆炸性粉尘环境相通时，应对爆炸性粉尘环境保持相对的正压。

（5）在爆炸性粉尘环境内，有可能过负荷的电气设备应装设可靠的过负荷保护。

（6）爆炸性粉尘环境内的事故排风用电动机，应在发生事故时便于操作的地方设置事故启动按钮等控制设备。

（7）在爆炸性粉尘环境内，应少装插座和局部照明灯具。如必须采用时，插座宜布置在爆炸性粉尘不易积聚的地点，局部照明灯宜布置在发生事故时气流不易冲击的位置。

四、电气火灾的扑救

1. 触电危险和断电

在扑灭电气火灾的过程中，如果没有及时切断电源，扑救人员身体或所持器械可能因接触带电部分而造成触电事故。为防止触电，应设法切断电源，注意防止充油设备爆炸。因此，发现起火后，首先要设法切断电源（当然晚间切断电源不能影响人员的疏散）。

当电气装置或设备发生火灾引燃附近的可燃物时，首先要切断电源。

切断电源应注意以下几点：

① 火灾发生后，由于受潮和烟熏，开关设备绝缘能力降低，因此，拉闸时最好用绝缘工具操作。

② 高压应先操作断路器而不应该先操作隔离开关切断电源。低压应先操作低压断路器而不应该先操作铡刀开关切断电源，以免产生电弧引起短路事故。

③ 切断电源的地点要选择适当，防止切断电源后影响灭火工作。

④ 剪断电线时，不同相的电线应在不同的部位剪断，以免造成短路。剪断空中的

电线时，剪断位置应选择在电源方向的支持物附近，以防止电线剪后断落下来，造成接地短路和触电事故。

2. 带电灭火安全要求

有时为了争取灭火时间，防止火灾扩大，来不及断电；或因灭火、生产等需要，不能断电，则需要带电灭火。带电灭火须注意以下几点：

① 应按现场特点选择适当的灭火器。二氧化碳灭火器、干粉灭火器的灭火剂都是不导电的，可用于带电灭火。泡沫灭火器的灭火剂（水溶液）有一定的导电性，不宜用于带电灭火。

② 为了防止电击，水不能用于带电灭火。电气设备发生火灾时，严禁使用能导电的灭火剂进行带电灭火。只有在完全切断电源后才可用水灭火。对带电设备应使用不导电的灭火剂灭火。旋转电机发生火灾时，禁止使用干粉灭火器和干沙直接灭火。

③ 用水枪灭火时宜采用喷雾水枪，这种水枪流过水柱的泄漏电流小，带电灭火比较安全。用普通直流水枪灭火时，为防止通过水柱的泄漏电流通过人体，可以将水枪喷嘴接地；也可以让灭火人员穿戴绝缘手套、绝缘靴或穿戴均压服操作。

④ 人体与带电体之间需保持必要的安全距离。用水灭火时，水枪喷嘴至带电体的距离：电压为 10 kV 及其以下者不应小于 3 m，电压为 220 kV 及其以上者不应小于 5 m。用二氧化碳等不导电灭火剂的灭火器灭火时，机体、喷嘴至带电体的最小距离：电压为 10 kV 者不应小于 0.4 m，电压为 35 kV 者不应小于 0.6 m 等。

⑤ 对架空线路等空中设备进行灭火时，人体位置与带电体之间的仰角不应超过 45°。

⑥ 在室外使用灭火器时人应站在上风侧。

3. 充油电气设备的灭火

充油电气设备的油，其闪点多在 130～140℃之间，有较大的危险性。如果只是设备外部起火，可用二氧化碳、干粉灭火器带电灭火。如火势较大，应切断电源，并可用水灭火。如油箱破坏，喷油燃烧，火势很大时，除切断电源外，有事故储油坑的应设法将油放进储油坑，坑内和地面上的油火可用泡沫扑灭。

发电机和电动机等旋转电机起火时，为防止轴和轴承变形，可令其慢慢转动，用喷雾水灭火，并使其均匀冷却；也可用二氧化碳或蒸气灭火，但不宜用干粉、砂子或泥土灭火，以免损伤电气设备的绝缘。

4. 现场正确使用

正确选择灭火器材，使用手提式灭火器的一般方法：一拔、二压、三对准。要站在火源的上风口，对准中心（或根部）喷射。见图 12-1。

保险销　鸭嘴
封条

先打开封条
拔出保险销
一手压鸭嘴
一手握喷嘴

喷嘴

图 12-1　手提式灭火器

第二节　雷电的危害及防护

一、雷电

雷电是一种自然灾害，它往往威胁着人们的生产和生活安全。雷电产生的强电流、高电压、高温具有很大的破坏力和多方面的破坏作用，给电力系统和人类造成严重灾害。闪电和雷声的组合称为雷电。雷电的特点是电压高、电流大、频率高、时间短。见图 12-2。

图 12-2　直击雷

雷击是电力系统的主要自然灾害之一。雷电的危害是多方面的，雷电放电的过程中，可能呈现出静电效应、电磁感应、热效应及机械效应。雷击可能造成电气设备损坏，电力系统停电，建筑物着火，同时也可能造成严重的人身事故。

1. 雷电的种类

根据雷电产生和危害的特点不同，雷电大体可分为如下几种：

（1）直击雷：雷云较低时，在地面上的凸起物产生静电感应，感应电荷因与雷云所带电荷相反而发生放电，这种直接放电称为直击雷，也叫雷击。

（2）球形雷：球雷是一种显红色或白色亮光的球体，直径多在 20 cm 左右，最大直径可达数米，它以每秒数米的速度在空气中飘行或沿地面滚动，持续时间为 3~5 s，能通过门、窗、烟囱进入室内。

（3）雷电侵入波：当雷电作用于架空线或金属管道上，产生的冲击电压沿线路或管道向两个方向迅速传播的称雷电侵入波。雷电侵入波会危及人身安全、损坏电气设备。

（4）感应雷击：感应雷击是地面物体发生雷击时由于静电感应和电磁感应引起的雷击。见图 12-3。

图 12-3　感应雷击示意图

① 静电感应雷是由于雷云接近地面，对地面上的凸起物的顶端感应出大量异性电荷。当与其他雷云或者物体放电后，静电感应电荷失去束缚，以雷电波的形式迅速沿物体传播。

② 电磁感应雷是发生雷电后，巨大的雷电流在周围空间产生强大而骤变的电磁场，在此电磁场作用范围内的金属体上，产生很高的冲击波电压。

2. 雷电的危害

（1）雷电的电磁效应危害：发生雷击时产生的数十万至数百万伏的冲击电压可击毁电气设备的绝缘，烧断电线或劈裂电杆，造成大规模停电；绝缘损坏还可能引起短路，导致火灾或爆炸事故。

（2）雷电的热效应危害：雷电直接击中建筑物或其他物体，对其放电，强大的雷电流通过这些物体入地，产生破坏性很大的电效应和热效应。

（3）雷电的机械效应危害：强大的雷电流击中树木、电线杆等物体时，被击物缝隙中的气体急剧膨胀，其中的水分也急剧蒸发，产生大量气体，因而在被击物内部出现强大的机械压力，导致被击物体遭受严重破坏或发生爆炸。

（4）雷电的跨步电压危害：雷电流通过接地装置或者地面雷击点向周围土壤中扩散时，在土壤电阻的作用下，向周围形成电压降，如果此时有人畜在该区域内活动，就会受到雷电跨步电压的伤害。

二、雷电的防护

1. 防雷装置的结构

完整的防雷装置由接闪器、引下线、接地装置三部分构成。

（1）接闪器

接闪器是用来直接受雷击的金属体，常见的接闪器有避雷针、避雷线、避雷网、避雷带。

避雷针在地面上的保护半径是 1.5 倍避雷针总高度。避雷针及其引下线与其他导体在空气中的最小距离一般不宜小于 1.5 m。

避雷线用来防护高压雷电波侵入变配电所或其他建筑物内，损坏被保护设备。单支避雷针的保护范围是一个近似锥形的空间。为防止直接雷击架空线路，一般多采用避雷线，避雷线在防雷保护中所起的作用是防直击雷。

屋顶上单支避雷针的保护范围可按保护角 60°确定。安装在烟囱顶上的避雷针圆钢直径不应小于 20 mm。

独立避雷针的接地装置在地下与其他接地装置的距离不宜小于 3 m。

避雷带是沿建筑物容易受雷击的部位（如屋脊、屋檐、屋角等）装设的带状导体。

（2）引下线

引下线是连接接闪器与接地装置的圆钢或扁钢等金属导体，用于将雷电流从接闪器传导至接地装置。引下线应满足机械强度、耐腐蚀和热稳定的要求。每座建筑物至少要有两根接地引下线。

（3）接地装置

防雷装置应沿建筑物外墙敷设，一般经最短的途径明敷接地。如有特殊的要求可以暗敷。

防雷接地装置与一般电气设备的保护装置，在地下的水平距离不应小于 3 m。避雷针及其接地装置不能装设在人、畜经常通行的地方。为了降低跨步电压，防雷接地装置距建筑物入口和人行道不应小于 3 m。

民用建筑避雷装置的接地电阻要小于 10 Ω。其他不同分类的建筑物有小于 20~30 Ω、小于 10~30 Ω、小于 5~10 Ω 等要求，独立的避雷针应小于 4~10 Ω。（防雷接地装置参照第八章接地，但是接地装置必须单独实施，不得与电气设备的接地装置共用）。

2. 架空线路的防雷措施

（1）装设避雷线

装设避雷线是一种很有效的防雷措施，见图12-4。由于造价高，35 kV 及以下电力线路一般不沿全线装设避雷线，而只在进出变电所的 1~2 km 段架设避雷线，在110 kV 及以上的架空线路上才沿全线装设避雷线。

(a) 落地全金属体避雷针　　　(b) 引雷针装在建筑物顶部　　　(c) 落地混凝土电杆避雷针

图 12-4　防雷装置

（2）提高线路本身的绝缘水平

在架空线路上，采用木横担、瓷横担或高一级的绝缘子，以提高线路的防雷性能。

（3）用三角形顶线作保护线

由于 3~10 kV 线路通常是中性点不接地的，因此，如在三角形排列的顶线绝缘子上装以保护间隙，如图 12-5 所示，在雷击时，顶线承受雷击，间隙被击穿，对地泄放雷电流，从而保护了下面的两根导线，一般也不会引起线路跳闸。

（4）装设自动重合闸装置或自重合熔断器

线路上因雷击放电而产生的短路是由电弧引起的，线路断路器跳闸后，电弧就熄灭了。如果采用一次自动重合闸装置，使开关经 0.5 s 或更长一点时间自动合闸，电弧一般不会复燃，从而能恢复供电。

1. 保护间隙；2. 接地线

图 12-5　顶线绝缘子上装以保护间隙

1. 常用熔体；2. 备用熔体；3. 重合触点

图 12-6　一次自动重合闸装置

如图12-6所示，当雷击线路使常用熔体熔断而自动跌开时（其结构、原理与跌落式熔断器相同），重合曲柄借助这一跌落的重力而转动，使重合触点闭合，备用熔体投入运行，恢复线路供电。供电中断时间大致只有0.5 s，对一般用户影响不大。

（5）装设避雷器和保护间隙

用来保护线路上个别绝缘最薄弱的部分，包括个别特别高的杆塔、带拉线的杆塔、木杆线路中的个别金属杆塔或个别铁横担电杆以及线路的交叉跨越处等。

3. 变、配电所的防雷措施

（1）装设避雷针

避雷针用来保护整个变、配电所的建（构）筑物，使其免遭直接雷击。避雷针可单独立杆，也可利用户外配电装置的架构或投光灯的杆塔，但变压器的门型构架不能用来装设避雷针，以免雷击产生的过电压对变压器放电。避雷针与配电装置的空间距离不得小于5 m。

图 12-7　配电装置防止高电位侵入接线示意图

1. 上接线端；2. 火花间隙；3. 云母垫圈；4. 瓷套管；5. 阀电阻片；6. 下接线端

图 12-8　高低压阀型避雷器

（2）高压侧装设阀型避雷器或保护间隙

主要用来保护主变压器，以免高电位沿高压线路侵入变电所，损坏变电所这一最主要的设备，为此要求避雷器或保护间隙应尽量靠近变压器安装，其接地线应与变压器低压中性点及金属外壳连在一起接地，如图12-7、图12-8所示。35～10 kV配电装置对高电位侵入的防护接线示意图如图12-7所示，在每路进线终端和母线上，都装有阀型避雷器。如果进线是一段电缆的架空线路，则阀型或排气式避雷器应装在架空线路终端的电缆终端头。

普通阀型避雷器由于阀片热容量有限，不允许在过电压下动作。

高压阀型避雷器或低压阀型避雷器都由火花间隙和电阻阀片组成，装在密封的瓷套管内。高压阀型避雷器中串联的火花间隙和阀片较多。阀型避雷器的阀电阻片不具有线性特性。氧化锌避雷器的阀片电阻具有非线性特性，在正常工作电压作用下，呈绝缘状态；在冲击电压作用下，其阻值很小，相当于短路状态。

管型避雷器由产气管、内部间隙和外部间隙三部分组成。

金属氧化锌避雷器的特点是动作迅速、无续流、残压低、通流量大。

FZ 避雷器比 FS 避雷器残压低，适合作为发电厂和变配电所的防雷保护。

（3）低压侧装设阀型避雷器或保护间隙

主要在多雷区使用，以防止雷电波由低压侧侵入而击穿变压器的绝缘。当变压器低侧中性点不接地时，其中性点也应加装避雷器或保护间隙。保护间隙是最简单、最经济的防雷设备，它结构简单、维护方便。

4. 建筑物的防雷措施

建筑物按其对防雷的要求，可分为三类：

（1）第一类建筑物：在建筑物中制造、使用或储存大量爆炸物资者；在正常情况下能形成爆炸性混合物，因电火花会发生爆炸，引起巨大破坏和人身伤亡者。例如火药制造车间、电石库、汽油提炼间等。

（2）第二类建筑物：在正常情况下能形成爆炸性混合物，因电火花会发生爆炸，但不致引起巨大破坏和人身伤亡者；只在发生生产事故时才能形成爆炸性混合物，因电火花会发生爆炸，引起巨大破坏和人身伤亡者。储存易燃气体和液体的大型密闭储罐也属于这一类。

（3）第三类建筑物，避雷针（或避雷带、网）的接地电阻 $R_{jd} \leqslant 30\ \Omega$，如为钢筋混凝土屋面，可利用其钢筋作为防雷装置，钢筋直径不得小于 4 mm。每座建筑物至少有两根接地引下线。

三类建筑物两根引下线间距离为 30~40 m，引下线距墙面为 15 mm，引下线支持卡之间距离为 1.5~2 m。断接卡子距地面 1.5 m。

5. 对直击雷的防护措施

建筑物的雷击部位与屋顶坡度部位有关。设计时应对建筑物屋顶的实际情况加以分析，确定最易遭受雷击的部位，然后在这些部位装设避雷针或避雷带（网），进行重点保护。

6. 对高电位侵入的防护措施

在进户线墙上安装保护间隙，或者将瓷瓶的铁脚接地，接地电阻 $R_{jd} \leqslant 20\ \Omega$。允许与防护直击雷的接地装置连接在一起。（如图 12-9）

图 12-9　三类建筑物防雷措施示意图

7. 人身防雷措施

雷暴时，雷云直接对人体放电，雷电流流入地下产生的对地电压以及二次放电都可能对人体造成电击。因此，在雷雨天，非工作需要，应尽量不在户外或野外逗留；必须在户外或野外逗留或工作时，最好穿塑料等不浸水的雨衣；如有条件，可进入宽大金属构架或有防雷设施的建筑物、汽车或船只内。

如依靠有建筑物或高大树木屏蔽的街道躲避，应离开墙壁和树干 8 m 以外，双脚并拢防止跨步电压触电。

应尽量离开小山、小丘或隆起的道路，离开海滨、湖滨、河边、池旁，离开铁丝网、金属晒衣绳以及旗杆、烟囱、宝塔、独树、没有防雷保护的小建筑物或其他设施。

雷暴时，在户内应注意防止雷电侵入波的危害，应离开照明线（包括动力线）、电话线、广播线、收音机和电视机电源线、引入室内的收音机和电视机天线及与其相连的各种导体，尽量不要拨打和接听电话、手机，以防止这些线路或导体对人体第二次放电。调查资料表明，70% 以上户内对人体二次放电的事故发生在距导体 1 m 的范围内。

雷电时应禁止在户外高空检修、试验和户内验电等作业。雷电时严禁进行倒闸操作和更换熔丝工作。

目前有相当一部分太阳能热水器都没有接地，屋顶的太阳能热水器就成了一个接闪器，打雷时尽量不要用太阳能热水器洗澡。

三、防雷装置的巡视检查

1. 避雷针的检查

（1）检查接闪器避雷针有无断裂、锈蚀和倾斜现象。

（2）检查接闪器避雷针接地引下线的保护套管是否符合要求。

（3）接地引下线连接是否牢固可靠，接触是否良好。

（4）埋入地下的接地线有无烧伤、机械损伤、腐蚀等现象。

（5）独立的避雷针架构上的照明及其导线安装是否符合要求。

（6）雷雨天气，需要巡视室外高压设备时，应穿绝缘靴，并不得靠近避雷器和避雷针。

2. 阀型避雷器的巡视检查

（1）阀型避雷器在雷雨季节前是否进行检测试验。

（2）瓷套是否完整，瓷套表面是否严重脏污。水泥结合缝及其上面的油漆是否完好。

（3）连接避雷器的导线及引下接地线是否烧伤或烧断。

（4）阀型避雷器上下端金属件与瓷套结合部位的密封是否良好。

（5）阀型避雷器内部有无异常声响。

（6）避雷动作记录器（放电记录器）的指示值是否改变。

3. 防雷接地装置的巡视检查

（1）接地引下线和接地装置是否正常。

（2）焊接点有无脱焊、锈蚀等现象。接地螺母是否牢固可靠。

（3）防雷接地装置投入运行 5 年后，每隔 1~2 年应在每个接地引下线处粗测一下接地电阻。

（4）防雷接地装置每隔 5 年应挖开接地装置的地下部分检查一次。

第三节　静电的危害及防护

与流电相比，静电是相对静止的电荷。静电现象是一种常见的带电现象，如雷电、电容器残留电荷、摩擦带电等。多年来人们对于静电现象、静电的利用以及静电的危害进行了较多的研究。

一、静电的产生

当两种物体相互摩擦时，一种物体中的电子因受原子核的束缚较弱，跑到另一个物体上去，使得到电子的物体由于其中的负电荷多于正电荷，因而显出带负电。失去电子的物体由于其中的正电荷多于负电荷，因而显出带正电，这就是摩擦起电现象。如玻璃棒与绸子摩擦，玻璃棒带正电。由此物体所带的电称为"静电"，当其积聚到一定程度时就会发生火花放电现象。

生产工艺过程都比较容易产生静电，如液体、气体在管道内流动、粉碎、研磨、粉尘、摩擦、搅拌等都会产生静电。

（1）高电阻液体在管道中流动且流速超过 1 m/s 时，液体喷出管口时，液体注入容器发生冲击、冲刷或飞溅时。

（2）液化气体、压缩气体在管道中流动或由管口喷出时，如从气瓶放出压缩气体、喷漆等。

（3）固体物质大面积的摩擦。纸张与辊轴摩擦、传动皮带与皮带轮摩擦。橡胶或塑料碾炼、固体物质粉碎、研磨过程中悬浮的粉尘高速运动，如塑料压制、上光固体物质挤出等。

（4）在混合器中搅拌各种高电阻物质，如纺织品的涂胶过程等。产生静电荷的多少与生产物料的性质和料量、摩擦力大小和摩擦长度、液体和气体的分离或喷射强度、粉体粒度等因素有关。

二、静电的利用

静电的利用有静电喷漆、静电除尘、静电植绒、静电复印等很多例子，但这些都是利用由外来能源产生的高压静电场来进行工作的。

静电除尘：可以消除烟气中的煤尘。

静电复印：可以迅速、方便地把图书、资料、文件复印下来。

高压静电还能对白酒生产、酸醋和酱油的陈化有促进作用。陈化后的白酒、酸醋和酱油的味道会更纯正。

三、静电的危害

静电的危害方式有以下三种类型。

1. 爆炸或火灾

爆炸或火灾是静电最大的危害。静电电量虽然不大，但因其电压很高而容易发生放电产生静电火花。

在具有可燃液体的作业场所（如油品装运场所等），可能由静电火花引起火灾；在具有爆炸粉尘或爆炸性气体、蒸气的场所（如面粉、煤粉、铝粉、氢等），可能由静电火花引起爆炸。静电火花有一定的大小，如果火花能量超过周围介质的最小引爆能量，就会引起爆炸火灾。爆炸性气体或蒸气的最小引爆能量一般在 1 mJ（毫焦耳）以下，只有很少在 2 mJ 以上。爆炸粉尘的最小引爆能量要大些，一般在 10 mJ（毫焦耳）以上。

2. 电击

由于静电造成的电击可能发生在人体接近带静电物体的时候，也可能发生在带静电荷的人体（人体所带静电可高达上万伏）接近接地体的时候。电击程度与储存的能量有关，能量越大电击越严重。带静电体的电容越大或电压越高，则电击程度越严重。

由于生产工艺过程中产生的静电能量很小，由此引起的电击不至于直接致命。但人体可能因电击坠落摔倒引起二次伤害事故。另外，电击还会使工作人员精神紧张，从而影响工作。

3. 妨碍生产

在某些生产过程中，如不清除静电，将会妨碍生产或降低产品质量。如飞机机体与空气、水汽、灰尘等微粒摩擦时会使飞机带电，如果不采取措施，将会严重干扰飞机无线电设备的正常工作，使飞机变成"聋子"和"瞎子"；在印刷厂里，纸页之间的静电会使纸页粘合在一起，难以分开，给印刷带来麻烦；在制药厂里，由于静电吸引尘埃，会使药品达不到标准的纯度；在播放电视时荧屏表面的静电容易吸附灰尘和油污，形成一层尘埃薄膜，使图像的清晰程度和亮度降低。

四、环境危险程度的控制

为了防止静电的危害，可采取以下措施控制所在环境发生爆炸或火灾的危险性。

（1）取代易燃介质。例如，用三氯乙烯、四氯化碳代替汽油、煤油作洗涤剂，能够具有良好的防爆效果。

（2）降低爆炸性气体、蒸气混合物的浓度。在易发生爆炸和火灾的危险环境，采用机械通风装置及时排除爆炸性危险物质。

五、消除（防）静电危害的措施

1. 静电接地法

接地是消除静电危害最简单的方法。接地主要用来消除导电体上的静电，不宜用来消除绝缘体上的静电。单纯为了消除导电体上的静电，接地电阻 1000 Ω 即可。如果是绝缘体上带有静电将绝缘体直接接地反而容易发生火花放电，这时宜在绝缘体与

大地之间保持 $10^6 \sim 10^9 \ \Omega$ 的电阻。

在有火灾和爆炸危险的场所，为了避免静电火花造成事故，应采取下列接地措施：

（1）凡用来加工、贮存、运输各种易燃液体、气体和粉体的设备、贮存池、贮存缸以及产品输送设备、封闭的运输装置、排注设备、混合器、过滤器、干燥器、升华器、吸附器等都必须接地。如果袋形过滤器由纺织品类似物品制成，可以用金属丝穿缝并予以接地。

（2）厂区及车间的氧气、乙炔等管道必须连接成一个连续的整体，并予以接地。其他所有能产生静电的管道和设备，如空气压缩机，通风装置和空气管道，特别是局部排风的空气管道，都必须连接成连续整体并予以接地。如管道由非导电材料制成，应在管外或管内绕以金属丝，并将金属丝接地。非导电管道上的金属接头也必须接地。可能产生静电的管道两端和每隔 200～300 m 均应接地；平行管道相距 10 cm 以内时，每隔 20 m 应用连接线互相连接起来；管道与管道或管道与其他金属物件交叉或接近间距小于 10 cm 时，也应互相连接起来。

（3）注油漏斗、浮动缸顶、工作站台等辅助设备或工具均应接地。

（4）油槽车行驶时，由于汽车轮胎与路面有摩擦，汽车底盘上可能产生危险的静电电压。为了能导走静电电荷，油槽车应带金属链条。链条的上端和油槽车底盘相连，另一端与大地接触。见图 12-10。

图 12-10　拖地链条将静电荷传入大地

（5）某些危险性较大的场所，为了使转轴可靠接地，可采用有导电性能的润滑油或采用滑竿、碳刷接地。

（6）静电接地装置应当连接牢靠，并有足够的机械强度，可以同其他目的的接地共用一套接地装置。

2. 泄漏法

通过采取增湿措施和采用抗静电添加剂及导电材料（或导电涂料）促使静电电荷从绝缘体上自行消散，这种方法称为泄漏法。

（1）增湿就是提高空气的湿度。这种消除静电危害的方法应用比较普遍。增湿的主要作用在于降低带电绝缘体的绝缘性，或者说增强其导电性，这就减小了绝缘体通过本身泄放电荷的时间常数，提高了泄放速度，限制了静电电荷的积累。至于是否允许增湿以及提高湿度的允许范围，需根据生产的具体情况而定。产生静电的场所应保持地面潮湿，从消除静电危害的角度考虑，保持相对湿度在 70% 以上较为适宜。

（2）加抗静电添加剂

抗静电添加剂是特制的辅助剂，有的添加剂加入产生静电的绝缘材料以后，可增加材料的吸湿性或离子性，从而把材料的电阻率降低到 $10^6 \sim 10^7 \ \Omega\text{cm}$ 以下，以加速静电电荷的泄放；有的添加剂本身具有较好的导电性，依其本身的导电性泄放生产过程中绝缘材料上产生的静电。

（3）采用导电材料

采用金属工具代替绝缘工具；在绝缘材料制成的容器内层，衬以导电层或金属网络，并予以接地；采用导电橡胶代替普通橡胶、采用导电涂料代替普通涂料或地面铺设导电性能较好的地板等，都会加速静电电荷的泄漏。

3. 静电中和法

静电中和法是消除静电危害的重要措施。静电中和法是在静电电荷密集的地方设法产生带电离子，将该处静电电荷中和掉，避免静电的积累。静电中和法可用来消除绝缘体上的静电。静电中和法依其产生相反电荷或带电离子的方式不同，主要有感应中和、外接电源中和、放射性中和、离子风中和等。

（1）感应中和器（见图 12-11）

感应中和器没有外加电源，一般由多组尾端接地的金属针及其支架组成。根据生产工艺过程的特点，中和器的金属针可以成刷形布置，可以沿径向成管形布置，也可以按其他方式布置。

感应中和器工作时，生产物料上的静电在金属针上感应出相反的电荷，在金属针尖端附近形成很强的电场，在这个强电场的作用下，和生产物料混杂在一起的气体或其他介质发生电离，产生正离子和负离子。在电场的作用下正、负离子分别向生产物料和针尖移动，从而把生产物料上的静电电荷中和和泄放掉。感应中和器不需外加电源，设备简易但作用范围小，消除静电不够彻底。

图 12-11　感应式静电中和器原理图

（2）外接电源中和器

这种中和器由外加电源产生电场，当带有静电的生产物料通过该电场区域时，其电荷发生定向移动而被中和和泄放。另外，外加电源产生的电场还可以阻止电荷的转移，减缓静电的产生。同时，外加高压电场对电介质也有电离作用，可加速静电荷的中和和泄放。

外接电源中和器需用专用设备，但中和效果较好。

（3）放射线中和器

这种中和器是利用放射性同位素的射线使空气电离，进而中和和泄放生产物料上积累的静电电荷。α射线、β射线、γ射线都可以用来消除静电。采用这种方法时，要注意防止射线对人体的伤害。

（4）离子风中和法

离子风中和法作用范围较大，是把经过电离的空气，即所谓离子风送到带有静电的物料中，以消除静电，但必须有离子风源设备。

4. 工艺控制法

工艺控制法从材料选择、工艺设计、设备结构等方面采取措施，控制静电的产生，使其不超过危险程度。

前面说到的增湿就是一种从工艺上消除静电危险的措施。不过，增湿不是控制静电的产生，而是加速静电电荷的泄漏，避免静电电荷积累到危险程度。在工艺上，还可以采用适当措施，限制静电的产生，控制静电电荷的积累。例如：

（1）用齿轮传动代替皮带传动，除去产生静电的根源。

（2）降低液体、气体或粉体的流速，限制静电的产生。烃类油料在管道中的最大流速，可参考表 12-3 所列的数值。

表 12-3　管道中烃类油料的最高流速

管径 /cm	1	2.5	5	10	20	40	60
最大流速 / (m·s⁻¹)	8	4.9	3.5	2.5	1.8	1.3	1.0

（3）倾倒和注入液体时，为了防止飞溅和冲击，最好自容器底部注入，在注油管口，可以加装分流头，降低管口附近油流上的静电，且减小对油面的冲击。

（4）设法使相互接触或摩擦的两种物质的电子逸出功大体相等，以限制电荷静电的产生。

5. 加大静电消散过程法

在输送工艺过程中，在管道的末端加装一个直径较大的缓和器，可大大降低液体在管道中流动时累积的静电。

为了防止静电放电，在液体灌装、循环或搅拌的过程中不得进行取样、检测或测温操作。进行上述操作前，应使液体静置一定的时间，使静电得到足够的消散或松弛。

另外，还有些不属于以上五项措施的其他措施，例如为了防止人体带上静电造成危害，工作人员可以穿抗静电工作服和工作鞋，采取通风、除尘等措施也有利于防止静电的危害。

第四节　电气事故的处理

电力系统中的事故，可分为电气设备事故和电网系统事故两大类。

电气设备事故，可发展为系统事故，影响到整个系统的稳定性，而系统事故又能使某些电气设备损坏。因此变配电所运行人员的主要任务就是保证设备正常运行，尽量减少和避免事故的发生。而一旦发生事故，应以最快的速度处理，尽可能多地保留送电范围。

一、异常及事故

变配电所的每台设备自投入正常运行就开始了老化阶段，随着时间的延续，严重的老化会使该设备不能正常运行，这样可能导致异常或事故。运行人员的主要任务之一，实际上是延缓电气设备的老化速度，延长设备寿命，减少设备异常，从而保证设备的正常运行状态。

1. 电气设备的异常状态

电气设备的异常状态，即不能正常的工作状态，是相对于设备的正常工作状态而言的，是指设备在规定的外部条件下，部分或全部失去额定工作能力的状态。例如：

（1）设备出力达不到铭牌需求：变压器不能带额定负荷；断路器不能通过额定电流或不能切断规定的故障电流；母线不能通过额定电流等。

（2）设备不能承受额定工作电压：瓷件受损的电气设备在额定电压下形成击穿；变压器绕组绝缘损坏后，在额定电压下造成匝间或层间短路等。

（3）设备不能达到规定的运行时间：变压器带额定负荷不能连续运行；电流互感器长时间运行本身发热超过允许值等。

2. 电气事故

事故本身也是一种异常状态。通常事故是指异常状态中比较严重的或已经造成设备部分损坏，引起系统异常运行，中止了正常供电的状态。

变配电所内某台设备或部分设备发生异常运行状态时，运行人员必须尽早做出判断，尽快处理。在异常和事故处理中，时间是十分宝贵的，提早一分一秒，都会制止异常状态的进一步扩大，减少系统和企业的损失。

二、事故处理的一般要求

发生事故时，对运行人员处理的要求是要尽快做出正确的判断，如确定是某台设备故障，其故障范围、故障造成原因是设备本身故障还是人为造成或误操作引发等，并尽快处理，尽量缩小事故范围。

（1）事故处理的基本原则：

① 迅速查清事故的发生原因，限制事故的发展、清除事故根源，解除人身和设备存在的危险。

② 用一切可能的方法保持无故障设备继续运行，确保正常供电。首先要设法保证变配电所用电，并考虑对重要部门（如循环水站、空压站等二次能源部门）优先送电，迅速向车间、食堂、科室、消防系统等恢复送电。

③ 有调度协议的变配电所应立即报告当值调度员、分管用监员、本单位主管领导，听候处理。现场运行人员应严格执行调度员的一切指挥及用监员的安全技术指导。

（2）处理事故时，必须坚守岗位，集中注意力，正确地执行当值调度员的指令及分管用监员的现场正确指导。

（3）如果事故发生在交接班过程中，应中断交接班，交班人员负责处理事故，接班人员可协助处理，事故处理未结束，不得进行交接班。

（4）处理事故时，除当值人员和有关领导外，其他人员不得进入事故地点和控制室，事前进入的人员应主动退出，不得妨碍、干扰事故处理。

（5）当值调度员是事故处理的指挥员，正值班员应及时将事故征象和处理情况向其汇报，并迅速无争辩地执行调度令。当值班员认为当值调度令有错时，应予指出并做解释。当值调度员确认自己指令正确时，变配电所当值负责人（正值）应立即执行。如果当值调度指令直接威胁人身或设备安全，则可拒绝执行。此时，应立即将具体情况汇报有关领导。

（6）处理事故时，若变配电所值班长、分管技术人员、用监员在场，应关注值班员处理过程，必要时帮助处理。但事先必须与当值调度员取得联系，并做好详细记录。

（7）在下列情况下，当值人员可不经过调度许可自行操作，结束后再汇报：

① 对威胁人身和设备安全的设备停电；

② 对已损坏的设备隔离；

③ 恢复所用电；

④ 在确认母线电压消失，拉开连接在母线上的所有开关。

（8）值班员处理事故应遵照下列顺序进行：

① 根据表计指示，继电保护信号继电器掉牌未复归、自动装置动作情况以及调看综合自动化保护测控装置事故报警"菜单"、后台 SOE 事件窗口记录，结合设备的外部征象来判断事故的全面情况。

② 如果对人身和设备安全有威胁时，应立即解除这种威胁，必要时停止设备运行；反之则应尽力保持或恢复设备的正常运行。应特别注意对未直接受损坏的设备隔离，保证它们的正常运行。

③ 对所有未受到损害的设备，保持其运行。

④ 迅速检查和正确判明事故性质、地点及其范围。为防止事故扩大，必须主动将事故发生的时间、现象、设备名称编号、跳闸开关、继电保护动作情况及自动装置动作情况、事故发生前后的运行方式做好记录。一方面可作为事故抢修人员的抢修参考依据和事故分析的原始资料；另一方面也可作为迅速而正确地向当值调度员及有关领导汇报的依据，以免在慌乱中说不清楚，表达不全面。

（9）处理事故时，必须迅速、正确、果敢，要"稳、准、快"，不应"急、慌、乱"，必须严格执行接令、复诵、汇报、录音和记录制度，使用统一的调度术语，汇报内容简明扼要，但要完整。

（10）当复归继电保护及自动装置的吊牌、综合自动化保护测控装置及后台计算机屏面信号复位时，必须两人进行，及时做好记录。

三、变压器的故障处理

1. 变压器自动跳闸的处理

为了保证变压器的安全运行及操作方便，变压器的高、低压侧都装有断路器及必要的各种继电保护装置或综合自动化保护测控装置。当变压器的断路器自动跳闸后，运行人员应采取以下措施：

在变压器自动跳闸时，如有备用变压器，应将备用变压器投入，以检查自动跳闸的原因。若无备用，则检查变压器跳闸是何种保护动作，以及变压器跳闸时有何外部现象。若检查证明变压器跳闸不是内部故障所致，而是由于过负荷、外部短路或保护装置二次回路故障所引起，则可不经内部检查即可投入。如有故障，则经消除后再行送电。

2. 瓦斯保护动作后的处理

变压器运行中如发生局部过热，在很多情况下，当还没有表现为电气方面的异常时，首先表示出油气分解的异常，即油在局部高温下分解为气体，气体逐渐集聚在变压器顶盖上端及瓦斯继电器内，引起瓦斯保护动作。由于故障性质和危险程度的不同，产气速度和产气量不同，按故障轻重缓急的要求不同，瓦斯保护分别设有轻瓦斯和重瓦斯两种。轻瓦斯保护只发信号，重瓦斯保护动作主变各侧断路器自动跳闸，将故障变压器退出运行。

为区别判明变压器内部故障性质，应立即取油样进行气相色谱分析和电气试验分析。

变压器发生重瓦斯动作后，不经详细检查，原因不明不得投入运行。

（1）轻瓦斯动作后的处理

轻瓦斯动作发出信号后，值班人员首先停止音响信号，接着将产生轻瓦斯动作的气体放掉，继续观察并记录瓦斯继电器动作次数、间隔时间的长短、气量的多少，检查气体的性质，从颜色、气味、可燃性等方面判断变压器是否发生内部故障。（轻瓦斯动作后的放气操作，要保持足够的安全距离，在监护下操作。）

轻瓦斯动作通常有下列原因：

① 因加油、滤油或冷却系统不严密，以致空气进入变压器内。

② 因温度下降、漏油致使油面低于 WSJ（瓦斯继电器）浮筒以下。

③ 因变压器故障而产生少量气体。

④ 因近区发生穿越性短路故障。

⑤ 瓦斯继电器与二次回路故障。

（2）重瓦斯动作后的处理

运行中的变压器发生重瓦斯保护动作跳闸，其原因有：

① 变压器内部发生故障。由于绝缘老化或油变质、绕组匝间短路、绕组与铁芯间短路、铁芯紧固件与铁芯接触短路引发涡流发热等。

② 保护装置二次回路故障。

③ 若轻瓦斯发信号和重瓦斯跳闸同时进行，往往反映的是变压器内部故障。因此，判明瓦斯继电器内气体的性质、气体集聚的数量和速度，对判明变压器故障性质及大小是至关重要的。同时要排除二次回路故障，引起保护误动作的可能性。

（3）瓦斯气体的收集

变压器内部故障时析出的气体，或进入空气，集聚在瓦斯继电器内。可用取气瓶或用带胶管的注射器，用胶管连接瓦斯继电器放气孔，观察记录瓦斯继电器内气体的容积后，打开放气阀收集气体，对气体的颜色、可燃性鉴别或送样化验必须迅速进行。

如果收集到的气体是无色无味又不能燃烧的，则说明瓦斯继电器动作的原因是由排出的空气引起的；如果收集到的气体是黄色不易燃的，则为纸质部分的故障；如果收集到的气体是灰色或黑色易燃的，则为绝缘油故障。

（4）变压器油质气相色谱分析

正常情况下，变压器油及有机绝缘材料在电和热的作用下会逐渐老化和分解，产生少量的低分子烃类及二氧化碳、一氧化碳等气体。这些气体大部分溶解在油中，当存在潜伏性过热或放电故障时，就会加快这些气体产生的速度。随着故障的发展，分解出的气体形成气泡在油中对流、扩散，并不断溶解在油中。当产气率大于溶解率时，会有一部分气体进入瓦斯继电器。故障气体的成分和含量与故障的类型和故障的严重程度有密切关系。因此利用气相色谱分析法定期对变压器油进行测量，能及时发现变压器运行中的潜伏性故障，便于安排检修（真空滤油）消除故障，及时掌握故障的发展情况。变压器故障与油中溶解气体相对含量之间的关系比较复杂，只有在气相色谱测量分析故障性质的基础上，综合电气试验、检修、运行等各方面的情况，才能测出故障的确切部位。

3. 变压器有载分接开关瓦斯保护动作后的处理

运行中有载分接开关瓦斯继电器的重瓦斯保护接跳闸，当轻瓦斯频繁动作时，值班员应做好记录并汇报有关领导，减少或停止分接开关操作，分析原因及时处理、吊芯检查，尽量防止有载分接开关发生重瓦斯保护跳闸的事故。有载分接开关的日常运行、操作、维护要严格按照产品的出厂说明执行。

4. 差动保护

（1）为保证变压器的可靠运行，对于6300kVA及以上的大容量变压器，均应设置差动保护装置。瓦斯保护主要是反映变压器内部过热引起的油气分离（大量气体或油气冲动）发展成故障时，按照产生或分解气体这一特点设计制造的非电气量主保护。而差动保护是按照环流原理设计制造的电气量保护。它的保护范围是变压器高、（中）低压侧二组（或三组）差动电流互感器之间，包括变压器进出母排（或母线），变压器各侧高、低压套管，变压器本体内部、外部反映电气故障的主保护。

（2）变压器差动保护采用综合自动化保护测控装置，主要功能有差动速断保护、比率差动保护、（中）低侧过流保护。TA（电流互感器）断线判别等。差动保护主要反映其保护范围内变压器高压侧套管、低压侧套管进出线、排间、变压器绕组间、匝间、层间等发生单相或多相严重短路、差动电流互感器绕组间、匝间短路或二次回路出线断线、短路，大电流接地系统中绕组及绕组引出线发生接地故障。

变压器发生重瓦斯保护动作及差动保护动作时，变压器各侧的断路器同时跳闸。

（3）差动保护引起断路器跳闸，运行人员应采取下列措施：

① 有调度协议的单位应立即向调度值班人员汇报，同时也要向本单位主管领导及用监员汇报。调看保护测控装置的事故"菜单"或后台 SOE 事件窗口的事件记录，确认事故原因，做好详细记录。

② 在确认事故原因后，对差动保护范围内所有的一、二次设备外部进行检查，检查是否有短路、放电烧伤的故障点等，如找不到外部故障点，则应申请对变压器做进一步检查分析及检修处理。

③ 差动保护动作跳闸后，不论是保护误动作还是故障引起的，都必须查明原因，通过技术手段确认排除故障，才能申请重新投入运行。

5. 重瓦斯保护与差动保护同时动作的处理

重瓦斯保护是变压器内部非电气量故障的主保护，差动保护是变压器内部、外部电气量故障的主保护，如果两套保护装置同时动作，则一般可以认为是变压器内部发生故障，故障消除前，不得投入运行。

6. 主变压器高、低压侧后备保护动作处理

（1）容量在 630 kVA 及以上的变压器，采用高、低压侧复合电压闭锁过流后备保护的综合自动化保护测控装置各一套。该保护由电压元件，包括低电压和负序电压、电流元件、时间元件组成。高压后备保护跳变压器高、低压侧及分段三台断路器，低压侧后备保护只跳低压侧断路器。不论是高压侧还是低压侧后备保护动作跳断路器后，通过查看其保护监控装置的事故"菜单"及后台计算机屏面的 SOE 事件窗口中的事故记录，确认事故跳闸时电压元件、电流元件所反映的故障参数及事故原因，对保护范围内的设备进行全面检查和分析。一般情况下，此保护动作由与变压器相直接连接的外部设备、线路、母线发生相间短路故障引起。

（2）一般认为本保护动作发生的概率比较小，在查清原因，切除或消除故障前，不允许变压器恢复送电。

（3）当本保护动作跳闸时，变压器瓦斯保护也有反映，则应对变压器本体进行检查，若发现有明显故障特征时，一定要查清原因。

7. 6300 kVA 以下的容量较小的变压器，除瓦斯保护外，采用电流速断和定时过流保护，作为变压器的主保护之一和后备保护。

（1）电流速断保护跳闸的处理过程参考差动保护处理方法。

（2）电流过流保护动作的处理

定时过流保护为变压器后备保护，同时也作为下属线路的后备保护，或兼做下属母线的保护。因此，过流保护动作跳闸应根据其保护范围、保护信号动作情况，相应断路器跳闸情况，设备故障情况等予以综合分析判断，再分别处理。

引起过流保护动作跳闸，最常见的原因是下属线路故障拒跳而造成的越级跳闸；

其次是下属母线设备故障（主要在 110 kV 及以下变配电所内）造成的跳闸。

① 由于下属线路设备发生故障，未能及时切除，而越级跳主变侧相应断路器，造成母线失电。

检查失电母线上各线路保护信号动作，若有线路保护信号的，属线路故障，保护动作断路器未跳闸造成的越级，则应拉开拒跳线路的断路器，切断故障线路后，将变压器重新投入运行，同时恢复向其余线路送电。

若无线路保护动作信号，可能属线路故障，因保护未动作断路器不能跳闸造成的越级，则应拉开所有线路断路器，将变压器重新投入运行，在逐路试送线路断路器。当合上某一线路断路器又引起主变开关跳闸时，则应将该线路转为冷备用后，再恢复变压器和其余线路的送电。

上述故障线路未查明原因，在处理前不得送电。

② 由于下属母线、母线设备发生故障、主变侧断路器跳闸，造成母线失电 110kV 及以下单位变配电所各电压等级的母线，一般都没有单独的母线保护，由过流保护兼作母线保护。若母线上的设备发生故障，仅靠过流保护动作跳闸。因此，当过流保护动作跳闸后，需检查母线及所属设备。检查中若发现某侧母线所属设备有明显的故障特征时，则切除故障设备后再恢复送电。

（3）过流保护动作跳闸，主变保护如瓦斯保护也有动作反应，则应对主变本体进行检查，若发现有明显的故障，不可送电。

四、变压器着火的处理

变压器着火的处理过程如下：

（1）迅速拉开变压器各侧开关，切断电源。

（2）停止冷却装置运行。

（3）如果变压器内部故障引起着火，应该采用灭火器扑灭，如果在变压器顶盖上燃烧，应该打开事故放油阀，将油放至着火部位下。

（4）变压器着火后，应迅速用不导电的灭火设备用有效方法灭火。

（5）处理过程要及时汇报调度，方便投入备用变压器或采取其他措施，尽量保证用户及时供电。

变压器着火时，最好采用泡沫灭火器或干粉、二氧化碳灭火器，必要时也可用沙子灭火。

五、高压断路器的故障处理

目前电力系统一般采用技术成熟、性能优良的真空断路器、SF_6 断路器、GIS 气体绝缘金属全封闭组合开关设备，而且均采用 CT 型弹簧储能操动机构。实践证明，断路器本体的故障率很低，主要是操动机构的电气和机械部分或继电保护装置偶然发生故障，影响断路器的正常操作和运行。

断路器最常见的是操动机构拒绝跳闸或合闸，应分别进行分析和处理。

1. 操动机构拒绝合闸故障的分析和处理

此时应对照断路器的信号和控制回路图，分别对电气回路和机械结构两方面进行分析。

（1）电气回路的故障主要有以下几种情况：

① 电气回路故障可能有：若合闸操作前红、绿指示灯均不亮，说明控制回路有断线现象或无控制电源。可检查控制电源和整个控制回路上的元件是否正常，如操作电压是否正常，熔丝是否熔断，防跳继电器是否正常，断路器辅助触点是否良好，有无气压、液压闭锁等。

② 当操作合闸后红灯不亮，绿灯闪光且事故喇叭响时，说明操作手柄位置和断路器的位置不对应，断路器未合上。其常见的原因有：

A. 合闸回路熔断器的熔丝熔断或接触不良；

B. 合闸接触器未动作；

C. 合闸线圈发生故障。

③ 当操作断路器合闸后，绿灯熄灭，红灯亮，但瞬间红灯又灭绿灯闪光，事故喇叭响，说明断路器合上后又自动跳闸。其原因可能是断路器合在故障线路上造成保护动作跳闸或断路器机械故障不能使断路器保持在合闸状态。

④ 若操作合闸后绿灯熄灭，红灯不亮，但电流表计已有指示，说明断路器已经合上。原因可能是断路器辅助触点或控制开关触点接触不良，或跳闸线圈断开使回路不通，或控制回路熔丝熔断，或指示灯泡损坏。

⑤ 操作手把返回过早。

⑥ 分闸回路直流电源两点接地。

⑦ SF_6 断路器气体压力过低，密度继电器闭锁操作回路。

⑧ 液压机构压力低于规定值，合闸回路被闭锁。

（2）主要机械故障

① 传动机构连杆松动脱落；

② 合闸铁芯卡涩；

③ 断路器分闸后机构未复归到预合位置；

④ 跳闸机构脱扣；

⑤ 合闸电磁铁动作电压太高，使一级合闸阀打不开；

⑥ 弹簧操动机构合闸弹簧未储能；

⑦ 分闸连杆未复归；

⑧ 分闸锁钩未钩住或分闸四连杆机构调整未越过死点，因而不能保持合闸；

⑨ 机构卡死，连接部分轴销脱落，使机构空合；

⑩ 有时断路器合闸时连续多次做合分动作，此时系开关的辅助动断触点打开过早。

2. 断路器拒绝跳闸故障的分析和处理

当发生故障时，断路器拒绝跳闸会引起严重事故，可能会越级引起总电源的断路器跳闸，扩大停电范围。断路器拒绝跳闸的主要原因是：

（1）操动机构机械故障。

（2）继电保护装置有故障。

（3）跳闸线圈无电压或跳闸线圈故障，跳闸回路有断线情况，断路器合闸后，串接在分闸回路中的辅助接点 QF 应闭合而没有闭合好；控制开关 KK ⑦－⑧分闸触点接触不良。

（4）遇到以上情况不要惊慌，弹簧储能操动机构都有手动分、合闸按钮及手动储能功能。将断路器手动分闸后直接转为冷设备用，并立即汇报有关部门领导，组织抢修。

（5）启用手动分闸装置，只能在就地操作断路器。因此对于室内的 SF_6 断路器，正常情况下，应先打开排风扇 15 分钟后才能进入 SF_6 断路器室。但在紧急情况下，应先打开排风扇，再确认没有 SF_6 气体泄漏的前提下，人员提前进入 SF_6 断路器室应该是安全的，但要有人监护，确保人员安全。

3. SF_6 断路器

SF_6 断路器内部各单元的气室都安装了单独的 SF_6 气体密度仪（压力表）。如果发生 SF_6 气体泄漏，压力下降到预先设定值时，通过密度仪的辅助接点会发出报警，气体压力下降到一定程度，通过密度仪的辅助接点闭锁 SF_6 断路器的分、合闸回路。如果此时手动分闸 SF_6 断路器必须在无载情况下运行，因此要求值班人员每日多次定时对 SF_6 断路器进行巡视检查，记录 SF_6 气体压力，一旦发现 SF_6 气体因泄漏而压力下降的情况，须及时汇报，请专业人员补充 SF_6 气体。对备用的 SF_6 断路器，应视为运用中设备一样维护，确保 SF_6 断路器的安全运行。

六、互感器的故障处理

1. 电压互感的故障处理

（1）退出可能误动作的保护及自动装置，拉开二次回路空气开关。

（2）高压熔断器三相或故障相熔断，可拉开刀闸隔离故障。

（3）高压熔断器未熔断，故障不严重，绝缘未损坏（如油浸电压互感器漏油看不到油面，内部发热等），可以拉开刀闸隔离故障。

（4）高压熔断器未熔断，内部故障严重，且高压侧绝缘已损坏，只能用断路器切除故障，尽量用改变运行方式的方法停电，不能改变运行方式时，只能在不带电的情况下拉开刀闸，然后恢复供电。

（5）故障电压互感器隔离后，一次母线并列，合上电压互感器二次联络开关，重新投入所退出的保护及自动装置（综合自动化系统设置电压并列自动装置）。

2. 电压互感器的高压熔断器熔断或二次回路断线

（1）当电压互感器高压熔断器熔断或二次回路断线时，会出现以下现象：

① 计量电压互感器。计量电能表的故障指示灯闪烁，查看电能表的显示屏滚动显示出 XX 月 XX 日 XX 时 XX 分，X 相电压接近零或为零。无功功率大于有功功率，功率因数突然接近 1 或大于 1 等异常现象。

② 测量、保护用电压互感器。相关保护测控装置的显示屏上会有故障指示灯闪烁，调看其运行"菜单"会有 X 相电压显示接近零或为零。其他两相电压正常，并有"TV"（电压互感器）断线警告显示，综合自动化后台电脑显示屏的 SOE 事件窗口记录，同样会有相关故障内容的显示。

③ 查看以上两组电压互感器二次空气小开关，如果没有跳，可以判断为高压熔断器熔断；如果二次空气小开关跳闸，则二次回路也可能有故障。

（2）当发生电压互感器熔断器熔断，或二次空气小开关跳闸故障，或二次回路中有短路或绝缘薄弱处，单位变配电所的值班员应做好记录，首先向供电部门或用监员汇报，请求尽快帮助消除故障，恢复用电安全和计量正常。

3. 电流互感器二次回路开路

（1）电流互感器二次回路开路原因可能是：

① 设备部件制造中存在缺陷，而在做测试和试验中未发现。

② 回路部件安装不良。

③ 修试工作失误。如保护调试工作结束后，忘记将回路上有关端子未接，验收时未发现。

④ 电流互感器二次接线端子压接不紧，回路电流很大时发热、烧断或氧化过甚，

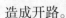

造成开路。

⑤ 室外端子接线盒进水受潮，端子螺丝和垫片锈蚀，造成开路。

（2）电流互感器二次侧开路时，应做如下处理：

① 发现电流互感器二次开路，应先分清故障属于哪一组电流回路开路的相别，对保护有无影响。做好记录，汇报用监员和单位有关领导，解除可能误动的保护。

② 尽量减小一次负荷电流。若电流互感器严重损伤，应转移负荷停电处理。

③ 尽快设法在就近的试验端子上，将电流互感器二次短路，再检查处理开路点。短接时，应使用良好的短接线，并按二次回路图进行，穿绝缘靴，戴绝缘手套，专人监护。

④ 若短接时发现火花，说明短接有效。故障点在短接点以下的回路中，可进一步查找。

⑤ 若短接时没有火花，可能短接无效。故障点可能在短接点以前的回路中，可逐点向前变换短接点，缩小范围。为了减少电流互感器开路时间，最好从电流互感器端子箱中端子排处短接。

⑥ 在故障范围内重点检查容易发生故障的端子及元件，或因检修工作时动过的部位。

⑦ 检查出故障，能自行处理的，如接线端于外部元件松动、接触不良等可立即处理，然后投入退出的保护。若开路故障点在互感器本体的接线端子，应及时汇报，请检修专业人员处理。

⑧ 若是不能自行处理的故障（如电流互感器、保护装置内部）或不能自行查明、判断故障的，应及时汇报请专业检修人员前来检查处理（先将电流互感器二次短路）。若停用保护时间较长，可能会对安全运行带来影响，造成事故，应停电进行处理。

七、电容器的故障处理和全所无电处理

1. 电容器喷射式熔断器熔丝熔断处理

（1）当发生电容器熔丝熔断后，值班员应拉开电容器的断路器，并立即汇报有关领导，做好记录。

（2）将电容器由热备用转为检修状态，对其进行充分放电，做好有关接地等安全措施。值班员首先对电容器外观进行检查：电容器套管有无闪络痕迹，外壳是否变形，漏油，外接汇流铜排有无短路现象等。再用高压兆欧表检查电容器极间和极对地的绝缘电阻值，其值应与交接试验或预防性试验报告测试的绝缘电阻值（应大于等于1000兆欧）相比较是否合格，若未发现故障征象，可换上相同型号规格的熔断器后将电容器投入运行。

（3）更换熔断器后重新送电正常，需要加强巡视检查。如送电后熔断器熔丝再次熔断，则应退出故障电容器及同一单元组的非故障相的电容器，然后恢复其他电容器组的运行。故障电容器应尽早安排检修处理。

2. 电容器组断路器跳闸（熔丝未熔断）处理

电容器组断路器跳闸后，先将断路器转为冷备用。查看保护测控装置的故障"菜单"，查清电流或电压的具体故障参数，保护动作的类别。如果是速断，定时过流或零序电压 $3U_0$ 保护动作，则可能是电容器内部或外部故障引起的；如果是过电压或欠电压保护动作，则可能是外部故障引起的。因此，最妥善的方法是做好记录，及时汇报有关领导，向分管单位变配电所的用监员申请，尽快安排专业检修人员前来做检查、测试和电试，待检修单位出具检修后的合格报告后，才能重新投入运行。

3. 电容器引线发热及着火处理

（1）运行中的电容器引线如果发热至烧红，则必须立即退出运行，以免扩大事故。

（2）电容器着火，应断开电容器电源，并用干粉灭火器灭火。

八、变配电所全所突然断电的处理

变配电所全所无电，系指各级母线电压为零。

1. 现象

（1）所有交流照明灯全部熄灭（所用变失电），应急照明灯自动打开。

（2）各级母线电压、电流无指示，计量电能表失压报警灯亮（电能表内装有高能电池）。

（3）直流屏控制仪显示 380/220 V 交流电源无电压，并发出报警信号，蓄电池自动投入工作，供后台电脑用的 UPS 不间断电源自动投入。

（4）运行中的变压器无声音，高压电容器组断路器跳闸。

2. 检查处理

（1）值班员应立即打开直流事故照明灯，对全所的电气设备分开检查：一方面检查进线线路的带电显示器是否有电压指示，进线避雷器的动作监视仪是否有泄漏电流指示；另一方面检查综合自动化后台显示屏是否有内部设备故障显示。这样可初步判断是进线路失压还是变配电所内部设备故障引起全所失电。

（2）如果确认是进线线路失压引起全所失电，值班员应立即汇报供电公司地区调度所值班员或配电调度室值班员和用监员，汇报所在单位变配电所 XXX 线路失电的详细情况，听候处理。同时值班员也应立即向本单位有关领导汇报事故情况。如果停电时间较长，单位值班员应根据各单位变配电所《现场运行规程》，做好投入备用电源的准备，尽快恢复重要设备和重要部门的供电，尽量减少因停电造成的经济损失。

停电线路什么时候恢复供电，调度值班员或用监员会提前通知的。

（3）如果确认变配电所因内部设备故障引起越级或直接使进线断路器保护动作跳闸引起全所失电，单位变配电所值班员除向调度值班员、用监员、单位有关领导汇报外，根据本单位事故处理预案做好事故处理工作。在故障具体原因查明、故障点找到、故障排除前，保护好现场。是否投入备用电源应根据故障情况而定。供电公司调度员、用监员在接到情况报告后，很快会安排抢修人员到现场进行事故处理，单位变配电所当值人员要积极做好抢修配合工作，服从抢修负责人的指挥。

事故处理结束，由抢修负责人或用监员向当值调度员汇报，申请恢复变配电所重新投入运行。单位变配电所值班员在变配电所恢复运行后，要做一份详细的事故报告备案，可作为今后事故处理的借鉴。

附 录

特种作业（电工）安全技术培训大纲和考核标准

高压电工作业人员安全技术培训大纲及考核标准

1. 范围

本标准规定了高压电工作业人员的基本条件、安全技术培训（以下简称培训）大纲和安全技术考核（以下简称考核）标准。

本标准适用于 1 千伏（kV）至 10 千伏（kV）（含）电工作业人员的培训和考核。

2. 规范引用文件

下列文件所包含的条文，通过在本标准中引用而构成为本标准的条文。本标准出版时，所示版本均为有效。所有标准都会被修订，使用本标准的各方应探讨使用下列标准最新版本的可能性。

特种作业人员安全技术培训考核管理规定（国家安全生产监督管理总局令第 30 号）

GB/T 13869-2008   用电安全导则

DL 408-1991（2005）电业安全工作规程（发电厂和变电所电气部分）

DL 409-1991（2005）电业安全工作规程（电力线路部分）

GB/T 4776-2008   电气安全术语

3. 术语和定义

下列术语和定义适用于本标准或用于区分本标准。

3.1 低压电工作业（low voltage operation）

对 1 千伏（kV）以下的低压电气设备进行安装、调试、运行操作、维护、检修、改造施工和试验的作业。

3.2 高压电工作业（high voltage operation）

对 1 千伏（kV）及以上的高压电气设备进行运行、维护、安装、检修、改造、施工、调试、试验及绝缘工、器具进行试验的作业。

3.3 危险场所（hazardous area）

爆炸性气体环境或可燃性粉尘环境大量出现或预期出现的数量足以要求对电气设备的结构、安装和使用采取专门预防措施的区域。

4. 基本条件

4.1 年满 18 周岁，且不超过国家法定退休年龄。

4.2 经社区或者县级以上医疗机构体检健康合格，并无妨碍从事高压电工特种作业的器质性心脏病、癫痫病、美尼尔氏症、眩晕症、癔症、精神病、痴呆症以及其他疾病和生理缺陷。

4.3 具有初中及以上文化程度。

5. 培训大纲

5.1 培训要求

5.1.1 应按照本标准的规定对高压电工作业人员进行培训与复审培训。复审培训周期为每 3 年复审 1 次。特种作业人员在特种作业操作证有效期内，连续从事本工种 10 年以上，严格遵守有关安全生产法律法规的，经原考核发证机关或者从业所在地考核发证机关同意，特种作业操作证的复审时间可以延长至每 6 年 1 次。

5.1.2 理论与实际相结合，突出安全操作技能的培训。

5.1.3 实际操作训练中，应采取相应的安全防范措施。

5.1.4 注重职业道德、安全意识、基本理论和实际操作能力的综合培养。

5.1.5 应由具备特种作业相应理论知识和操作技能的人员任教，并应有足够的教学场地、设备和器材等条件。

5.2 培训内容

5.2.1 安全基本知识

5.2.1.1 电气安全工作管理

1）安全生产法律、法规、方针；

2）电工作业人员的安全职责；

3）电气安全工作制度；

4）电气作业安全的技术措施和组织措施。

5.2.1.2 触电事故及现场救护

1）电流对人体的伤害；

2）触电事故种类及发生规律；

3）触电急救方法及注意事项。

5.2.1.3 防触电技术

1）绝缘、屏护和安全间距等防触电技术；

2）IT 系统、TT 系统、TN 系统的概念及应用；

3）双重绝缘、安全电压和漏电保护等防触电技术。

5.2.1.4 电气防火、防爆及防静电

1）电气火灾和爆炸的原因；

2）电气防火与防爆基本措施；

3）电气火灾的扑救；

4）电气防静电。

5.2.2 安全技术基础知识

5.2.2.1 电工基础知识

1）电路基础知识；

2）电磁感应和磁路；

3）交流电路。

5.2.2.2 电工仪表及测量

1）电工仪表分类及工作原理；

2）电压和电流的测量；

3）电能的测量。

5.2.2.3 安全用具与安全标识

1）电工安全用具及其使用；

2）登高安全用具及其使用；

3）检修安全用具（临时接地线、遮栏等）及其使用；

4）安全色及安全标识牌。

5.2.2.4 电工工具及移动电气设备

1）各种电工钳、电工刀、螺丝刀、电烙铁等常用电工工具；

2）常用手持式电动工具。

5.2.3 安全技术专业知识

5.2.3.1 电力系统基础知识

1）电力系统及电力网的构成、电力生产的特点；

2）电力负荷组成及分类；

3）电能质量概念及其主要参数电压、频率、谐波的标准；

4）变配电所的主接线和一次电气设备；

5）电力系统短路概述；

6）电力系统的中性点接地方式。

5.2.3.2 电力变压器

1）变压器的结构及工作原理；

2）配电变压器的分类、型号及参数；

3）变压器的运行和维护；

4）高压互感器的作用、特点、工作原理、接线及安全运行。

5.2.3.3 高压电器及成套配电装置

1）高压电器基础知识；

2）高压电器的用途、技术性能及安全运行；

3）高压开关设备的操作机构分类、工作原理及安全操作；

4）高压开关柜操作回路的二次原理图；

5）常用高压成套配电装置结构及安全运行；

6）预装式变电站结构及运行。

5.2.3.4 电力线路

1）架空线路的作用与构成、组件的分类和规格要求、安装要求、安全运行；

2）电缆线路的特点、种类、结构、允许载流能力、安全运行；

3）架空线路巡视检查；

4）电缆线路巡视检查；

5）架空线路的安装。

5.2.3.5 过电压保护

1）过电压的概念、危害、分类；

2）内部过电压；

3）雷电过电压；

4）常用防雷设备及安装；

5）电力线路与变电所的防雷保护。

5.2.3.6 继电保护与二次系统

1）继电保护的任务及基本要求；

2）变压器保护的配置及作用、保护原理；

3）电力线路保护的配置及作用、保护原理；

4）高压电动机保护的装置及作用、保护原理；

5）备用电源自动投入装置的作用及基本要求；

6）二次回路基本知识；

7）变电站的操作电源。

5.2.3.7 变配电所运行管理

1）变配电所运行管理制度及安全工作规程；

2）变配电所的倒闸操作；

3）变配电所的设备故障及事故处理。

5.2.4 实际操作技能

5.2.4.1 电气安全用具的检查使用

1）绝缘辅助用具的检查及使用；

2）绝缘操作杆的检查及使用；

3）高压验电器的检查及使用；

4）临时短路接地线的检查及使用。

5.2.4.2 常用电工仪表的使用

1）万用表的使用；

2）钳形电流表的使用；

3）接地电阻测试仪的使用；

4）绝缘电阻表的选择及使用，高压电器的绝缘试验；

5）直流电桥的使用。

5.2.4.3 触电急救和灭火操作

1）脱离电源的方法；

2）心肺复苏急救方法；

3）触电急救注意事项。

5.2.4.4 倒闸操作

1）倒闸操作票的编写原则及要求；

2）倒闸操作的安全规程；

3）倒闸操作的基本技能。

5.2.4.5 高压成套装置的安装、使用和维护

1）固定型高压开关柜的安装、使用、维护和检查；

2）移开式高压开关柜的安装、使用、维护和检查；

3）环网式高压开关柜的安装、使用、维护和检查。

5.2.4.6 变压器安装、巡视检查与操作

1）变压器的巡视检查内容；

2）变压器异常运行判断与处理；

3）变压器分接开关的切换操作；

4）变压器的停、送电操作；

5）跌落式高压熔断器停、送电操作；

6）户外变压器安装；

7）变配电所高压熔断器的更换。

5.2.4.7　变配电所运行监视、巡视，异常判断及处理

1）二次设备运行监视；

2）变配电所巡视内容与异常判断；

3）继电保护装置及自动装置动作的判断与处理；

4）变配电所的故障处理。

5.2.4.8　架空线路施工

1）登杆作业基本技能；

2）隔离开关的安装；

3）携带型接地线的挂设；

4）避雷器的选用及安装；

5）横担、绝缘子的安装。

5.3　复审培训内容

5.3.1　典型事故案例分析

5.3.2　相关法律、法规、标准、规范

5.3.3　电气方面的新技术、新工艺、新材料

5.4　培训学时（见附表）

6.　考核要求

6.1　考核办法

6.1.1　考核的分类和范围

6.1.1.1　高压电工作业人员的考核分为理论知识考核（包括安全基本知识、安全技术基础知识、安全技术专业知识）和实际操作技能考核两部分

6.1.1.2　高压电工作业人员的考核范围应符合本标准 6.2 的规定

6.1.2　考核方式

6.1.2.1　考核分安全技术理论和实际操作两部分

6.1.2.2　安全技术理论考核方式为笔试或计算机考试，考试时间为 120 分钟；实际操作考核方式包括实际操作、仿真模拟、口试等方式

6.1.2.3　安全技术理论考核和实际操作考核均采用百分制，考核成绩 80 分及以上者为考核合格。两部分考核均合格者为考核合格。考核不合格者，允许补考 1 次

6.1.3　考核内容的层次和比重

6.1.3.1　安全技术知识考核内容分为了解、掌握和熟练掌握三个层次，按 20%、

30%、50% 的比重进行考核

6.1.3.2 实际操作技能考核内容分为掌握和熟练掌握两个层次，按 30%、70% 的比重进行考核

6.2 考核要点

6.2.1 安全基础知识

6.2.1.1 电气安全工作管理

1）了解安全生产方针、法律、法规；

2）了解电气作业人员的安全职责；

3）掌握电气安全工作制度；

4）熟练掌握保证电气作业安全的技术措施和组织措施。

6.2.1.2 触电事故及现场救护

1）了解电气事故的种类、危险性和电气安全的特点；

2）了解触电事故的种类和发生的规律；

3）熟练掌握人身触电的急救方法及注意事项。

6.2.1.3 防触电技术

1）掌握绝缘、屏护、间距等防止直接电击的措施；

2）掌握保护接地、保护接零、加强绝缘等防止间接电击的措施；

3）掌握双层绝缘、安全电压等防止电击的措施。

6.2.1.4 电气防火、防爆与防静电

1）掌握电气火灾发生的原因；

2）熟练掌握电气防火防爆预防措施；

3）熟练掌握电气火灾的灭火原理及扑救方法；

4）掌握静电产生和防治。

6.2.2 安全技术基础知识

6.2.2.1 电工基础知识

1）了解电流组成、电路基本物理量、电阻的串并联、欧姆定律等电路基础知识；

2）了解电磁感应和磁路的基本知识；

3）了解交流电的基本物理量、三相交流电路的基本知识。

6.2.2.2 电工仪表及测量

1）了解电工仪表的分类、工作原理及使用要求；

2）掌握常用电路物理量的测量方法；

3）熟练掌握电压表、电流表、钳形电流表、兆欧表、接地电阻测试仪、电能表、直流单臂电桥、模拟万用表、数字万用表等电工仪表的使用方法。

6.2.2.3　安全用具与安全标识

1）熟练掌握电气安全用具的种类、性能及用途；

2）熟练掌握安全标识（标识牌）的使用规定；

3）熟练掌握安全技术措施和组织措施的具体内容；

4）熟练掌握杆上作业的安全要求。

6.2.2.4　电工工具及移动电气设备

1）熟练掌握电工钳、电工刀、螺丝刀、电烙铁等常用电工工具的使用方法；

2）熟练掌握常用的手持式电动工具的使用要求；

3）熟练掌握常用的移动电气设备的使用要求。

6.2.3　安全技术专业知识

6.2.3.1　电力系统基础知识

1）了解电力负荷组成及分类；

2）了解变配电所的主接线和一次电气设备；

3）掌握电力系统及电力网的构成、电力生产的特点；

4）掌握电能质量概念及其主要参数电压、频率、谐波的标准；

5）掌握电力系统短路概述基本理论；

6）熟练掌握电力系统的中性点接地方式。

6.2.3.2　电力变压器

1）掌握变压器的结构及工作原理；

2）掌握配电变压器的分类、型号及参数；

3）熟练掌握变压器的运行和维护；

4）熟练掌握高压互感器的作用、特点、工作原理、接地及安全运行。

6.2.3.3　高压电器及成套配电装置

1）掌握高压电器基础知识；

2）掌握高压开关设备的操作机构分类、工作原理及安全操作；

3）掌握预装式变电站结构及运行；

4）熟练掌握高压开关柜操作回路的二次原理图；

5）熟练掌握常用高压成套配电装置的结构及安全运行；

6）熟练掌握高压断路器、隔离开关、负荷开关、熔断器、电容器的用途、类型、技术性能及安全运行。

6.2.3.4　高压电力线路

1）了解高压输电的方式；

2）掌握高压架空线路的作用与构成、组件的分类和规格要求、安装要求、安全运行；

3）掌握高压电缆线路的特点、种类、结构、允许载流能力、安全运行；

4）掌握架空线路的安装；

5）熟练掌握高压架空线路、电缆线路巡视检查周期及内容。

6.2.3.5 过电压保护

1）了解过电压的概念、危害、分类；

2）掌握内部过电压；

3）掌握雷电过电压；

4）熟练掌握常用防雷设备及安装；

5）熟练掌握电力线路与变电所的防雷保护。

6.2.3.6 继电保护与二次系统

1）了解继电保护的任务及基本要求；

2）了解备用电源自动投入装置的作用，以及对备用电源自动投入装置的基本要求；

3）掌握高压电动机保护的装置及作用、保护原理；

4）掌握变电站的操作电源（直流、交流）；

5）熟练掌握二次系统的概念、接线图分类、回路编号及标志；

6）熟练掌握变压器保护的配置及作用、保护原理；

7）熟练掌握电力线路保护的配置及作用、保护原理。

6.2.3.7 变配电所运行管理

1）掌握变配电所运行值班制度及安全工作规程；

2）熟练掌握变配电所的倒闸操作；

3）熟练掌握变配电所的设备故障及事故处理。

6.2.4 实际操作技能

6.2.4.1 电气安全用具的检查使用

1）熟练掌握绝缘安全辅助用具的检查使用；

2）熟练掌握高压验电器的检查及使用；

3）熟练掌握绝缘操作杆的检查及使用；

4）熟练掌握临时接地线的检查及使用。

6.2.4.2 常用电工仪表的使用

1）掌握钳形电流表的使用；

2）掌握接地电阻测试仪的使用；

3）掌握高压设备的其他绝缘试验；

4）熟练掌握万用表的使用；

5）熟练掌握高压电器的绝缘电阻试验，包括绝缘电阻表的选用、一般绝缘件的试验、储能设备的试验。

6.2.4.3　触电急救和灭火操作

1）掌握触电者脱离电源后的抢救方法；

2）熟练掌握使触电者脱离电源的方法及安全注意事项；

3）熟练掌握利用模拟人进行心肺复苏法触电急救操作技能；

4）熟练掌握电气火灾灭火器材的选择和使用。

6.2.4.4　倒闸作业

1）掌握倒闸作业票的填写要求；

2）掌握倒闸作业的安全规程；

3）熟练掌握操作卡片与倒闸作业票的编写；

4）熟练掌握高压开关设备的倒闸作业操作技能。

6.2.4.5　高压成套装置的安装、使用和维护

1）掌握固定型高压开关柜的安装、检修维护；

2）掌握移开式高压开关柜的安装、检修维护；

3）掌握环网高压开关柜的安装、检修维护与操作；

4）熟练掌握固定型高压开关柜的操作；

5）熟练掌握移动式高压开关柜的操作；

6）熟练掌握带有接地闸刀的手车式高压开关柜的操作。

6.2.4.6　变压器的安装、巡视检查与操作

1）掌握运行变压器异常运行的判断与处理；

2）掌握变压器分接开关的切换操作；

3）掌握变压器的停、送电操作；

4）熟练掌握跌落式熔断器停、送电操作；

5）掌握变配电所中更换高压熔断器的方法及其安全要求；

6）掌握户外变压器的安装；

7）熟练掌握运行变压器的巡视检查。

6.2.4.7　变配电所二次设备运行监视、巡视与异常判断及处理

1）掌握二次设备运行巡视，继电保护装置动作判断及处理；

2）熟练掌握各种信号装置的使用；

3）熟练掌握继电保护装置或自动装置投入和退出操作；

4）熟练掌握 10 kV 系统发生单相接地的判断与处理方法；

5）熟练掌握变配电所中变压器、电压互感器断线的判断与处理方法。

6.2.4.8 架空线路施工

1）掌握登杆作业技能，包括脚扣、升降板的使用，安全帽、安全带和安全绳的正确使用；

2）掌握隔离开关的安装；

3）掌握避雷器的选用及安装；

4）掌握横担、绝缘子的安装；

5）熟练掌握线路悬挂接地封线的操作。

6.3 复审培训考核要点

6.3.1 了解有关安全生产和高压电气方面新的法律、法规、国家标准、行业标准、规程和规范

6.3.2 掌握新设备、新技术的安全使用和操作技能

6.3.3 了解典型高压电气事故发生的原因，掌握避免同类事故发生的安全措施和方法

附表1　高压电工作业人员安全技术培训学时安排

项目		培训内容	学时
安全技术知识 （82学时）	安全基本知识 （12学时）	电气安全工作管理	2
		触电事故及现场救护	2
		防触电技术	4
		电气防火、防爆与防静电	4
	安全技术 基础知识 （12学时）	电工基础知识	4
		电工仪表及测量	4
		安全用具与安全标识	2
		电工工具及移动电气设备	2
	安全技术 专业知识 （54学时）	电力系统基础知识	6
		电力变压器	8
		高压电器及成套配电装置	12
		电力线路	6
		过电压保护	4
		继电保护与二次系统	10
		变配电所运行管理	8
	复习		2
	考试		2

项目	培训内容	学时
实际操作技能 （72学时）	电气安全用具的检查使用	4
	常用电工仪表的使用	8
	触电急救和灭火操作	8
	倒闸作业	16
	高压成套装置的安装、使用和维护	8
	变压器的安装、巡视检查与操作	8
	变配电所运行监视、巡视与异常判断及处理	8
	架空线路施工	8
	复习	2
	考试	2
合计		154

附表2 高压电工作业人员安全技术复审培训学时安排

项目	培训内容	学时
复审培训	典型事故案例分析 相关法律、法规、标准、规范 电气方面的新技术、新工艺、新材料	不少于8学时
	复习	
	考试	
合计		

参考文献

［1］国家能源局电力业务资质管理中心．电工进网作业许可考试参考教材：高压类理论部分［M］．杭州：浙江人民出版社，2017.3.

［2］全国安全生产教育培训教材编审委员会．高压电工作业［M］．徐州：中国矿业大学出版社，2018.7.

［3］姜玉柱．高压电工作业［M］．南京：河海大学出版社，2016.12.

［4］国家电网公司人力资源部．变压器检修［M］．北京中国电力出版社，2010.9.